Paul Davies überprüft die großen Fragen unserer Existenz. »Intellektuell redlich und von bravouröser Klarheit«, nannte die ›Washington Post dieses Buch.

Warum es die Welt gibt, das zu wissen haben sich die Menschen schon immer gewünscht. Und die einfache Frage nach dem Warum bleibt noch immer die entscheidende Herausforderung an die Wissenschaft. Kann sie, die durch Beobachtungen und Theorien den Anfängen des Univer sums inzwischen ein großes Stück weit auf die Spur gekommen ist, den Schlüssel auch zu den letzten Geheimnissen des Seins liefern?

Sobald die Naturgesetze einmal vorgegeben waren, könnte, so meinen viele Wissenschaftler heute, das Weltall spontan entstanden sein, ohne daß ein Schöpfer nötig war. Woher aber kommen die Naturgesetze Wurden sie von Gott geschaffen, waren sie immer schon da, oder sind sie aus dem Nichts entstanden? Die geniale Konstruktion des Universums verlangt nach einer tieferen Erklärung, die uns, und nicht zuletzt auch die Naturwissenschaftler selbst, immer wieder an religiöse Fragen her anführt. Kann Religion, kann Metaphysik ein Verstehensmodell bieten können mystische Erfahrungen uns mehr vom Universum zeigen und zu einem tieferen Verständnis führen als die Wissenschaften? Paul Davies ist überzeugt, es gibt einen ›Plan Gottes‹.

Paul C. W. Davies, geboren 1946, war Professor für theoretische Physik in Newcastle upon Tyne und zählt zu den führenden Wissenschaftlern Großbritanniens. Paul Davies ist jetzt Professor der Mathematik an der Universität von Adelaide in Australien. Er hat auf den Gebieten der Grundlagenphysik und Kosmologie geforscht und durch seine früheren Bücher internationales Ansehen gewonnen, darunter *Mehrfachwelten*, 1981, *Gott und die neue Physik*, 1986, *Die Urkraft*, 1987, *Prinzip Chaos. Die neue Ordnung des Kosmos*, 1988, zusammen mit J. R. Brown: *Superstrings*, 1988 und 1993 im Insel Verlag *Der Geist im Atom. Eine Diskussion der Geheimnisse der Quantenphysik*.

insel taschenbuch 1934

Paul Davies

Der Plan Gottes

Paul Davies
Der Plan Gottes

Aus dem Englischen
von Anita Ehlers

Insel Verlag

insel taschenbuch 1934
Erste Auflage 1996
Insel Verlag Frankfurt am Main und Leipzig

Lizenzausgabe
Hinweise zu dieser Ausgabe am Schluß des Bandes
Vertrieb durch den Suhrkamp Taschenbuch Verlag
Umschlag nach Entwürfen von Hermann Michels
Druck: Nomos Verlagsgesellschaft, Baden-Baden
Printed in Germany

1 2 3 4 5 6 – 01 00 99 98 97 96

Inhalt

*Für Caroline,
in Würdigung Deiner eigenen Suche
nach Wahrheit*

Wenn wir jedoch eine vollständige Theorie entdecken, dürfte sie nach einer gewissen Zeit in ihren Grundzügen für jedermann verständlich sein, nicht nur für eine Handvoll Spezialisten. Dann werden wir uns alle – Philosophen, Naturwissenschaftler und Laien – mit der Frage auseinandersetzen können, warum es uns und das Universum gibt. Wenn wir die Antwort auf diese Frage fänden, wäre das der endgültige Triumph der menschlichen Vernunft – denn dann würden wir Gottes Plan kennen.

Hawking
Schlußsatz von *Eine kurze Geschichte der Zeit*

Vorwort

Als ich ein Kind war, konnte ich meine Eltern wütend machen, indem ich fortwährend »Warum?« fragte. Warum darf ich nicht draußen spielen? Weil es regnen könnte. Warum könnte es regnen? Weil der Wetterbericht es gesagt hat. Warum hat er das gesagt? Weil es einen Sturm geben könnte. Warum könnte es ...? Und so weiter. Diese unermüdliche Fragerei hörte gewöhnlich auf mit einem verzweifelten »Weil Gott es so gemacht hat *und es nun einmal so ist*!« Meine kindliche Entdeckung (die eher der Langeweile als philosophischem Scharfsinn entstammte), daß die Erklärung einer Tatsache oder eines Umstandes selbst wieder eine Erklärung brauchte und daß diese Kette unendlich lang sein könnte, plagt mich seitdem immer wieder. Hört die Erklärungskette wirklich irgendwo auf, vielleicht mit Gott oder einem Supernaturgesetz? Und falls ja, wie hat es diese letzte Erklärung dann geschafft, nicht selbst erklärt werden zu müssen? Kurz, kann irgendwann einmal etwas einfach »so sein«?

Als Student war ich begeistert von den atemberaubenden Antworten, die die Naturwissenschaften auf unsere Fragen zur Welt geben konnten. Die Naturwissenschaft kann geradezu verblüffend gut Dinge erklären; es lag nahe zu glauben, alle Geheimnisse der Welt könnten offenbart werden, wenn nur die nötigen Mittel zur Verfügung stünden. Aber die Sorge um das »Warum, warum, warum?« kam zurück. Was steckt hinter diesen großartigen Erklärungen? Was ist der Grund des Seins? Gibt es eine letzte Ebene, und wenn ja, woher kommt sie? Kann man sich mit einer Erklärung: »Weil es so ist!« zufriedengeben?

Später beschäftigte ich mich mit Fragen nach dem Ursprung des Universums, dem Wesen der Zeit und der Vereinheitlichung der physikalischen Gesetze und arbeitete damit auf einem Gebiet, das jahrhundertelang fast ausschließlich zur Religion gehört hatte. Die Naturwissenschaft jedoch konnte entweder die Antworten auf das liefern, was zuvor dunkles Geheimnis geblieben war, oder aber sie mußte entdecken, daß die Begriffe, aus denen die Geheimnisse selbst ihre Kraft bezogen, eigentlich sinnlos oder sogar falsch waren. Mein Buch *Gott und die Neue Physik* war ein erster Versuch, mich mit diesem Zusammenstoß der Weltanschauungen auseinanderzusetzen. *Der Plan Gottes* ist ein gereifterer Versuch.

Seit der Veröffentlichung des ersten Buchs wurden in der Grundlagenphysik viele neue Ideen erörtert, darunter die Superstringtheorie und andere Versuche sogenannter Theorien für Alles, die Quantenkosmologie, die zu erklären versucht, wie das Universum aus dem Nichts entstanden sein könnte, Stephen Hawkings Arbeit zur »imaginären Zeit« und kosmologischen Anfangsbedingungen, die Chaostheorie und der Begriff der selbstorganisierten Systeme und die Weiterentwicklung der Theorie der Berechenbarkeit und der Komplexität. Außerdem hat sich das Interesse an dem, was man grob die Schnittfläche zwischen Wissenschaft und Religion nennen könnte, enorm belebt. Es zeigt sich in zweierlei Gestalt. Zunächst ist der Dialog zwischen Wissenschaftlern, Philosophen und Theologen über den Begriff der Schöpfung und ähnliche Fragen viel intensiver geworden. Zweitens ist zunehmend ein Hang zu mystischen Denkweisen und östlichen Philosophien zu beobachten, die nach Meinung mancher Forscher in tiefer und sinnvoller Weise mit der Grundlagenphysik verknüpft sind.

Ich möchte meine eigene Einstellung gleich zu Beginn klarstellen. Als Naturwissenschaftler bin ich von Berufs wegen der wissenschaftlichen Methode der Erforschung der Welt verpflichtet. Ich glaube, daß die Naturwissenschaft ein ungeheuer hilfreiches Verfahren zum Verständnis des komplexen Weltalls ist, in dem wir leben. Die Geschichte hat gezeigt, daß ihre Erfolge Legion sind, und kaum eine Woche vergeht, in der nicht neue Fortschritte gemacht werden. Der Reiz der wissenschaftlichen Methode geht jedoch über ihren enormen Einfluß und ihre große Reichweite hinaus. Sie ist auch kompromißlos ehrlich. Jede neue Entdeckung, jede Theorie muß sich strengen Prüfungen unterziehen, bevor sie von der Gemeinschaft der Wissenschaftler akzeptiert wird. Natürlich folgen in der Praxis nicht alle Wissenschaftler immer den Vorschriften der Lehrbücher. Manchmal sind die Daten unklar und mehrdeutig. Manchmal halten einflußreiche Wissenschaftler an zweifelhaften Theorien fest, wenn sie schon lange widerlegt sind. Gelegentlich mogeln sie. Aber das sind Ausnahmen. Im allgemeinen führt uns die Naturwissenschaft in die Richtung zuverlässigen Wissens.

Ich habe immer gern angenommen, die Naturwissenschaft könne alles erklären, jedenfalls im Prinzip. Viele Nichtwissenschaftler würden eine solche Behauptung entschieden abstreiten. Die meisten Religionen fordern einen Glauben an zumindest einige übernatürliche Ereignisse, die nach Definition unmöglich mit der Naturwissenschaft in Einklang zu bringen sind. Ich persönlich ziehe es vor, nicht an übernatürliche Ereignisse zu glauben. Obwohl ich natürlich nicht beweisen kann, daß es sie nicht gibt, sehe ich keinen Grund für die Annahme, daß es sie gibt. Es liegt mir näher, die Naturgesetze immer und ausnahmslos für gültig zu halten. Aber selbst wenn man übernatürliche Ereignisse ausschließt, ist noch nicht klar, daß die Naturwissenschaft im Prinzip alles erklären kann, was im Universum abläuft. Es bleibt die alte Frage nach dem Ende der Erklärungskette. Wie erfolgreich unsere wissenschaftlichen Erklärungen auch sein mögen, immer sind gewisse Anfangsbedingungen in sie eingebaut. So setzt zum Beispiel die Erklärung eines Phänomens im Rahmen der Physik die Gültigkeit der als gegeben angenommenen Naturgesetze voraus. Aber man kann fragen, woher denn diese Gesetze kommen. Man könnte sogar die Frage nach dem Ursprung der Logik stellen, auf der alle wissenschaftliche Schlußfolgerung gründet. Früher oder später werden wir etwas als gegeben annehmen müssen, ob es nun Gott ist oder die Logik oder eine Reihe von Gesetzen oder eine andere Seinsgrundlage. »Letzte« Fragen liegen also immer hinter dem Bereich der Erfahrungswissenschaft, wie sie gewöhnlich definiert wird. Lassen sich die wirklich tiefen Seinsfragen also überhaupt nicht beantworten? Mir fällt bei Betrachtung der Überschriften der Kapitel und Unterkapitel dieses Buchs auf, wie viele von ihnen Frageform haben. Zunächst dachte ich, es sei stilistisch ungeschickt, jetzt aber finde ich darin meine eigene Meinung wieder, daß der arme alte *Homo sapiens* der Sache unmöglich »auf den Grund gehen« kann. Wahrscheinlich wird immer ein »Geheimnis am Ende der Welt« bleiben. Aber es scheint sich zu lohnen, den Weg der verstandesmäßigen Suche bis an seine Grenzen zu verfolgen. Auch ein Beweis dafür, daß die Kette der Herleitungen notwendig unvollständig bleiben muß, wäre akzeptabel. Wie wir sehen werden, ist ein solcher Beweis in der Mathematik schon geführt worden.

Viele Naturwissenschaftler sind religiös. Nach der Veröffentlichung von *Gott und die Neue Physik* war ich erstaunt zu entdecken, wie viele meiner engen wissenschaftlichen Kollegen eine der herkömmlichen Religionen ausüben. In einigen Fällen schaffen sie es, diese beiden Aspekte ihres Lebens zu trennen, als ob die Wissenschaft sechs Tage der Woche bestimmt und die Religion den Ruhetag. Einige jedoch unternehmen große Anstrengungen, um Wissenschaft und Religion in Übereinstimmung zu bringen. Gewöhnlich haben sie einerseits eine sehr liberale religiöse Einstellung, und andererseits geben sie der Welt der physikalischen Phänomene eine Bedeutung, die viele ihrer Kollegen wenig ansprechend finden.

Unter den Wissenschaftlern, die nicht im üblichen Sinn religiös sind, bekennen sich viele zu einem vagen Gefühl, daß es »Etwas« jenseits der oberflächlichen Wirklichkeit der täglichen Erfahrung gibt, einen Sinn hinter der Existenz. Selbst hartgesottene Atheisten spüren oft das, was man ein Gefühl der Verehrung für die Natur nennen könnte, Faszination und Respekt für ihre Tiefe und Schönheit, die religiöser Ehrfurcht nahe kommen. In dieser Hinsicht sind Naturwissenschaftler sehr gefühlsbetont. Es gibt in bezug auf Wissenschaftler kein größeres Mißverständnis als die weitverbreitete Überzeugung, sie seien kalt, hart und seelenlos.

Ich gehöre zu der Gruppe von Wissenschaftlern, die sich zu keiner der großen Religionen bekennen, aber ich meine doch, das Weltall könne kein zweckfreier Zufall sein. Meine wissenschaftliche Arbeit hat mich immer mehr davon überzeugt, daß das physikalische Universum einfach genial konstruiert ist. Das kann ich nicht einfach als schlichte Tatsache hinnehmen. Es muß, so scheint mir, eine tiefere Erklärungsebene geben. Ob man diese tiefere Ebene »Gott« nennen will, ist eine Frage des Geschmacks und der Definition. Zudem halte ich Geist und Verstand – also das Bewußtsein für diese Welt – nicht für eine sinnlose und zufällige Laune der Natur, sondern für einen absolut grundlegenden Teil der Wirklichkeit. Damit soll nicht gesagt sein, daß *wir* der Zweck sind, für den das Universum gemacht ist. Keineswegs. Ich glaube jedoch, daß wir Menschen ganz wesentlich zum Plan der Dinge dazu gehören.

Im Folgenden will ich versuchen, die Gründe für diese Überzeugungen zu vermitteln. Ich werde auch Theorien und Überzeugungen anderer Wissenschaftler und Theologen betrachten, die nicht immer mit meinen eigenen übereinstimmen. Ein großer Teil der Diskussion beschäftigt sich mit neuen Ergebnissen, die an den Grenzen der Naturwissenschaft gemacht wurden; einige von ihnen haben zu interessanten und aufregenden Gedanken über Gott, die Schöpfung und die Wirklichkeit geführt. Dieses Buch soll jedoch keine erschöpfende Beschreibung der Schnittfläche von Naturwissenschaft und Religion geben, sondern eher eine persönliche Suche nach Verständnis darstellen. Das Buch richtet sich an allgemein interessierte Leser, deshalb habe ich versucht, die technischen Aspekte möglichst auf ein Minimum zu beschränken. Es setzt keinerlei Kenntnisse der Mathematik oder Physik voraus. Einige Abschnitte, besonders im Kapitel 7, enthalten recht verwickelte philosophische Überlegungen, die aber auch überflogen werden können.

Bei meiner Suche haben mir viele Menschen geholfen, und ich kann ihnen nicht allen persönlich danken. Viel Wertvolles konnte ich bei Gesprächen in der Kaffeepause von meinen Kollegen in Newcastle upon Tyne und Adelaide lernen. Auch in Gesprächen mit John Barrett, John Barrow, Bernard Carr, Philip Davies, George Ellis, David Hooton, Chris Isham, John Leslie, Walter Mayerstein, Duncan Steel, Arthur Peacocke, Roger Penrose, Martin Rees, Russell Stannard und Bill Stoeger habe ich faszinierende Einsichten gewonnen; die Vorträge vieler anderer brachten mir wichtige Anregungen. Graham Nerlich und Keith Ward haben freundlicherweise genaue und sehr wertvolle Bemerkungen zu Teilen des Manuskripts gemacht.

Schließlich möchte ich eine Bemerkung zu Fragen der Terminologie machen. Wenn ich von Gott spreche, ist es oft unmöglich, ein Personalpronomen zu vermeiden. Ich verwende hier die übliche Form und sage »er«. Das sollte nicht so verstanden werden, also ob ich an einen männlichen Gott glaubte oder gar einen Begriff von Gott als Person im üblichen Sinne hätte. Ähnlich bezieht sich das Wort »Mensch« im letzten Abschnitt auf die Spezies *Homo sapiens*, nicht auf Männer. Wenn ich sehr große oder kleine Zahlen verwende, benutze ich die übliche Potenzschreibweise. Beispielsweise bedeutet 10^{20} eine »1 mit 20 Nullen«, während 10^{-20} für $1/10^{20}$ steht.

1. Vernunft und Glauben

Viele Menschen haben auch viele Meinungen. Sie kommen auf viele Weisen zu ihren Überzeugungen, durch vernünftiges Überlegen oder auch durch blindes Vertrauen. Einige Überzeugungen beruhen auf persönlicher Erfahrung, andere auf Erziehung und andere auf Indoktrination. Viele Einstellungen sind zweifellos angeboren: Sie sind das Ergebnis evolutionärer Faktoren. Einige Überzeugungen meinen wir rechtfertigen zu können, andere vertreten wir, weil sie »unserem Gefühl entsprechen«.

Offensichtlich sind viele unserer Überzeugungen falsch, weil sie entweder widersprüchlich sind oder sich nicht mit anderen Überzeugungen oder Tatsachen in Einklang bringen lassen. Vor zweieinhalbtausend Jahren wurde im alten Griechenland der erste systematische Versuch unternommen, eine Art gemeinsamer Grundlage zu finden. Die griechischen Philosophen suchten nach Möglichkeiten, das menschliche Denken zu formalisieren, indem sie unanfechtbare Regeln für das logische Schließen aufstellten. Diese Philosophen hofften, alle Mißverständnisse und Streitigkeiten, wie sie unter Menschen nur zu häufig vorkommen, könnten ausgeräumt werden, wenn man sich nur an Methoden der logischen Beweisführung hielte, die alle bejahen. Das Ziel ihres Vorhabens war es, zu einer für alle vernünftigen Menschen annehmbaren Reihe von Annahmen, sogenannten Axiomen, zu kommen, die es erlauben würde, alle Konflikte zu lösen.

Dieses Ziel mag erreichbar sein oder nicht, jedenfalls wurde es niemals erreicht. In der heutigen Welt gibt es mehr Glaubenshaltungen denn je zuvor; einige sind exzentrisch und sogar gefährlich. Viele Menschen halten vernünftiges Nachdenken für einen sinnlosen Austausch von Spitzfindigkeiten oder Wortklauberei. Nur in der Naturwissenschaft und besonders in der Mathematik (und natürlich in der Philosophie selbst) haben die Ideale der griechischen Philosophen bis heute Bestand.

Wenn es um Grundfragen des Lebens geht, etwa um Ursprung und Sinn des Weltalls, den Platz des Menschen in der Welt und die Struktur und Organisation der Natur, ist die Versuchung groß, sich auf unbegründete Glaubenshaltungen zurückzuziehen. Selbst Wissenschaftler sind nicht dagegen gefeit. Doch die Versuche, solche Themen vernünftig und leidenschaftslos zu untersuchen, haben eine lange und ansehnliche Geschichte. Wie weit aber kann uns vernünftiges Nachdenken bringen? Können wir wirklich hoffen, die letzten Lebensfragen mit Hilfe der Naturwissenschaft und vernünftiger Forschung zu beantworten, oder werden wir auf irgendeiner Stufe immer auf unergründliche Geheimnisse stoßen? Und was hat es überhaupt mit der menschlichen Vernunft auf sich?

Das Wunder der Wissenschaft

Zu allen Zeiten haben Kulturen die Schönheit, Majestät und die Vielfalt der Erscheinungen im Weltall gerühmt. Aber erst die moderne Wissenschaft hat einen systematischen Versuch unternommen, das Wesen des Weltalls und unseren Platz in ihm zu untersuchen. Der Erfolg der wissenschaftlichen Methode beim Erschließen der Geheimnisse der Natur ist so verblüffend, daß sie uns für das größte wissenschaftliche Wunder blind macht, dafür nämlich, wie die Wissenschaft *Wissen schafft*. Wissenschaftler setzen gewöhnlich selbstverständlich voraus, daß wir in einer rationalen, geordneten Welt leben, in der strenge Gesetze gelten, die sich durch die menschliche Vernunft entdecken lassen. Aber warum dies so sein sollte, bleibt ein Geheimnis. Warum sollten Menschen die Grundsätze entdecken und verstehen können, die für das Weltall gelten?

In den letzten Jahren haben sich immer mehr Wissenschaftler und Philosophen mit diesem Rätsel beschäftigt. Ist der Erfolg, mit dem wir die Welt mit Hilfe von Naturwissenschaft und Mathematik erklären, nur ein glücklicher Zufall oder ist es unvermeidlich, daß Lebewesen, die sich aus einer kosmischen Ordnung entwikkelten, diese Ordnung in ihrer Erkenntnisfähigkeit widerspiegeln? Ist der spektakuläre Erfolg unserer Wissenschaft nur eine Marotte der Geschichte, oder verweist er auf einen tiefen und sinnvollen Gleichklang zwischen dem menschlichen Geist und der Art und Weise, wie die Welt der Natur geordnet ist?

Vor vierhundert Jahren geriet die Naturwissenschaft in Konflikt mit dem Christentum, weil sie den behaglichen Platz der Menschen in einem von Gott ausdrücklich für sie entworfenen Kosmos zu gefährden schien. Die von Kopernikus begonnene und mit Darwin endende Revolution drängte Menschen an den Rand und nahm ihnen ihre Bedeutung. Menschen standen nicht mehr im Mittelpunkt des großen Systems, sondern spielten nur eine anscheinend unbedeutende und überflüssige Nebenrolle in einem für sie belanglosen kosmischen Drama, wie Statisten, die zufällig in eine riesige Filmproduktion hineingeraten waren. Dieses existentielle Ethos – im Menschenleben zählt nur, was Menschen selbst leisten – wurde zum Leitmotiv der Naturwissenschaften. Aus diesem Grunde sehen gewöhnliche Menschen die Naturwissenschaft als bedrohlich und erniedrigend: Sie entfremdet sie dem Weltall, in dem sie leben.

In den folgenden Kapiteln möchte ich eine völlig andere Sicht der Naturwissenschaft vorstellen. Die Naturwissenschaft ist weit davon entfernt, die Menschen als zufälliges und nebensächliches Produkt blinder Naturkräfte zu sehen; eher sieht sie in der Existenz bewußter Wesen eine *grundlegende* Eigenschaft des Universums. Aber die Naturgesetze haben ganz unmittelbar und wesentlich mit uns zu tun. Ich sehe die Naturwissenschaft auch nicht als eine Tätigkeit, die uns der Natur entfremdet. Davon ist sie weit entfernt. Die Naturwissenschaft ist eine edle und bereichernde Suche, die uns hilft, die Welt in einer objektiven und methodischen Weise mit Sinn zu erfüllen. Sie bestreitet nicht, daß es hinter der Existenz Sinnhaftigkeit geben kann. Im Gegenteil. Wie ich schon sagte, verweist die Tatsache, daß die Naturwissenschaft Wissen schafft und dabei so erfolgreich ist, auf etwas, das wesentlich ist für die Grundlagen der Ordnung der Welt. Jeder Versuch, die Wirklichkeit und den Platz der Menschen im Weltall zu begreifen, muß von einer gesunden wissenschaftlichen Grundlage ausgehen. Die Wissenschaft ist natürlich nicht das einzige Gedankenschema, das unsere Aufmerksamkeit verdient. Die Religion blüht selbst in unserem sogenannten wissenschaftlichen Zeitalter. Aber wie Einstein einmal sagte, ist Religion ohne Naturwissenschaft lahm.

Die wissenschaftliche Forschung ist eine Reise ins Unbekannte. Jeder Fortschritt bringt neue und unerwartete Entdekkungen und fordert unseren Verstand mit ungewöhnlichen und manchmal schwierigen Begriffen heraus. Aber durch all das zieht sich der Ariadnefaden von Rationalität und Ordnung. Wie wir sehen werden, beruht die kosmische Ordnung auf mathematischen Gesetzen, die miteinander zu einer subtilen und harmonischen Einheit verwoben sind. Die Gesetze sind von eleganter Einfachheit und haben sich oft allein aufgrund ihrer Schönheit den Naturwissenschaftlern aufgedrängt. Aber eben diese einfachen Gesetze ermöglichen es der Materie und Energie, sich selbst zu ungeheuer vielen komplexen Zuständen zu organisieren, unter denen auch solche sind, die über Bewußtsein verfügen und die ihrerseits über die Weltordnung nachdenken können, die sie hervorgebracht hat.

Zu den besonders ehrgeizigen Zielen solchen Nachdenkens gehört die Formulierung einer »Theorie für Alles« – eine vollständige Beschreibung der Welt durch ein geschlossenes System logischer Wahrheiten. Eine solche Theorie ist für Physiker zu einer Art Heiligem Gral geworden. Der Gedanke ist zweifellos verlockend. Wenn das Weltall eine Manifestation rationaler Ordnung ist, könnten wir schließlich in der Lage sein, das Wesen der Welt allein durch »reines Denken« herzuleiten, ohne Berufung auf Beobachtung oder Experiment. Die meisten Wissenschaftler weisen diese Gedanken weit zurück und preisen den empirischen Weg zum Wissen als den einzig zuverlässigen. Aber wie wir sehen werden, wird dieser Weg durch die Anforderungen der Rationalität und Logik, die in der uns erfahrbaren Welt herrschen, sicherlich zumindest eingeschränkt. Andererseits legt sich diese logische Struktur ihre eigenen paradoxen Beschränkungen auf, deretwegen wir die Gesamtheit der Existenz niemals allein durch Deduktion werden erfassen können.

Im Lauf der Geschichte wurden viele Bilder von der grundlegenden Weltordnung geschaffen, die das Weltall als Manifestation vollkommener geometrischer Formen, als Lebewesen, als riesiges Uhrwerk und neuerdings als gigantischen Computer darstellen. Sie alle fangen einen wesentlichen Aspekt der Wirklichkeit ein, obwohl jedes Bild für sich unvollständig ist. Wir werden einige der neuesten Gedanken zu diesen Metaphern und der Mathematik, die sie beschreibt, unter die Lupe nehmen. Wir stehen dann vor Fragen wie: Was ist Mathematik? Warum bewährt sie sich so gut bei der Beschreibung der Naturgesetze? Woher kommen diese Gesetze überhaupt? In vielen Fällen lassen sich die Gedanken einfach darstellen, in anderen sind sie recht technisch und abstrakt. Sie als Leser sind eingeladen, an diesem wissenschaftlichen Ausflug ins Unbekannte, bei dem es um die Suche nach der letzten Grundlage der Wirklichkeit geht, teilzunehmen. Obwohl der Weg gelegentlich beschwerlich ist und das Ziel weiter geheimnisvoll bleibt, hoffe ich, daß die Reise selbst sich als anregend herausstellen wird.

Menschliche Vernunft und gesunder Menschenverstand

Man sagt oft, der größte Unterschied zwischen Menschen und anderen Tieren sei unsere Fähigkeit, vernünftig zu sein. Viele Tiere scheinen sich der gegenständlichen Welt mehr oder weniger bewußt zu sein und auf sie zu reagieren, aber nur Menschen behaupten, ihre Wahrnehmung ginge darüber hinaus. Wir verfügen auch über eine Art von *Verständnis* für die Welt und unseren Platz in ihr. Wir können Ereignisse vorhersagen und Naturvorgänge für unsere eigenen Zwecke nutzen; obwohl wir Teil der Natur sind, unterscheiden wir doch irgendwie zwischen uns selbst und dem Rest der physikalischen Welt.

In primitiven Kulturen beschränkte sich die Kenntnis der Physik auf das Alltagsleben, etwa auf den Lauf der Jahreszeiten oder die Bewegung einer Schleuder oder eines Pfeils. Das Wissen war völlig pragmatisch und hatte keine theoretische Grundlage, die über magisches Denken hinausging. Heute, im Zeitalter der Wissenschaft, ist unser Verständnis viel umfassender; wir müssen unser Wissen deshalb in die verschiedenen Fachbereiche aufteilen – Astronomie, Physik, Chemie, Geologie, Psychologie und so weiter. Dieser aufsehenerregende Fortschritt ist fast vollständig ein Ergebnis der »wissenschaftlichen Methode«, also von Experiment, Beobachtung, Deduktion, Hypothesenbildung und Widerlegung. Mit Einzelheiten brauchen wir uns hier nicht zu beschäftigen. Wichtig ist, daß die Wissenschaft an

Verfahren und Diskurs strenge Maßstäbe anlegt und Vernunft höher schätzt als irrationalen Glauben.

Der Begriff »Vernunft« ist selbst etwas merkwürdig. Wir lassen uns von »vernünftigen« Behauptungen überzeugen und fühlen uns besonders wohl, wenn sie an den gesunden Menschenverstand appellieren. Aber die menschlichen Denkvorgänge sind nicht gottgegeben. Sie haben ihren Ursprung in der Struktur des menschlichen Gehirns und in den Aufgaben, zu deren Durchführung es sich in der Evolution herausgebildet hat. Das Wirken des Gehirns wiederum hängt von den physikalischen Gesetzen und der gegenständlichen Welt ab, in der wir leben. Was wir gesunden Menschenverstand nennen, ist das Ergebnis von Denkmustern, die tief in die menschliche Psyche eingebettet sind, und das mutmaßlich deshalb, weil sie bestimmte Vorteile für den Umgang mit alltäglichen Situationen vermittelten, etwa wie man fallenden Gegenständen ausweichen und sich vor Räubern schützen kann. Einige Aspekte menschlichen Denkens werden durch die Verdrahtung unserer Gehirne festgelegt, andere haben wir als »genetische Software« vor langer Zeit von unseren Vorfahren geerbt.

Der Philosoph Immanuel Kant behauptete, nicht alle unsere Denkkategorien ließen sich von einer Sinneserfahrung der Welt herleiten. Er hielt einige Begriffe für *a priori*, womit er meinte, diese Begriffe brauchten nicht im streng logischen Sinn *notwendige Wahrheiten* zu sein, das Denken sei jedoch ohne sie unmöglich: Sie seien »Grundlage unseres Denkens«. Kant veranschaulichte das an unserer Raumvorstellung, unserem Wissen vom dreidimensionalen nach den Regeln der euklidischen Theorie beschriebenen Raum. Er nahm an, wir würden mit diesem Wissen geboren. Aber wie Wissenschaftler inzwischen entdeckt haben, ist das Weltall kein euklidischer Raum. Heutzutage nehmen Naturwissenschaftler und Philosophen im allgemeinen an, daß sich selbst die grundlegendsten Aspekte menschlichen Denkens letztlich auf Beobachtungen der gegenständlichen Welt beziehen. Wahrscheinlich sind die Begriffe, die in unserer Seele den stärksten Eindruck hinterlassen, jene, von denen wir uns schwer vorstellen können, sie könnten anders sein – wie etwa der »gesunde Menschenverstand« und die Vernunft –, Begriffe, die genetisch auf einer sehr tiefen Ebene in unseren Gehirnen verankert sind.

Es ist verlockend, darüber nachzudenken, ob Außerirdische, die sich unter ganz anderen Umständen entwickelten, unsere Auffassungen vom gesunden Menschenverstand oder auch nur die Art unseres Denkens teilen würden. Wenn es wirklich, wie einige Science-fiction-Schriftsteller erwogen haben, auf der Oberfläche eines Neutronensterns Leben gibt, könnten wir weder wissen, wie solche Wesen ihre Welt wahrnehmen, noch was sie über die Welt denken. Die Auffassung, die ein Außerirdischer von Vernunft hat, könnte sich sehr von unserer unterscheiden; vielleicht ließen sich diese Wesen gar nicht von dem überzeugen, was wir für eine vernünftige Überlegung halten.

Sollten wir deshalb dem menschlichen Denken mißtrauen? Sind wir übermäßig chauvinistisch oder engstirnig, wenn wir annehmen, wir könnten das Gedankenmuster des *Homo sapiens* erfolgreich auf die großen Seinsfragen anwenden? Nicht unbedingt. Unsere Denkprozesse haben sich gerade so entwickelt, wie sie sind, weil sie etwas vom Wesen der Welt widerspiegeln, in der wir leben. Das menschliche Denken vermittelt erstaunlich erfolgreich ein Verständnis für jene Teile der Welt, die unserer Wahrnehmung nicht direkt zugänglich sind. Es überrascht vielleicht nicht, wenn der menschliche Verstand die Gesetze herleiten kann, die für fallende Körper gelten, weil das Gehirn Strategien entwickelt hat, wie wir ihnen ausweichen können. Aber haben wir das Recht zu erwarten, daß sich diese Denkweisen auch bewähren, wenn es zum Beispiel um Kernphysik oder Astrophysik geht? Die Tatsache, daß sie sich sogar »irrsinnig«, also über alle Vernunft hinaus, gut bewähren, ist eines der großen Geheimnisse der Welt, die ich in diesem Buch erforschen möchte.

Jetzt stellt sich jedoch eine andere Frage. Nehmen wir an, menschliches Denken könnte etwas von der Struktur der Welt erfassen. Wäre es dann richtig zu sagen, daß die Welt eine Ausdrucksform der Vernunft ist? Wir verwenden das Wort »rational« im Sinne von »in Übereinstimmung mit der Vernunft«, deshalb fragen wir danach, ob oder in welchem Maße die Welt rational ist. Die Naturwissenschaft hofft zuversichtlich, die Welt sei in allen ihren beobachtbaren Aspekten rational. Möglicherweise gibt es Facetten der Wirklichkeit, die jenseits der Macht menschlichen Denkens liegen. Das bedeutet nicht, daß diese Facetten notwendig irrational sind. Bewohner von Neutronensternen (oder Supercomputer) verstehen vielleicht Dinge, die uns aufgrund der Struktur unserer Gehirne unzugänglich sind. Wir müssen also vor der Möglichkeit auf der Hut sein, daß es Dinge gibt, deren Erklärungen wir niemals begreifen können, und vielleicht auch manche, die gar keine Erklärungen haben.

In diesem Buch vertrete ich die optimistische Sichtweise, daß menschliches Denken im allgemeinen vernünftig ist. Tatsächlich vertreten Menschen besonders in bezug auf Religion Ansichten, die man für irrational halten könnte. Deshalb müssen sie natürlich noch lange nicht falsch sein. Vielleicht gibt es einen Weg zum Wissen (wie etwa Mystik oder Offenbarung), der menschliches Denken umgeht oder überschreitet? Als Wissenschaftler möchte ich lieber der menschlichen Vernunft vertrauen, bis ich an ihre Grenzen komme. An den Grenzen von Vernunft und Denken stoßen wir sicherlich auf Geheimnisse und Ungewißheit; mit großer Wahrscheinlichkeit wird vernünftiges Denken von einem bestimmten Stadium an entweder durch irrationalen Glauben oder reinen Agnostizismus ersetzt werden.

Nehmen wir an, die Welt sei, jedenfalls zu einem großen Teil rational. Was ist dann der Ursprung dieser Rationalität? Die Welt kann nicht allein in unseren Sinnen bestehen, denn unser Geist spiegelt lediglich das schon Vorhandene. Sollten wir die Erklärung in einem vernünftigen Schöpfer suchen? Oder kann die Rationalität sich durch die reine Kraft ihrer eigenen »Vernünftigkeit« selbst erschaffen? Könnte es andererseits sein, daß die Welt »im Großen« irrational ist, wir aber eine Oase scheinbarer Rationalität bewohnen, weil das der einzige »Platz« ist, an dem sich bewußte, vernünftige Wesen befinden können? Um solchen Fragen weiter nachzugehen, betrachten wir nun die unterschiedlichen Weisen vernünftigen Denkens genauer.

Gedanken über das Denken

Es gibt zwei sehr hilfreiche Arten logischer Überlegungen, und es ist wichtig, sie gut zu unterscheiden. Die erste ist die sogenannte »Deduktion«. Sie beruht auf strengen logischen Regeln. Nach der üblichen Logik sind Aussagen wie »Ein Hund ist ein Hund« und »Alles ist entweder ein Hund oder nicht« wahr, während andere, etwa »Ein Hund ist kein Hund« für falsch gehalten werden. Eine Deduktion beginnt mit einer Reihe von Annahmen, sogenannten »Voraussetzungen«. Diese sind Aussagen oder Bedingungen, die für die Zwecke der Überlegung für wahr gehalten werden. Offensichtlich sollten die Voraussetzungen untereinander widerspruchsfrei sein.

Man nimmt im allgemeinen an, in einer logisch deduktiven Überlegung enthielte die Schlußfolgerung nicht mehr als die ursprünglichen Voraussetzungen, so daß sich mit Hilfe einer solchen Überlegung also niemals etwas völlig Neues beweisen läßt. Denken wir zum Beispiel an die als »Syllogismus« bekannte Herleitungsreihe

1. Alle Junggesellen sind Männer.
2. Alex ist ein Junggeselle.
3. Also ist Alex ein Mann.

Die dritte Aussage sagt uns nicht mehr als die beiden Aussagen 1 und 2. So gesehen werden bei einer logischen Herleitung eigentlich nur Daten oder komplexe Begriffssysteme so umgeformt, daß sie in einer interessanteren oder brauchbareren Form dargestellt werden.

Wenn die deduktive Logik auf eine komplexe Menge von Begriffen angewendet wird, können die Schlüsse oft überraschend oder unerwartet sein, selbst wenn sie nur ein Ergebnis der ursprünglichen Voraussetzungen sind. Ein gutes Beispiel dafür liefert die Geometrie; sie beruht auf Voraussetzungen, sogenannten »Axiomen«, den Bausteinen des großen Gebäudes der mathematischen Geometrie. Im dritten vorchristlichen Jahrhundert zählte der griechische Geometer Euklid fünf Axiome auf, auf denen die herkömmliche Schulgeometrie gründet; zu ihnen gehören solche Sätze wie: »Durch je zwei Punkte gibt es eine und nur eine Gerade.« Mit Hilfe der deduktiven Logik lassen sich aus diesen Axiomen alle geometrischen Sätze herleiten, die wir in der Schule gelernt haben. Ein solcher Satz wird Pythagoras zugeschrieben. Selbst wenn er nicht mehr Information gibt als die euklidischen Axiome, aus denen er hergeleitet wurde, ist er doch sicherlich nicht offensichtlich.

Eine deduktive Überlegung ist nur so gut wie die Voraussetzungen, auf denen sie gründet. So beschlossen beispielsweise Mathematiker im neunzehnten Jahrhundert, die Folgen zu untersuchen, die ein Verzicht auf Euklids fünftes Axiom hätte. Dieses Axiom besagt, man könne durch jeden Punkt zu einer gegebenen Geraden eine Parallele zu dieser Geraden ziehen. Die sich daraus ergebende »nichteuklidische Geometrie« erwies sich für die Naturwissenschaften als außerordentlich nützlich. Einstein verwandte sie in seiner allgemeinen Relativitätstheorie (einer Theorie der Schwerkraft). Wie schon gesagt, wissen wir heute, daß die euklidische Geometrie in der wirklichen Welt im Großen nicht zutrifft: Grob gesagt wird der Raum durch die Schwerkraft gekrümmt. Die euklidische Geometrie wird immer noch in der Schule unterrichtet, weil sie in den meisten Fällen eine sehr gute Näherung darstellt. Wir lernen jedoch aus diesem Beispiel, daß es unklug wäre, ein Axiom für so selbstverständlich richtig zu halten, daß es nicht auch anders sein könnte.

Logische Deduktionen, darüber herrscht im allgemeinen Übereinstimmung, sind die sicherste Form der Beweisführung; es sollte jedoch erwähnt werden, daß selbst der Gebrauch der gewöhnlichen Logik in Frage gestellt worden ist. In der sogenannten Quantenlogik gilt die Regel nicht mehr, wonach etwas nicht sowohl sein als auch nicht sein kann. Der Begriff »Sein« ist dort subtiler als in der alltäglichen Erfahrung: Physikalische Systeme können Überlagerungen alternativer Zustände sein.

Eine andere Form des logischen Schließens, die wir alle verwenden, ist die »Induktion«. Wie die Deduktion geht die Induktion von Fakten oder Annahmen aus und leitet aus ihnen Schlüsse her, aber sie tut das durch Verallgemeinerung und nicht durch schrittweise Überlegung. Die Vorhersage, daß die Sonne morgen aufgehen wird, ist ein Beispiel für einen induktiven Schluß; er beruht auf der Tatsache, daß die Sonne erfahrungsgemäß jeden Tag getreulich aufgegangen ist. Wenn ich einen schweren Körper loslasse, erwarte ich aufgrund meiner früheren Erfahrungen mit der Schwerkraft, daß er fällt. Wissenschaftler verwenden induktive Schlüsse, wenn sie Hypothesen aufstellen, die auf einer begrenzten Anzahl von Beobachtungen oder Versuchen beruhen. Physikalische Gesetze beispielsweise sind von dieser Art. Das Gesetz, wonach die elektrische Kraft proportional ist zum Reziproken des Abstands der beiden Körper, wurde auf viele Weisen überprüft und immer bestätigt. Wir nennen es ein Gesetz, weil wir auf der Grundlage der Induktion diese Abhängigkeit vom reziproken Quadrat des Abstands immer für gültig halten. Wenn auch noch niemand eine Verletzung dieses Gesetzes beobachtet hat, so ist damit jedoch nicht bewiesen, daß es auf dieselbe Weise wahr sein muß, wie der Satz des Pythagoras wahr sein muß, wenn die Axiome der euklidischen Geometrie gelten. Unabhängig davon, in wie vielen Einzelfällen das Gesetz überprüft wird, können wir niemals absolut sicher sein, daß es unfehlbar gilt. Mit Hilfe der Induktion können wir nur schließen, daß das Gesetz mit sehr großer Wahrscheinlichkeit auch bei der nächsten Überprüfung bestätigt werden wird.

Der Philosoph David Hume warnte vor induktiven Schlüssen. Wenn auch die Sonne immer pünktlich aufgegangen ist und das Kraftgesetz immer bestätigt wurde, so könnte das doch in Zukunft auch anders sein. Diese Überzeugung beruht auf der Annahme, daß »der Lauf der Natur immer und beständig gleich bleibt.« Was aber rechtfertigt diese Annahme? Sicher, ein Zustand *B* (z.B. Morgendämmerung) könnte immer nach einem Zustand *A* beobachtet werden (z.B. Abenddämmerung), aber man sollte nicht daraus ableiten, daß *B* auf *A* folgen muß. Wir können uns sicherlich eine Welt vorstellen, in der *A* eintritt, *B* aber nicht. Könnte es eine andere Notwendigkeit geben, eine gleichsam natürliche Notwendigkeit? Hume und seine Anhänger streiten das ab.

Für das deduktive Denken sind induktiv gezogene Schlüsse zweifellos niemals absolut sicher, obwohl der »gesunde Menschenverstand« auf Induktion beruht. Wenn induktive Schlüsse so oft erfolgreich sind, beruht das auf einer (bemerkenswerten) Eigenschaft der Welt, die sich »Treue der Natur« nennen ließe. Wir können alle durchs Leben gehen und Überzeugungen über die Welt (etwa die Unvermeidlichkeit des Sonnenaufgangs) vertreten, zu denen wir induktiv gekommen sind und die für völlig vernünftig gehalten werden, die aber nicht auf deduktiver Logik beruhen, sondern darauf, wie die Welt zufällig ist. Und wie wir sehen werden, gibt es keinen logischen Grund, warum die Welt nicht auch anders hätte sein können. Sie hätte auf eine Weise chaotisch sein können, die induktive Verallgemeinerungen unmöglich macht.

Die moderne Philosophie wurde stark von der Arbeit Karl Poppers beeinflußt; seiner Meinung nach verwenden Naturwissenschaftler in der Praxis selten induktive Schlüsse der beschriebenen Art. Wenn eine neue Entdeckung gemacht wird, neigen Naturwisenschaftler dazu, rückwärts zu denken, um Hypothesen zu konstruieren, die mit dieser Entdeckung verträglich sind, und dann weiter über andere Folgen aus diesen Hypothesen nachzudenken, die sich ihrerseits im Experiment überprüfen lassen. Wenn sich eine von diesen Vorhersagen als falsch herausstellt, muß die Theorie abgeändert oder aufgegeben werden. Die Betonung liegt also auf der Falsifizierung, nicht auf der Verifizierung. Eine gute Theorie ist eine, die der Falsifizierung zugänglich ist und die sich deshalb auf viele detaillierte und spezielle Weisen überprüfen läßt. Wenn die Theorie diese Prüfungen besteht, wird unser Vertrauen in die Theorie bestärkt. Eine zu vage oder allgemeine Theorie, die nur über solche Umstände Vorhersagen macht, die wir nicht überprüfen können, weil sie außerhalb unserer Reichweite liegen, hat wenig Wert.

In der Praxis also läuft menschliches Denken nicht immer über deduktive und induktive Schlußfolgerungen ab. Der Schlüssel für wissenschaftlichen Fortschritt steckt oft in solchen Sprüngen der Eingebung. Eine wichtige Tatsache oder Vermutung fällt uns in den Schoß; wir finden erst später eine Begründung und Rechtfertigung. Wie es zur Eingebung kommt, bleibt ein Geheimnis, das uns vor viele Fragen stellt. Haben Gedanken eine Art unabhängiger Existenz? Werden sie von einem empfänglichen Wesen von Zeit zu Zeit »entdeckt«? Oder ist die Eingebung eine Folge ganz normalen Denkens, das sich tief im Unbewußten abspielt und erst dann ins Bewußtsein gelangt, wenn der Denkvorgang abgeschlossen ist? Und wann hat sich diese Fähigkeit entwickelt, falls das der Fall ist? Welche biologischen Vorteile kann mathematische und künstlerische Eingebung den Menschen bringen?

Eine rationale Welt

Die Behauptung, die Welt sei rational, hängt damit zusammen, daß sie geordnet ist. Ereignisse geschehen im allgemeinen nicht willkürlich, sondern hängen irgendwie miteinander zusammen. Die Sonne geht pünktlich auf, weil sich die Erde regelmäßig dreht. Wenn ein Körper fällt, hat das damit zu tun, daß er zuvor in einer gewissen Höhe losgelassen wurde, und so weiter. Es ist diese Beziehung zwischen Ereignissen, aus der wir unsere Vorstellung von Verursachung herleiten. Das Fenster zerbricht, weil ein Stein dagegen geworfen wurde. Die Eiche wächst, weil eine Eichel eingepflanzt wurde. Das unvermeidliche Zusammentreffen kausal verknüpfter Ereignisse ist uns so vertraut geworden, daß wir dazu neigen, den Körpern selbst eine Macht der Verursachung zuzuschreiben: Der Stein besorgt die Zerstörung des Fensters. Aber damit wird materiellen Dingen eine wirkende Kraft zugeschrieben, die ihnen gar nicht zukommt. Wir können eigentlich nicht mehr sagen, als daß zum Beispiel zwischen Steinen, die auf Fenster zufliegen, und zerbrochenem Glas eine Beziehung besteht. Ereignisse, die solche Folgen bilden, sind also nicht voneinander unabhängig. Wenn wir alle Ereignisse in einem bestimmten Raumbereich über einen bestimmten Zeitraum hinweg aufzeichnen könnten, würden wir bemerken, daß diese Aufzeichnungen eine Struktur aufweisen, die eine »kausale Verbindung« darstellt. Wir schließen aus der Existenz dieser Strukturen auf die rationale Ordnung der Welt. Ohne sie gäbe es nur Chaos.

Mit dem Begriff der Kausalität ist der Begriff des Determinismus eng verknüpft. In seiner modernen Form ist dies die Annahme, Ereignisse seien durch andere, frühere Ereignisse bestimmt. Dem Determinismus entspricht die Vorstellung, daß der Zustand der Welt in einem vorgegebenen Augenblick ausreicht, ihren Zustand in einem späteren Augenblick festzulegen. Und weil dieser spätere Zustand die jeweils auf ihn folgenden Zustände festlegt, schließt man, alles, das je in der Zukunft passieren wird, sei durch den jetzigen Zustand vollkommen bestimmt. Als Isaac Newton im siebzehnten Jahrhundert seine Gesetze der Mechanik aufstellte, war der Determinismus von selbst in ihnen enthalten. Es genügt zum Beispiel bei seiner Beschreibung des Sonnensystems als einem isolierten System, die Positionen und Geschwindigkeiten der Planeten in einem bestimmten Augenblick zu kennen, um (aufgrund der Newtonschen Gesetze) ihre Positionen und Geschwindigkeiten zu allen späteren Zeiten berechnen zu können. Außerdem zeichnen Newtons Gesetze keine Zeitrichtung aus, deshalb läßt sich die Aussage auch umkehren: Die Kenntnis des jetzigen Zustands genügt zur Festlegung aller früheren Zustände. Auf diese Weise können wir zum Beispiel zukünftige Sonnenfinsternisse vorhersagen und vergangene berechnen.

Wäre die Welt streng deterministisch, ließen sich alle Ereignisse in ein Netz von Ursache und Wirkung einordnen. Vergangenheit und Zukunft wären dann in dem Sinn in der Gegenwart enthalten, daß die Information, die zur Konstruktion der vergangenen und zukünftigen Zustände der Welt nötig ist, genauso starr in ihrem jetzigen Zustand steckt wie die Information über den Satz des Pythagoras in den Axiomen der euklidischen Geometrie. Der ganze Kosmos ist dann eine gigantische Maschine oder ein Uhrwerk, das sklavisch einem Weg folgt, der schon am Beginn der Zeit festgelegt wurde. Ilya Prigogine hat das poetischer ausgedrückt, als er sagte, Gott sei auf einen bloßen Archivar reduziert, der die Seiten eines schon geschriebenen kosmischen Geschichtsbuchs umblättere.[1]

Den Gegensatz zum Determinismus stellt der Indeterminismus oder Zufall dar. Wir sagen, ein Ereignis sei »rein zufällig« passiert, wenn es nicht offensichtlich durch etwas anderes bestimmt wurde. Vertraute Beispiele dafür sind das Würfeln oder das Werfen einer Münze. Aber sind dieses Beispiele für echte Unbestimmtheit, oder bleiben uns lediglich die das Ergebnis bestimmenden Faktoren und Kräfte verborgen, und scheinen sie uns nur deshalb zufällig zu sein?

Bis zu diesem Jahrhundert hätten die meisten Naturwissenschaftler diese Frage mit Ja beantwortet. Sie nahmen an, die Welt sei im Grunde streng deterministisch und das Auftreten von Zufall einzig das Ergebnis unserer Unkenntnis der Einzelheiten des betrachteten Systems. Wenn die Bewegung eines jeden Atoms bekannt wäre, so überlegten sie, würde selbst das Werfen einer Münze vorhersagbar. Wenn das Ergebnis in der Praxis nicht vorhersagbar ist, so deshalb, weil uns nur begrenzte Informationen über die Welt zur Verfügung stehen. Zufälliges Verhalten wird auf Systeme zurückgeführt, die höchst instabil sind und deshalb von winzigen Schwankungen der Kräfte abhängen, die sie von ihrer Umgebung erfahren.

Dieser Gesichtspunkt mußte Ende der zwanziger Jahre aufgegeben werden, weil die Entwicklung der Quantenmechanik, die mit Phänomenen atomarer Größenordnung zu tun hat, zeigte, wie fest die Unbestimmtheit in ihr Fuß gefaßt hat. Eine Ausdrucksform dieser Unbestimmtheit ist als Heisenbergs Unschärfeprinzip bekannt. Grob gesprochen besagt es, daß alle meßbaren Größen unvorhersagbaren Schwankungen unterliegen und ihre Werte deshalb unbestimmt sind. Um diese Unbestimmtheit quantitativ zu erfassen, werden beobachtbare Größen miteinander gepaart: Ort und Impuls bilden ein Paar, Energie und Zeit ein anderes. Eine genaue Messung des Ortes eines Teilchens, etwa eines Elektrons, hat die Wirkung, daß sein Impuls höchst unscharf wird und umgekehrt. Weil man aber sowohl den Ort als auch den Impuls aller Teilchen eines Systems genau kennen muß, wenn man seine zukünftigen Zustände vorhersagen will, setzt das Heisenbergsche Unschärfeprinzip der Vorstellung ein Ende, die Gegenwart bestimme die Zukunft genau vorher. Natürlich setzt dies voraus, daß die Quantenunschärfe in der Natur steckt und nicht nur das Ergebnis eines versteckten, tieferliegenden Determinismus ist. In den letzten Jahren sind eine Reihe von wichtigen Versuchen durchgeführt worden, die dies überprüft haben, und sie haben bestätigt, daß die Unschärfe in der Tat untrennbar zu Quantensystemen gehört. Das Weltall ist in seinen Grundlagen indeterministisch.

Ist das Weltall schließlich doch irrational? Nein. Es gibt einen Unterschied zwischen den Zufälligkeiten in der Quantenmechanik und dem unbeschränkten Chaos eines irrationalen Universum. Obwohl es im allgemeinen in bezug auf die zukünftigen Zustände eines Quantensystems keine Gewißheit geben kann, sind doch die relativen Wahrscheinlichkeiten der verschiedenen möglichen Zustände vorgegeben. Man kann also die Wahrscheinlichkeit dafür angeben, daß zum Beispiel ein Atom in einem angeregten oder nicht angeregten Zustand ist, auch wenn das Ergebnis in einem bestimmten Fall unbekannt ist. Aufgrund dieser statistischen Gesetzmäßigkeit gehorcht die Natur in makroskopischen Größenordnungen, in denen Quanteneffekte gewöhnlich nicht bemerkbar sind, offensichtlich deterministischen Gesetzen.

Die Aufgabe des Physikers ist es, die in der Natur vorhandenen Strukturen aufzudecken und zu versuchen, sie mit einfachen mathematischen Schemen in Einklang zu bringen. Die Fragen, warum es Strukturen gibt und warum solche mathematischen Schemen möglich sind, liegen außerhalb des Bereichs der Physik und gehören zu einem Thema, das als Metaphysik bekannt ist.

Metaphysik: Wer braucht sie?

In der griechischen Philosophie bedeutete »Metaphysik« ursprünglich das, was nach der Physik kommt. Was später die *Metaphysik* des Aristoteles genannt wurde, folgte nämlich ohne eigene Überschrift seinem Buch über *Physik*. Aber schon bald bezeichnete man jene Themenbereiche als Metaphysik, die jenseits der Physik liegen (wir würden heute sagen, jenseits der Naturwissenschaften) und doch eine Bedeutung für wissenschaftliche Forschung haben könnten. Mit Metaphysik meinen wir also die Untersuchung von Fragen *zur* Physik (oder zur Naturwissenschaft im allgemeinen) im Gegensatz zum Gegenstand der wissenschaftlichen Forschung selbst. Herkömmlicherweise rechnet man zur Metaphysik all das, was nach Ursprung, Wesen und Ziel des Universums fragt, nach der Beziehung zwischen der Welt der Erscheinungen, wie sie sich unseren Sinnen darstellt, und der ihnen zugrundeliegenden »Wirklichkeit« und Ordnung, nach der Beziehung zwischen Geist und Materie und nach der Existenz des freien Willens. Offensichtlich betreffen solche Fragen in besonderem Maße die Naturwissenschaften, aber die empirischen Wissenschaften allein könnten sie oder andere Fragen nach dem »Sinn des Lebens« wohl nicht beantworten.

Im achtzehnten Jahrhundert geriet das gesamte Denksystem der Metaphysik ins Wanken, als David Hume und Immanuel Kant es kritisch betrachteten. Diese Philosophen stellten nicht ein bestimmtes System in Frage, sondern sie zweifelten am Sinn der Metaphysik an sich. Hume behauptete, man könne nur jenen Gedanken einen Sinn geben, die direkt auf den Beobachtungen der Welt beruhen oder aus deduktiven Systemen wie der Mathematik folgen. Begriffe wie »Wirklichkeit«, »Geist« und »Stoff«, die angeblich irgendwie hinter den Größen liegen, die mit unseren Sinnen erfahrbar sind, tat Hume ab, weil sie nicht beobachtbar sind. Er wies auch Fragen nach Zweck oder Sinn des Weltalls oder dem Ort des Menschen in ihm zurück, weil er glaubte, keiner dieser Begriffe ließe sich vernünftig mit Dingen in Verbindung bringen, die wir wirklich beobachten. Diese philosophische Richtung wird »Empirismus« genannt, weil sie die Erfahrung als Grundlage all unseres Wissens sieht.

Kant akzeptierte die Annahme der Empiristen, wonach alles Wissen mit unseren Erfahrungen von der Welt beginnt, aber wie schon erwähnt, meinte er auch, Menschen sei ein Wissen angeboren, das Denken überhaupt erst ermögliche. Im Denkprozeß kämen danach zwei Komponenten zusammen: Sinnesdaten und Wissen *a priori*. Kant erkundete mit Hilfe seiner Theorie die Grenzen dessen, was Menschen aufgrund ihrer Möglichkeiten zur Beobachtung und zum kritischem Denken je zu wissen vermögen. Er kritisierte die Metaphysik, weil unsere Vernunft nur für den Bereich der Erfahrung gilt, also nur für die tatsächlich beobachteten Erscheinungen. Wir haben keinen Grund zur Annahme, daß sie sich auf einen hypothetischen Bereich anwenden läßt, der jenseits der Welt der wirklichen Erscheinungen liegt. Wir können, anders gesagt, über die Dinge nachdenken, die wir sehen, aber damit erfahren wir nichts über die Dinge an sich. Jeder Versuch, Theorien über eine »Wirklichkeit« aufzustellen, die hinter den Dingen der Erfahrung liegt, ist zum Scheitern verurteilt.

Obwohl die Metaphysik nach diesem Angriff unmodern wurde, weigerten sich einige Philosophen und Naturwissenschaftler, auf Vermutungen darüber zu verzichten, was hinter der Oberfläche der Welt der Erscheinungen liegen könnte. In den letzten Jahren jedoch belebten Fortschritte in der Grundlagenphysik, der Kosmologie und den Computerwissenschaften das Interesse an einigen der traditionellen metaphysischen Themen. Die Beschäftigung mit der »künstlichen Intelligenz« führte erneut zu einer Debatte über den freien Willen und das Leib-Seele-Problem. Die Urknalltheorie löste Spekulation über die Notwendigkeit eines Mechanismus aus, der das Weltall überhaupt erst entstehen ließ. Die Quantenmechanik zeigte auf, welch verborgene Zusammenhänge zwischen Beobachter und Beobachtungsgegenstand bestehen. Die Chaostheorie ließ erkennen, daß die Beziehung zwischen Beständigem und Veränderung keineswegs einfach ist.

Zusätzlich zu all diesen Entwicklungen begannen die Physiker, von Theorien für Alles zu reden – wonach sich alle physikalischen Gesetze zu einem einzigen mathematischen System zusammenfassen lassen. Die Aufmerksamkeit richtete sich damit auf das Wesen physikalischer Gesetze. Warum hatte die Natur sich für ein System entschieden und nicht für ein anderes? Warum überhaupt für ein mathematisches? Was war besonders an dem von uns beobachteten System? Könnte es in einem Universum, das durch ein anderes System beschrieben würde, überhaupt intelligente Beobachter geben?

Der Ausdruck »Metaphysik« erhielt damit die Bedeutung »Theorien über physikalische Theorien«. Plötzlich konnte man über »Klassen von Gesetzen« reden, nicht nur über tatsächlich für unser Universum geltende Gesetze. Die Aufmerksamkeit wandte sich hypothetischen Universen zu, deren Eigenschaften ganz anders waren als die unseres eigenen, weil man herausfinden wollte, ob an unserem Universum etwas Besonderes sei. Einige Theoretiker dachten darüber nach, ob es »Gesetze über Gesetze« gibt, mit deren Hilfe die Gesetze unseres Universums aus einer größeren Menge »ausgelesen« werden könnten. Einige waren bereit, die Existenz anderer Universen mit anderen Gesetzen in Erwägung zu ziehen.

In diesem Sinn betreiben Physiker sowieso schon lange Metaphysik. Es gehört zur Arbeit des mathematischen Physikers, gewisse idealisierte mathematische Modelle zu untersuchen, die spezielle enge Aspekte der Wirklichkeit, oft nur symbolisch, einfangen sollen. Diese Modelle spielen die Rolle von »Spielzeugwelten«, die sich als solche untersuchen lassen, manchmal einfach zum Spaß, gewöhnlich aber, um Licht auf die wirkliche Welt zu werfen, indem sie auf Eigenschaften hinweisen, die mehreren Modellen gemeinsam sind. Diese Spielzeugwelten tragen oft denselben Namen wie ihr Schöpfer. So gibt es die Thirringwelt, das Sugawara-Weltmodell, das Taub-NUT-Universum, das maximal ausgedehnte Kruskal-Universum und so weiter. Theoretiker arbeiten gern mit diesen Weltmodellen, weil sie sich im Gegensatz zu den meisten wirklichkeitsnäheren Modellen mathematisch exakt untersuchen lassen. Meine eigene Arbeit war vor etwa zehn Jahren größtenteils der Untersuchung von Quanteneffekten in Modelluniversen mit nur einer und nicht drei räumlichen Dimensionen gewidmet. Das vereinfachte die Probleme. Man hoffte dabei, einige der wesentlichen Kennzeichen des eindimensionalen Modells würden bei einer realistischeren dreidimensionalen Behandlung erhalten bleiben. Meine Kollegen und ich erkundeten also hypothetische Universen, um Information über die Eigenschaften solcher physikalischen Gesetze zu erhalten, die Aufschluß über die Gesetze unseres Weltalls geben könnten.

Zeit und Ewigkeit: Das fundamentale Paradoxon der Existenz

> Zeit ist wie Ewigkeit und Ewigkeit wie Zeit,
> So du nur selber nicht machst einen Unterscheid.
>
> Angelus Silesius

»Ich denke, also bin ich.« In diese wohlbekannten Worte faßte der berühmte Philosoph René Descartes im siebzehnten Jahrhundert die seiner Meinung nach einfachste Aussage über die

Wirklichkeit, auf die sich alle denkenden Menschen einigen könnten. Unsere eigene Existenz ist unsere erste Erfahrung. Aber selbst diese ausnahmslos gültige Behauptung enthält in sich einen Widerspruch, der sich hartnäckig durch die ganze Geschichte des menschlichen Denkens hinzieht. Denken ist ein Vorgang. Sein ist ein Zustand. Wenn ich denke, ändert sich mein Geisteszustand im Lauf der Zeit. Aber das »ich«, auf das sich der Geisteszustand bezieht, bleibt dasselbe. Dieses wahrscheinlich älteste metaphysikalische Problem hat in der modernen Wissenschaftstheorie großes Gewicht.

Obwohl unser eigenes Selbst unsere Primärerfahrung darstellt, nehmen wir auch eine äußere Welt wahr, und wir projizieren auf diese äußere Welt dieselbe widersprüchliche Verknüpfung von Vorgang und Sein, von Zeitlichem und Zeitlosem. Einerseits besteht die Welt weiter, andererseits verändert sie sich. Wir erkennen Konstanz nicht nur in unserer persönlichen Identität, sondern in der Beständigkeit von Objekten und Eigenschaften in unserer Umwelt. Wir haben Begriffe wie »Mensch«, »Baum«, »Berg«, »Sonne« gebildet. Das alles braucht es nicht immer zu geben, aber es besitzt eine Art von Dauer, und deshalb können wir ihm eine Identität zuschreiben. Diesem unwandelbaren Hintergrund des Seins ist jedoch fortwährender Wechsel überlagert. Dinge geschehen. Die Gegenwart verblaßt zur Vergangenheit, und die Zukunft »kommt ins Sein«: Sie wird. Was wir »Existenz« nennen, ist diese widersprüchliche Verknüpfung von Sein und Werden.

Menschen suchen, da sie, vielleicht aus psychologischen Gründen, vor ihrer eigenen Sterblichkeit Angst haben, immer nach den dauerhaftesten Aspekten des Seins. Menschen kommen und gehen, Bäume wachsen und sterben, selbst Berge verwittern allmählich, und wir wissen jetzt, daß die Sonne nicht immer weiter brennen wird. Gibt es überhaupt etwas, das wirklich und zuverlässig konstant ist? Findet sich in einer Welt, die so voll ist mit Werden, ein absolut unveränderliches Wesen? Früher einmal wurde der Himmel als unveränderlich gesehen, und Sonne und Sterne, so meinte man, währten von Ewigkeit zu Ewigkeit. Aber wir wissen heute, daß es die Himmelskörper, so ungeheuer alt sie auch sein mögen, nicht immer gegeben hat und nicht immer geben wird. Die Astronomen haben ja sogar herausgefunden, daß das ganze Universum in einem Zustand allmählicher Evolution ist.

Was ist dann absolut konstant? Man wird unweigerlich vom Materiellen und Physikalischen in den Bereich des Mystischen und Abstrakten geführt. Begriffe wie »Logik«, »Zahl«, »Seele« und »Gott« werden im Lauf der Geschichte immer wieder als sicherste Grundlage gesehen, wenn ein Bild der Wirklichkeit entstehen soll, das auf dauerhafte Zuverlässigkeit hoffen läßt. Aber dann bäumt sich das häßliche Paradoxon der Existenz auf. Denn wie kann die veränderliche Welt der Erfahrung in der unveränderlichen Welt abstrakter Konzepte verwurzelt sein?

Schon in den Anfängen der systematischen Philosophie im alten Griechenland stand Platon vor diesem Dilemma. Für ihn lag die Wirklichkeit in einer transzendenten Welt unveränderlicher, vollkommener Ideen oder abstrakter Formen, in einem Bereich mathematischer Erfahrungen und fester geometrischer Strukturen. Dies war der den Sinnen unzugängliche Bereich des reinen Seins. Die veränderliche Welt unserer direkten Erfahrung – die Welt des Werdens – sah er als flüchtig, vergänglich und illusionär. Die Welt der materiellen Dinge war dazu verdammt, ein blasser Schatten oder ein Abklatsch der Welt der Ideen zu sein. Platon veranschaulichte die Beziehung zwischen den beiden Welten durch ein Gleichnis. Man stelle sich vor, man sei in einer Höhle gefangen und könne, weil das Licht im Rücken ist, an der Höhlenwand nur die Schatten von dem sehen, was am Höhleneingang passiert. Diese Schatten sind dann die unvollkommenen Projektionen der wirklichen Formen. Platon verglich die Welt unserer Beobachtungen mit der Schattenwelt der Höhlenbilder. Nur die unveränderliche Welt der Ideen wird »von der Sonne des Verstehbaren erleuchtet«.

Platon schrieb die Herrschaft über diese beiden Welten zwei Göttern zu. An der Spitze der Welt der Ideen stand, jenseits von Raum und Zeit, als ewiges und unveränderliches Wesen das Gute. Eingeschlossen in die nur halb wirkliche und veränderliche Welt materieller Objekte und Kräfte war der »Weltbaumeister« Demiurg, der die Aufgabe hatte, vorhandene Materie in einen geordneten Zustand zu bringen, wozu er als eine Art Bauplan oder Vorbild die Ideen verwendete. Diese unvollkommene Welt ist dauernd in Gefahr zu zerfallen und braucht deshalb immer die schöpferische Aufmerksamkeit des Demiurg. Daher rührt der ständige Wandel in der Welt unserer Sinneseindrücke. Platon erkannte eine grundsätzliche Spannung zwischen Sein und Werden, zwischen den zeitlosen und ewigen Ideen und der veränderlichen Welt der Erfahrungen, machte aber keinen ernsthaften Versuch, die beiden zu vereinbaren. Er begnügte sich damit, die letztere auf einen zum Teil illusionären Status zu verbannen und nur der zeitlosen und ewigen Welt einen wirklichen Wert zuzuschreiben.

Aristoteles, ein Schüler Platons, hielt nichts von der Vorstellung, es gebe zeitlose Ideen; er sah die Welt vielmehr als ein Lebewesen, das sich wie ein Embryo auf ein Ziel hin entwickelt. Der Kosmos schien ihm also von einem Zweck durchdrungen und durch den Urgrund aller Dinge auf sein Ziel ausgerichtet zu sein. Lebewesen waren beseelt, und ihre Seelen leiteten sie bei ihrer zielgerichteten Tätigkeit, aber Aristoteles sah diese Seelen als ihre untrennbaren Teile, nicht im platonischen Sinn als transzendent. Diese animistische Weltanschauung legte Wert auf den Prozeß, indem sie die fortwährende zielorientierte Veränderung betonte. Man könnte also denken, Aristoteles hätte im Gegensatz zu Platon dem Werden den Vorrang über das Sein eingeräumt, aber seine Welt blieb eine widersprüchliche Verbindung der beiden. Das Ziel, zu dem hin sich die Dinge entwickelten, blieb genauso unveränderlich wie die Seelen. Zudem hatte die Welt des Aristoteles, obwohl sie fortwährende Entwicklung zuließ, keinen zeitlichen Anfang. Sie enthielt Dinge – die Himmelskörper –, die »nicht geschaffen, unvergänglich und ewig« waren und auf festen und vollkommen kreisförmigen Bahnen liefen.

Im Nahen Osten gründete sich das Weltbild der Juden auf den Bund zwischen Jahwe und Israel. Hier lag die Betonung auf der Offenbarung Gottes in der Geschichte; sie wird im Alten Testament bezeugt, am deutlichsten in der im Buch *Genesis* berichteten Erschaffung der Welt vor einer endlichen Zeit. Der Gott der Juden galt trotzdem als transzendent und unwandelbar.

Wieder wurde kein ernsthafter Versuch unternommen, den unvermeidlichen Widerspruch aufzulösen, der sich ergibt, wenn ein unwandelbarer Gott seine Ziele in Reaktion auf historische Entwicklungen verändert.

Eine systematische Weltsicht, die sich ernsthaft mit den Paradoxien der Zeit beschäftigte, wurde erst im fünften nachchristlichen Jahrhundert durch Augustin von Hippo geschaffen. Augustinus erkannte, daß die Zeit ein Teil des physikalischen Universums – ein Teil der Schöpfung – war, und räumte deshalb dem Schöpfer einen Platz außerhalb der Zeit ein. Der Gedanke einer zeitlosen Gottheit paßte jedoch nicht gut zur christlichen Lehre. Besondere Schwierigkeiten bereitete die Rolle von Christus: Was kann es für einen zeitlosen Gott bedeuten, wenn er Fleisch wird und zu einem bestimmten geschichtlichen Zeitpunkt am Kreuz stirbt? Wie läßt sich göttliche Erhabenheit mit göttlichem Leiden vereinbaren? Die Debatte wurde im dreizehnten Jahrhundert fortgesetzt, als das Werk des Aristoteles an den neuen europäischen Universitäten in Übersetzungen zugänglich wurde. Diese Bücher hatten eine starke Wirkung. Ein junger Pariser Mönch, Thomas von Aquin, unternahm es, die christliche Religion mit den griechischen Methoden der rationalen Philosophie zu verbinden. Er dachte sich Gott transzendent, als Bewohner eines platonischen Reiches jenseits von Raum und Zeit, und schrieb ihm wohldefinierte Eigenschaften zu – Vollkommenheit, Einfachheit, Zeitlosigkeit, Allmacht, Allwissenheit –, deren Notwendigkeit und Widerspruchslosigkeit er nach Art geometrischer Sätze logisch zu beweisen suchte. Obwohl sein Werk ungeheuer einflußreich war, hatten Thomas und seine Anhänger ungeheure Schwierigkeiten, dieses abstrakte, unveränderliche Wesen mit dem zeitabhängigen physikalischen Universum und dem Gott der Volksreligion zu verknüpfen. Diese und andere Probleme führten dazu, daß sein Werk vom Bischof von Paris verdammt wurde; später allerdings wurde er frei- und schließlich sogar heilig gesprochen.

In seinem Buch *God and Timelessness* schließt Nelson Pike seine gründliche Untersuchung mit den Worten: »Ich hege jetzt den Verdacht, daß die Lehre von Gottes Zeitlosigkeit in die christliche Theologie eingeführt wurde, weil damals das platonische Denken modern war und weil Platons Lehre aus der Sicht systematischer Eleganz beträchtliche Vorteile zu haben schien. Nachdem die Lehre einmal eingeführt war, erhielt sie ein Eigenleben.«[2] Der Philosoph John O'Donnell kommt zu demselben Schluß. Sein Buch *Trinity and Temporality* beschäftigt sich mit dem Konflikt zwischen platonischer Zeitlosigkeit und christlich-jüdischer Historizität: »Ich behaupte, daß das Christentum, als es stärker mit dem Hellinismus in Berührung gekommen war, ... versuchte, eine Synthese herzustellen, die genau an diesem Punkt versagen mußte ... Das Evangelium führte in Verbindung mit gewissen hellenistischen Annahmen über das Wesen Gottes in Sackgassen, aus denen die Kirche noch herausfinden muß.«[3] Ich werde in Kapitel 7 auf diese »Sackgassen« zurückkommen.

Das mittelalterliche Europa wurde Zeuge des Aufstiegs der Naturwissenschaften und einer völlig neuen Weltsicht. Wissenschaftler wie Roger Bacon und später Galileo Galilei betonten, wie wichtig es sei, Wissen durch genaue quantitative Versuche und Beobachtung zu gewinnen. Sie sahen Mensch und Natur als voneinander getrennt und betrachteten den Versuch als eine Art Gespräch mit der Natur, das ihre Geheimnisse erschließen könnte. Die vernünftige Ordnung der Natur, die sich von Gott herleitete, zeigte sich in der Gesetzmäßigkeit. Hier hören wir in der Form ewiger Gesetze in der Naturwissenschaft ein Echo der unwandelbaren zeitlosen Gottheit von Platon und Thomas; diese Auffassung fand ihre überzeugendste Darstellung im siebzehnten Jahrhundert mit dem überragenden Werk Isaac Newtons. Die Physik Newtons unterscheidet scharf zwischen Zuständen der Welt, die von einem Augenblick zum nächsten veränderlich sind, und unveränderlichen Gesetzen. Aber hier taucht wieder die Schwierigkeit auf, Sein und Werden zu vereinbaren, denn wie kann es in einer auf zeitlose Gesetze gegründeten Welt einen Strom der Zeit geben? Dieser rätselhafte »Pfeil der Zeit« plagt seitdem die Physik und ist immer noch Gegenstand intensiver Erörterung und Forschung.

Kein Versuch, die Welt zu erklären, ob wissenschaftlich oder theologisch, kann erfolgreich genannt werden, wenn er nicht die widersprüchliche Verbindung von Zeitlichem und Zeitlosem, von Sein und Werden erklärt. Und nirgendwo prallen diese Widersprüche deutlicher aufeinander als bei der Frage nach dem Ursprung der Welt.

2. Kann sich das Universum selbst erschaffen?

> Die Wissenschaft muß sagen, durch welches Verfahren das Weltall entstehen konnte.
>
> John Wheeler

Wir nehmen gewöhnlich an, daß Ursachen ihren Wirkungen vorausgehen. Es ist deshalb natürlich, wenn wir versuchen, das Universum zu erklären, indem wir uns auf frühere kosmische Zeiten berufen. Aber hätten wir, selbst wenn wir den heutigen Zustand des Weltalls durch seinen Zustand vor einer Milliarde Jahren erklären könnten, irgend etwas anderes erreicht, als daß wir das Geheimnis eine Milliarde Jahre in die Vergangenheit verschoben hätten? Wir würden ja sicherlich den Zustand vor einer Milliarde Jahren durch einen noch früheren Zustand erklären müssen und so weiter. Hört diese Kette von Ursache und Wirkung je auf? Das Gefühl, »etwas müsse das alles ausgelöst haben«, ist in der abendländischen Kultur fest verankert. Eine weitverbreitete Annahme besagt, dieses »Etwas« könne nicht im Bereich wissenschaftlicher Forschung liegen, sondern müsse irgendwie übernatürlich sein. Die Wissenschaftler, so die Überlegung, sind sehr geschickt darin, alles mögliche zu erklären. Sie können vielleicht auch alles erklären, was es im Universum gibt. Aber irgendwann führen die Erklärungen schließlich in eine Sackgasse, an einen Punkt, über den die Naturwissenschaft nicht hinaus kann. Dieser Punkt ist die Schöpfung, der Ursprung des physikalischen Weltalls.

Dieses sogenannte kosmologische Argument ist in der einen oder anderen Form oft als Beweis für die Existenz Gottes angeführt worden. Im Lauf der Jahrhunderte haben es viele Theologen und Philosophen verbessert und erörtert, manchmal mit großem Scharfsinn. Bei der Frage nach dem Ursprung des Kosmos fühlt sich der atheistische Naturwissenschaftler vermutlich unbehaglich. Bis man, vor wenigen Jahren erst, ernsthaft versuchen konnte, den Ursprung des Universums im Rahmen der Physik zu erklären, war das kosmologische Argument meiner Meinung nach schwer zu widerlegen. Ich möchte gleich anfangs sagen, daß diese spezielle Erklärung falsch sein könnte. Darauf jedoch, so denke ich, kommt es hier nicht an. Zur Frage steht nur, ob ein übernatürlicher Akt nötig ist, damit das Weltall beginnt, oder nicht. Wenn sich eine plausible wissenschaftliche Theorie konstruieren läßt, die den Ursprung des gesamten Weltalls erklärt, wissen wir jedenfalls, daß eine wissenschaftliche Erklärung möglich ist, unabhängig davon, ob die betreffende Theorie nun richtig ist oder nicht.

Gab es einen Schöpfungsakt?

Alles Debattieren über den Ursprung der Welt setzt voraus, daß das Weltall einen Anfang hatte. Die meisten alten Kulturen neigten einer Sichtweise zu, nach der die Welt keinen Anfang hatte, sondern sich endlos wiederholt. Die Herkunft dieses Gedankens ist aufschlußreich. Primitive Völker lebten immer in enger Übereinstimmung mit der Natur; ihr Überleben hing von den Rhythmen der Jahreszeiten und anderen naturgegebenen Perioden ab. Viele Generationen verstrichen, ohne daß sich die Gegebenheiten änderten, deshalb tauchte der Gedanke einer einseitigen Veränderung oder eines historischen Fortschritts gar nicht auf. Fragen nach dem Beginn oder dem Schicksal der Welt lagen außerhalb des Bildes, das sie sich von der Wirklichkeit machten. Vielmehr waren ihnen Mythen wichtig, die mit diesen Rhythmen in einer Beziehung standen, und sie spürten das Bedürfnis, die jeweils mit einem Zyklus in Verbindung gebrachten Götter günstig zu stimmen, um so Fruchtbarkeit und Beständigkeit zu sichern.

Die großen frühen Kulturen in China und dem Nahen Osten hatte nur wenig Einfluß auf diese Sichtweise. Stanley Jaki, ein in Ungarn geborener Benediktiner, Doktor der Physik und der Theologie, hat sich gründlich mit dem Glauben an zyklische Kosmologie beschäftigt. Wie er sagt, stand das dynastische System der Chinesen geschichtlichen Abläufen recht gleichgültig gegenüber. »Ihre chronologischen Datierungen begannen mit jeder neuen Dynastie von vorne, und das legt nahe, daß der Strom der Zeit für sie nicht linear war, sondern zyklisch. Die

Chinesen fanden in allen Ereignissen, politischen wie kulturellen, eine Periodizität, gleichsam ein Abbild des Wechselspiels zwischen Yin und Yang, den beiden Grundkräften der Welt. ... Erfolg mußte mit Versagen abwechseln, und Fortschritt mit Zerfall.«[1]

Das hinduistische System bestand aus Zyklen innerhalb von äußerst langen Zyklen. Vier Weltalter, oder Yuga, ergeben ein Mahayuga von 4,32 Millionen Jahren. Eintausend Mahayugas ergeben ein Kalpa, zwei Kalpas einen Brahmatag. Ein Lebenszyklus des Brahma umfaßte einhundert Brahmajahre oder 311 Billionen Jahre! Jaki vergleicht den Kreislauf der Hindu mit einer ausweglosen Tretmühle, die geradezu hypnotisierend zu dem beiträgt, was er die Verzweiflung und Mutlosigkeit des Hinduismus nennt. Auch die Kosmologien der Babylonier, Ägypter und Maja sind von der Zyklizität und dem damit verbundenen Fatalismus durchdrungen. Jaki erzählt die Geschichte der Itza, einem gut bewaffneten Stamm der Maja, der sich 1698 freiwillig einer kleinen Truppe spanischer Soldaten ergab, weil ihnen achtzig Jahre zuvor zwei spanische Missionare gesagt hatten, dieser Zeitpunkt sei der Beginn eines für sie verhängnisvollen Zeitalters.

Auch in der griechischen Philosophie war eine Vorstellung von ewigen Zyklen verwurzelt, aber die Griechen glaubten im Gegensatz zu den pessimistisch zweifelnden Majas, ihre Kultur stelle den Höhepunkt des Kreises dar – den größten erreichbaren Fortschritt. Die zyklische Natur der Zeit im griechischen System wurde von den Arabern übernommen, den Hütern der griechischen Kultur, bis sie im Mittelalter vom Christentum adaptiert wurde. Ein großer Teil der heutigen Weltanschauung europäischer Kulturen läßt sich auf den damaligen gewaltigen Zusammenstoß zwischen der griechischen Philosophie und der jüdisch-christlichen Tradition zurückführen. Für die jüdische und christliche Lehre ist es natürlich wesentlich, daß Gott die Welt zu einem bestimmten Augenblick in der Vergangenheit erschuf und spätere Ereignisse sich in einer eindeutigen zeitlichen Folge entfalteten. Diese Religionen sind deshalb durchdrungen von einem Gefühl für einen sinnvollen geschichtlichen Ablauf – Sündenfall, Bundesschluß, Fleischwerdung und Auferstehung,

Wiederkehr –, der in krassem Gegensatz zur griechischen Vorstellung der ewigen Wiederkehr steht. In ihrem ängstlichen Bemühen, sich an lineare und nicht an zyklische Zeiten zu halten, lehnten die ersten Kirchenväter die zyklische Weltsicht der heidnischen griechischen Philosophen ab, obwohl sie das griechische Denken im allgemeinen bewunderten. So erkennt Thomas von Aquin die Überzeugungskraft der philosophischen Überlegungen des Aristoteles an, wonach es das Weltall schon immer gegeben haben muß, bekennt sich jedoch aufgrund biblischer Zeugnisse zu einem Glauben an einen Ursprung des Kosmos.

Ein wesentlicher Teil des jüdisch-christlichen Schöpfungsglaubens ist die völlige Trennung und Unabhängigkeit des Schöpfers von seiner Schöpfung. Gottes Existenz sichert also nicht von selbst die Existenz der Welt, wie in einigen heidnischen Systemen, in denen die Welt als eine selbstverständliche Erweiterung des Seins des Schöpfers aus ihm hervorgeht. Vielmehr entstand die Welt in einem bestimmten Augenblick als ein Akt willentlicher übernatürlicher Schöpfung durch ein schon existentes Wesen.

Obwohl dieser Schöpfungsbegriff unmittelbar und direkt erscheinen mag, führte er im Lauf der Jahrhunderte zu einem heftigen Gelehrtenstreit, der zum Teil auf die Ungenauigkeit der alten Texte in bezug auf diese Fragen zurückzuführen ist. Die biblischen Schöpfungsgeschichten des Alten Testaments zum Beispiel, die sich stark auf ältere Schöpfungsmythen des Nahen Ostens stützten, sind reich an Dichtung und arm an Fakten. Sie geben keinen klaren Hinweis darauf, ob Gott lediglich Ordnung in ein ursprüngliches Chaos bringt oder aus einer schon existierenden Leere Materie und Licht erschafft oder etwas noch Grundlegenderes tut. So stellen sich viele unbequeme Fragen: Wer war Gott, bevor er die Welt erschuf? Warum erschuf er sie zu diesem Zeitpunkt und nicht zu einem anderen? Was brachte ihn zu dem Entschluß, eine Welt zu erschaffen, wenn er es doch eine Ewigkeit ohne eine Welt ausgehalten hatte?

Die Bibel läßt reichlich Raum für Auseinandersetzungen über diese Fragen. Und die hat es gegeben. Ein großer Teil der christlichen Lehrmeinung zur Schöpfung wurde lange nach der

Abfassung des Buches Genesis entwickelt und ist ebenso sehr von griechischem wie jüdischem Denken beeinflußt. Zwei Fragen verdienen aus Sicht der Naturwissenschaft besonderes Interesse. Die erste betrifft Gottes Beziehung zur Zeit, die zweite die zur Materie.

Alle wichtigen westlichen Religionen verkünden, Gott sei ewig, aber das Wort »ewig« kann zwei ziemlich verschiedene Bedeutungen haben. Einerseits kann es bedeuten, es habe Gott seit einer unendlich langen vergangenen Zeit gegeben und es werde ihn in Zukunft unendlich lange geben, oder es kann bedeuten, daß Gott völlig außerhalb der Zeit ist. Wie ich in Kapitel 1 erwähnte, entschied sich Augustinus für die zweite Möglichkeit, als er behauptete, Gott habe die Welt »mit der Zeit und nicht in der Zeit« geschaffen. Indem er die Zeit als *Teil* der Welt sah und nicht als etwas, in dem die Erschaffung des Weltalls geschieht, und indem er Gott ganz außerhalb der Welt setzte, umging er geschickt die Frage, was Gott vor der Schöpfung gemacht habe.

Dieser Gewinn hat jedoch seinen Preis. Es ist jedem klar, wie überzeugend die Überlegung ist, »irgend etwas müsse das alles in Gang gesetzt haben«. Im siebzehnten Jahrhundert sah man die Welt gern als eine gigantische Maschine, die von Gott in Bewegung gesetzt worden war. Selbst heute sehen viele Menschen Gott gern in der Rolle eines ersten Bewegers oder einer ersten Ursache in einer kosmischen Kette der Verursachung. Aber was bedeutet es für einen Gott, der außerhalb der Zeit ist, ein Verursacher zu sein? Wegen dieser Schwierigkeit betonen jene, die an einen zeitlosen Gott glauben, lieber die Rolle, die ihm bei der Bewahrung und Erhaltung der Schöpfung in jedem Augenblick ihrer Existenz zukommt.

Die Lehrmeinung hatte ähnliche Schwierigkeiten mit Gottes Beziehung zur Materie. Einige Schöpfungsmythen, etwa die babylonischen, malen das Bild eines aus einem Urchaos entstandenen Kosmos. (»Kosmos« bedeutet wörtlich »Ordnung« und »Schönheit« – und steckt in dieser Bedeutung in unserem Wort »Kosmetik«.) Nach dieser Sicht geht die Materie einem übernatürlichen kreativen Akt voraus und wird durch ihn geordnet. Das klassische Griechenland kannte ein ähnliches Bild: Platons

Demiurg mußte mit schon vorhandener Materie bauen. Diese Einstellung wurde auch von den christlichen Gnostikern vertreten, die die Materie als etwas Schlechtes sahen, also nicht als Werk Gottes, sondern des Teufels.

Wenn man die Vielfalt der theologischen Systeme bedenkt, die im Lauf der Geschichte aufgestellt wurden, verwirrt die Verwendung des Wortes »Gott« in diesen Erörterungen. Wir nennen den Glauben an ein göttliches Wesen, das die Welt in Gang setzt und dann lediglich zuschaut, wie sich die Dinge entwickeln, ohne in der Folge unmittelbar Einfluß zu nehmen, »Deismus«. Hier wird Gott als eine Art vollkommener Uhrmacher gesehen, als Ingenieur des Kosmos, der einen gewaltigen und komplizierten Mechanismus entwirft und konstruiert und in Gang setzt. Im Gegensatz dazu bezeichnet »Theismus« den Glauben an einen Gott, der der Schöpfer der Welt ist, aber auch unmittelbar mit ihrem alltäglichen Ablauf zu tun hat, besonders den Angelegenheiten der Menschen, zu denen er eine dauerhafte Beziehung unterhält und die er führt und leitet. Beide, Deismus wie Theismus, unterscheiden deutlich zwischen Gott und der Welt, zwischen Schöpfer und Schöpfung. Gott wird als das völlig Andere gesehen und, obwohl er immer noch für die Welt verantwortlich ist, als jemand, der jenseits der Welt ist. In dem als »Pantheismus« bekannten System gibt es keinen Unterschied zwischen Gott und der Welt. Gott wird also mit der Natur gleichgesetzt: Alles ist Teil von Gott und Gott ist in allem. Es gibt auch den »Panentheismus«, der dem Pantheismus ähnlich ist; danach sind Gott und die Welt eins, aber nicht völlig identisch. Ein Bild dafür sieht die Welt als Körper Gottes.

Schließlich haben eine Reihe von Wissenschaftlern das Bild eines Gottes erwogen, der sich innerhalb des Weltalls entwickelt und schließlich so mächtig wird, daß er Platons Demiurg ähnelt. Man kann sich zum Beispiel intelligente Lebewesen oder auch Maschinen mit künstlicher Intelligenz vorstellen, die allmählich immer größere Fortschritte machen, sich überall im Kosmos ausbreiten und immer größere Teile beherrschen, bis sie so vollkommen mit Materie und Energie umgehen können, daß ihre Intelligenz von der Natur ununterscheidbar wird. Eine solche gottähnliche Intelligenz könnte sich aus unseren eigenen

Nachkommen entwickeln oder auch schon aus einer oder mehreren außerirdischen Gemeinschaften entwickelt haben. Denkbar ist auch das Verschmelzen von zwei oder mehr verschiedenen Intelligenzen während dieses Entwicklungsprozesses. Systeme dieser Art sind von dem Astronomen Fred Hoyle, dem Physiker Frank Tipler und dem Schriftsteller Isaac Asimov beschrieben worden. Dieser »Gott« ist offensichtlich nicht überall und ist trotz seiner ungeheuren Macht doch nicht allmächtig; er kann nicht als der Schöpfer des Universums insgesamt, sondern als lediglich eines Teils seiner Ordnung gesehen werden. (Andernfalls müßte eine etwas sonderbare Form einer rückwärtswirkenden Verursachung eingeführt werden, wodurch die Superintelligenz am Ende des Universums in der Zeit zurück wirkt, um das Universum als Teil einer widerspruchsfreien kausalen Schleife zu erschaffen. Hinweise darauf finden sich bei dem Physiker John Wheeler. Auch Fred Hoyle hat ein solches Bild erörtert, aber nicht im Zusammenhang mit einem allumfassenden Schöpfungsereignis.)

Schöpfung aus dem Nichts

Die heidnischen Schöpfungsmythen setzen die Existenz sowohl der Materie als auch eines göttlichen Wesens voraus und sind deshalb wesentlich dualistisch. Im Gegensatz dazu verließ sich die frühchristliche Kirche auf die Lehre einer »Schöpfung aus dem Nichts«, die allein Gott voraussetzt. Er hat danach die ganze Welt aus dem Nichts erschaffen. Der Ursprung aller Dinge, der sichtbaren wie der unsichtbaren, wird einem freien Schöpfungsakt Gottes zugeschrieben. Für diese Lehre spielt Gottes Allmacht eine wichtige Rolle: Seiner Schöpfungskraft sind keine Grenzen gesetzt, wie es beim griechischen Demiurg der Fall war. Gott braucht sich zudem weder mit schon Vorhandenem abzufinden, noch wird er durch schon existierende physikalische Gesetze eingeschränkt, denn ein Teil seines Schöpfungsaktes besteht gerade darin, diese Gesetze zu erschaffen und dadurch im Kosmos für Ordnung und Harmonie zu sorgen. Der gnostische Glaube, Materie sei schlecht, wird als unverträglich mit der Fleischwerdung Christi zurückgewiesen. Andererseits ist Materie auch nicht göttlich, wie im pantheistischen Denken, das die ganze Natur von Gottes Gegenwart durchdrungen sieht. Das physikalische Universum – Gottes Schöpfung – wird als vom Schöpfer verschieden und getrennt gesehen.

Die Unterscheidung zwischen Schöpfer und Schöpfung ist deshalb so schwierig, weil in diesem System die erschaffene Welt völlig abhängig ist vom Schöpfer. Wenn die physikalische Welt selbst göttlich wäre oder irgendwie direkt vom Schöpfer ausginge, würde sie an der notwendigen Existenz des Schöpfers teilhaben. Weil sie jedoch aus dem Nichts erschaffen wurde und weil der Schöpfungsakt die freie Wahl des Schöpfers war, muß es sie nicht unbedingt geben. Deshalb schreibt Augustin: »So hast denn du, Herr, der du nicht jetzt so, jetzt anders bist, sondern du selbst, du selbst, du selbst, ›heilig, heilig, heilig‹, Herr, allmächtiger Gott, im Uranfang, der von dir ist, in deiner Weisheit, die aus deinem Wesen geboren ist, aus dem Nichts ein Etwas gemacht. Denn du hast Himmel und Erde nicht aus dir gemacht, denn sonst wären sie wesensgleich deinem Eingeborenen und somit auch dir.«[2] Der offensichtlichste Unterschied zwischen Schöpfer und Schöpfung besteht darin, daß der Schöpfer ewig ist, während die erschaffene Welt einen Anfang hat. Deshalb schrieb der frühchristliche Theologe Irenäus: »Aber die gewordenen Dinge sind unterschieden von dem, der sie geschaffen hat und was sie gemacht hat. Denn Er selbst ist ungeschaffen, ist ohne Anfang und Ende und bedarf nichts. Er ist selbst genügsam dafür, das Sein; aber die Dinge, die er geschaffen hat, haben einen Anfang erhalten.«[3]

Selbst heute noch unterscheiden sich die Lehrmeinungen der großen Konfessionen in bezug auf die Bedeutung der Schöpfung ein wenig; größere Unterschiede bestehen zwischen den Weltreligionen. Diese reichen von den Gedanken der christlichen und islamischen Fundamentalisten, die auf einem wortwörtlichen Verständnis der überlieferten Texte beruhen, bis zu jenen radikaler christlicher Denker, die eine völlig abstrakte Sicht der Schöpfung bevorzugen. Alle stimmen jedoch darin überein, daß das physikalische Weltall für sich genommen unvollständig ist. Es kann sich nicht selbst erklären. Seine Existenz erfordert letztlich etwas außerhalb von sich selbst und läßt sich nur verstehen, wenn der Einfluß einer Gottheit angenommen wird.

Der Beginn der Zeit

Wir kehren zur Einstellung der Wissenschaft zum Ursprung des Weltalls zurück und suchen nach Hinweisen auf einen Ursprung. Es ist sicherlich möglich, sich ein unendlich altes Weltall vorzustellen, und in der Nachfolge von Kopernikus, Galilei und Newton haben Wissenschaftler fast während des ganzen modernen wissenschaftlichen Zeitalters im allgemeinen an einen ewigen Kosmos geglaubt. Diese Überzeugung führt jedoch zu Widersprüchen. Newton machte sich Sorgen über die Folgerungen aus seinem Gravitationsgesetz, wonach alle Materie in der Welt alle andere Materie anzieht, und fragte sich, warum die ganze Welt nicht einfach zusammenfällt. Wie können die Sterne dort draußen im Raum ewig am selben Ort sein, ohne durch ihre gegenseitige Gravitationsanziehung voneinander angezogen zu werden? Newton schlug eine geniale Lösung vor. Das Universum kann nur in seinen Schwerpunkt fallen, wenn es einen hat. Wenn jedoch das Weltall räumlich unendlich ausgedehnt und im Mittel gleichförmig mit Sternen besetzt ist, gibt es keinen bevorzugten Punkt, zu dem die Sterne hinfallen können. Jeder Stern würde gleichzeitig in alle Richtungen gezogen, und es gäbe in keiner Richtung eine resultierende Kraft.

Diese Lösung ist nicht wirklich befriedigend, weil sie mathematisch mehrdeutig ist, denn die miteinander wettstreitenden Kräfte sind alle unendlich groß. Deshalb stellte sich immer wieder neu das Rätsel, wie das Weltall dem Zusammenbruch entgeht; es blieb bis ins jetzige Jahrhundert ungelöst. Selbst Einstein war verblüfft. Er formulierte seine eigene Gravitationstheorie (die allgemeine Relativitätstheorie) 1915 und »korrigierte« sie fast sofort in einem Versuch, die Stabilität des Kosmos zu erklären. Dazu führte er in seine Gleichungen für das Schwerefeld einen Zusatzterm ein, das sogenannte »kosmologische Glied«, eine Art von abstoßender Kraft oder Antischwerkraft. Wenn die Stärke dieser abstoßenden Kraft gerade der Gravitationswirkung entsprach, die alle Körper im Kosmos aufeinander ausüben, waren Anziehung und Abstoßung ausbalanciert und das Universum statisch. Leider stellte sich das Gleichgewicht als instabil heraus; die kleinste Störung konnte also zu einem Übergewicht der einen oder anderen Kraft führen, und der Kosmos mußte entweder nach außen stieben oder nach innen zusammenfallen.

Dieses Problem des kollabierenden Kosmos war nicht das einzige, das sich bei einem ewigen Weltall stellte. Auch das sogenannte Olberssche Paradoxon, das mit der Dunkelheit des Nachthimmels zu tun hat, deckt einen Widerspruch auf. Wenn das Weltall nämlich räumlich und zeitlich unendlich ausgedehnt ist, ergießt sich das Licht von unendlich vielen Sternen auf die Erde; dann kann, wie eine einfache Rechnung zeigt, der Nachthimmel nicht dunkel sein. Der Widerspruch löst sich auf, wenn man dem Kosmos ein endliches Alter zuschreibt, denn in diesem Fall können wir nur jene Sterne sehen, deren Licht Zeit hatte, seit dem Beginn der Welt zur Erde zu gelangen.

Wie wir heute wissen, könnte sowieso kein Stern ewig leuchten, weil ihm schließlich sein Brennstoff ausgehen muß. Daran läßt sich ein sehr allgemeiner Grundsatz veranschaulichen: Ein ewiges Universum ist unvereinbar damit, daß es physikalische Prozesse gibt, die auf Dauer unumkehrbar sind. Wenn physikalische Systeme unumkehrbare Veränderungen mit endlicher Geschwindigkeit durchlaufen, haben sie diese Veränderungen schon vor unendlich langer Zeit durchgemacht. Folglich könnten wir solche Veränderungen (wie die Erzeugung und Aussendung von Sternenlicht) jetzt gar nicht beobachten. Tatsächlich aber ist das Universum voller irreversibler Prozesse. In mancher Hinsicht gleicht es einer langsam ablaufenden Uhr. Genau wie eine Uhr nicht ewig laufen kann, muß auch das Weltall immer wieder »aufgezogen« werden, um ewig »laufen« zu können.

Diese Probleme drängten sich den Wissenschaftlern um die Mitte des neunzehnten Jahrhunderts auf. Bis dahin hatten Physiker mit Gesetzen zu tun gehabt, die in bezug auf die Zeit symmetrisch waren und nicht zwischen Vergangenheit und Zukunft unterschieden. Die Erforschung thermonuklearer Prozesse veränderte das ein für allemal. Das Kernstück der Thermodynamik ist der zweite Hauptsatz, wonach Wärme nicht spontan von kalten Körpern in heiße fließen kann, wohl aber von heißen auf kalte Körper übergeht. Der zweite Hauptsatz ist also nicht umkehrbar: Er schreibt dem Weltall einen Zeitpfeil zu und weist einseitig gerichteten Veränderungen den Weg. Die Wissenschaftler folgerten rasch, das Weltall sei auf einer Einbahnstraße, die zum thermonuklearen Gleichgewicht führt. Diese Tendenz zur Gleichförmigkeit, bei der sich die Temperaturen ausgleichen und das Weltall in einen stabilen Zustand kommt, wird »Wärmetod« genannt. Er ist durch maximale Unordnung der Molekülbewegung oder Entropie gekennzeichnet. Wenn das Weltall noch nicht am Wärmetod gestorben ist – also immer noch weniger als maximale Entropie hat –, kann es noch nicht seit aller Ewigkeit bestehen.

In den Jahren nach 1920 entdeckten Astronomen, daß das herkömmliche Bild eines statischen Universums in jedem Fall falsch sein mußte. Sie fanden, daß das Universum sich ausdehnt und die Galaxien sich voneinander entfernen. Dies ist die Grundlage der bekannten Urknall-Theorie, wonach das Universum vor etwa fünfzehn Milliarden Jahren in einer gigantischen Explosion plötzlich entstand. Die heute beobachtete Expansion läßt sich als ein Überbleibsel dieses ersten Ausbruchs sehen. Die Entdekkung des Urknalls ist oft als eine Bestätigung der biblischen Schöpfungsgeschichte gepriesen worden. Papst Pius XII. spielte 1951 in einer Rede vor der päpstlichen Akademie der Wissenschaften darauf an. Natürlich hat das Bild des Urknalls nur ganz oberflächliche Ähnlichkeit mit dem Schöpfungsbericht der Genesis, der schon fast symbolisch verstanden werden muß, wenn man überhaupt eine Verbindung herstellen will. Man könnte höchstens sagen, beiden Darstellungen sei ein plötzlicher Anfang gemeinsam, und nicht etwa ein allmählicher oder gar keiner.

Die Urknall-Theorie vermeidet die Paradoxien eines ewig währenden Kosmos von selbst. Weil das Weltall ein endliches Alter hat, gibt es keine Probleme mit unumkehrbaren Prozessen. Das Weltall wurde offenbar in einem gewissen Sinn zu Beginn »aufgezogen« und läuft zur Zeit immer noch ab. Der Nachthimmel ist dunkel, weil wir nur endlich weit in den Raum hineinsehen können (etwa fünfzehn Milliarden Lichtjahre), denn das ist die größte Entfernung, aus der Licht seit dem Beginn der Zeit die Erde erreichen konnte. Es stellt sich auch nicht das Problem, ob das Universum unter seinem eigenen Gewicht zusammenfallen könnte. Weil die Galaxien auseinanderfliegen, können sie jedenfalls vorläufig nicht zusammenfallen.

Diese Theorie löst eine Reihe von Problemen und stellt uns zugleich vor neue, unter denen die Frage nach der Ursache des Urknalls nicht das geringste ist. Hier stoßen wir auf eine wichtige Eigenheit des Begriffs Urknall. Allgemeinverständliche Darstellungen wecken gelegentlich den Eindruck, beim Urknall sei ein enorm konzentrierter Klumpen Materie explodiert, der in einer zuvor existierenden Leere seinen Platz hatte. Dies ist höchst irreführend. Die Urknalltheorie beruht auf Einsteins allgemeiner Relativitätstheorie, und eines ihrer Hauptkennzeichen ist, daß alles, was sich auf Materie bezieht, untrennbar ist von dem, was mit Raum und Zeit zu tun hat. Diese Verbindung ist von größter Bedeutung für den Ursprung des Universums. Wenn man sich vorstellt, »der kosmische Film laufe rückwärts«, kommen die Galaxien einander immer näher, bis sie verschmelzen. Dann wird die galaktische Materie immer stärker zusammengepreßt, bis sie ungeheuer dicht gepackt ist. Man könnte sich fragen, ob es eine Grenze für den Grad an Kompression gibt, wenn wir zum Augenblick der Explosion zurückgehen.

Es ist leicht zu sehen, daß es einen Grenzwert nicht geben kann. Nehmen wir an, es gäbe einen Zustand maximalen Drucks. Daraus folgte die Existenz einer Art äußerer Kraft, die gegen die ungeheuer große Schwerkraft ankommen kann; sonst würde ja die Schwerkraft das Übergewicht haben und die Materie noch weiter zusammenpressen. Diese äußere Kraft muß wirklich gewaltig sein, weil die innere Schwerkraft grenzenlos anwächst, wenn der Druck zunimmt. Was könnte diese stabilisierende Kraft sein? Eine Art Druck oder Steifheit der Materie vielleicht – wer weiß, welche Kräfte die Natur unter solchen extremen Bedingungen anwenden könnte? Aber auch wenn wir die Kräfte nicht im einzelnen kennen, müssen doch gewisse allgemeine Überlegungen gelten. So muß zum Beispiel dann, wenn die Materie immer steifer wird, auch die Schallgeschwindigkeit in der kosmischen Materie zunehmen. Wenn die Steifheit der ursprünglichen kosmischen Materie groß genug ist, müßte die Schallgeschwindigkeit schließlich die Lichtgeschwindigkeit übertreffen. Das widerspricht deutlich der Relativitätstheorie, wonach kein physikalisches Signal sich schneller ausbreiten kann als Licht. Deshalb kann die Materie niemals unendlich steif gewesen sein. Irgendwann muß die Schwerkraft im komprimierten Stadium größer gewesen sein als die Steifheit, was bedeutet, daß die Steifheit sich dem Druck der Schwerkraft nicht länger widersetzen konnte.

Daraus wurde der Schluß gezogen, daß sich bei dem Kampf der Urkräfte keine Kraft dem extremen Druck, den die Schwerkraft während des Urknalls ausübte, widersetzen konnte. Das Zermalmen hatte kein Ende. Wenn die Materie im Weltall gleichmäßig verteilt ist, muß sie im ersten Augenblick unendlich stark zusammengepreßt gewesen sein. Anders gesagt: Der gesamte Kosmos war also in einen einzigen Punkt zusammengepreßt. An diesem Punkt waren Schwerkraft und Materiedichte unendlich groß. Ein Punkt, an dem der Druck unendlich wird, ist für mathematische Physiker eine »Singularität«.

Obwohl es ganz einfache Gründe dafür gibt, warum im Ursprung des Weltalls eine Singularität sein sollte, erfordert ein strenger Beweis ziemlich raffinierte mathematische Untersuchungen. Sie sind vor allem das Verdienst der britischen mathematischen Physiker Roger Penrose und Stephen Hawking. In einer Reihe wichtiger Sätze zeigten sie, daß eine Urknall-Singularität unvermeidlich ist, solange die Schwerkraft unter den extremen Bedingungen des frühen Weltalls eine Anziehungskraft ist. Das Wichtigste an ihrem Ergebnis ist die Aussage, daß die Singularität selbst bei einer ungleichförmigen Verteilung der kosmischen Materie unvermeidlich wäre. Sie ist ein Kennzeichen eines jeden Universums, in dem Einsteins Gravitationstheorie – oder auch jede ähnliche Theorie – gilt.

Die Vorstellung, der Urknall sei eine Singularität, traf bei Physikern und Kosmologen zunächst auf viel Widerstand. Ein Grund dafür waren Bedenken, die mit der oben erwähnten Verknüpfung von Materie, Raum und Zeit in der allgemeinen Relativitätstheorie zu tun hatten. Sie hat nämlich wichtige Konsequenzen für das expandierende Universum. Naiv könnte man denken, die Galaxien rasten im Raum voneinander weg. Besser jedoch stellt man sich vor, der Raum würde aufgeblasen und dehne sich aus. Die Galaxien entfernen sich dann voneinander, weil sich der Raum zwischen ihnen ausdehnt. (Leser, denen der Gedanke unbehaglich ist, der Raum könne sich ausdehnen, werden auf eine genauere Erörterung dieser Frage in meinem Buch *The Edge of Infinity* verwiesen.) Umgekehrt ist der Raum in der Vergangenheit geschrumpft. Wenn aber der Raum unendlich schrumpft, muß er buchstäblich verschwinden, wie ein Ballon, der zu Nichts schrumpelt. Und wegen der äußerst wichtigen Verknüpfung von Raum, Zeit und Materie muß auch die Zeit verschwinden. Es gibt keine Zeit ohne Raum. Die materielle Singularität ist also eine Singularität von Raum und Zeit. Weil alle unsere physikalischen Gesetze in Form von Raum und Zeit formuliert sind, können diese Gesetze nicht über den Punkt hinaus gelten, an dem es weder Raum noch Zeit gibt. Deshalb müssen die Gesetze der Physik an der Singularität versagen.

Wir haben damit ein bemerkenwertes Bild für den Ursprung des Universums erhalten. In einem fernen Moment in der Vergangenheit setzt eine Singularität von Raum und Zeit der Welt von Raum, Zeit und Materie eine Grenze. Das Entstehen des Universums bedeutet deshalb nicht nur die plötzliche Erschaffung von Materie, sondern auch von Raum und Zeit.

Die Bedeutung dieses Ergebnisses läßt sich nicht überschätzen. Oft wird gefragt: Wo ereignete sich der Urknall? Das kann nicht an einem Raumpunkt gewesen sein, denn der Raum entstand ja erst mit dem Urknall. Ähnlich schwierig ist die Frage: Was passierte vor dem Urknall? Die Antwort ist: Es gab kein »vor«. Die Zeit entstand mit dem Urknall. Wir wir sahen, hat Augustin vor langer Zeit behauptet, die Welt sei mit der Zeit und nicht in der Zeit geschaffen worden, und genau das ist die moderne wissenschaftliche Haltung.

Nicht alle Wissenschaftler waren jedoch bereit, das zuzugestehen. Während die Ausdehnung des Weltalls akzeptierbar war, versuchten einige Kosmologen, Theorien zu konstruieren, die einen singulären Beginn von Raum und Zeit vermieden.

Zurück zur zyklischen Welt

Obwohl die abendländische Tradition deutlich zur Vorstellung einer Weltschöpfung und einer linearen Zeit neigt, lauert dicht unter der Oberfläche die Verlockung der ewigen Wiederkehr. Selbst in der Ära der modernen Urknalltheorie hat es Versuche gegeben, eine zyklische Kosmologie einzuführen. Wie wir sahen, glaubten Wissenschaftler an einen statischen Kosmos, als Einstein seine allgemeine Relativitätstheorie aufstellte. Einstein »korrigierte« ja deshalb seine Gleichungen mit dem sogenannten kosmologischen Glied, um ein Gleichgewicht zwischen Schwere und hypothetischer Abstoßungskraft zu schaffen. Inzwischen hatte sich jedoch der damals wenig bekannte russische Meteorologe Alexander Friedmann mit Einsteins Gleichungen und ihrer Bedeutung für die Kosmologie beschäftigt. Er fand mehrere interessante Lösungen, die alle ein Universum beschrieben, das sich entweder ausdehnt oder zusammenzieht. Eine dieser Lösungsmengen entspricht einem Universum, das mit

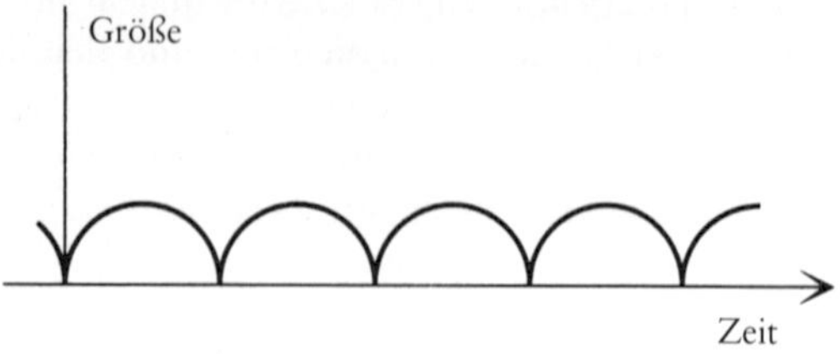

Abbildung 1: Ein oszillierendes Weltall.
Die Abbildung zeigt, wie sich die Größe des Weltalls im Lauf der Zeit verändert, wenn es sich zyklisch ausdehnt und zusammenzieht.

einem Urknall beginnt, sich dann immer langsamer ausdehnt und schließlich wieder schrumpft. Dieses Zusammenziehen ist ein Spiegelbild der Ausdehnung; die Kontraktion wird also immer schneller, bis das Weltall in einem »Endknall« verschwindet – einer katastrophalen Implosion, einer Umkehrung der Explosion des Urknalls. Dieser Kreislauf von Ausdehnen und Zusammenziehen kann sich sogar unendlich oft wiederholen (siehe Abbildung 1). Friedmann schickte seine Arbeit über sein periodisches Weltmodell an Einstein, der aber erkannte ihre Bedeutung nicht. Erst einige Jahre später, als Edwin Hubble und andere Astronomen die von ihnen beobachtete Rotverschiebung als Ausdehnung des Weltalls deuteten, wurde Friedmanns Arbeit entsprechend gewürdigt.

Friedmanns Lösungen zwingen das Universum nicht etwa, in Übereinstimmung mit den Phasen von Expansion und Kontraktion zu schwingen. Ein Universum, das diesen Gleichungen genügt, könnte auch mit einem Urknall beginnen und sich dann immer weiter ausdehnen. Welche dieser Alternativen eintritt, hängt, so stellte sich heraus, davon ab, wieviel Materie es in der Welt gibt. Wenn es genug Materie gibt, hält sie schließlich die kosmische Expansion auf und führt zu einer Kontraktion. Der von Newton befürchtete kosmische Kollaps könnte in diesem Fall tatsächlich eintreten, wenn auch erst nach Milliarden Jahren. Wie Messungen zeigen, liefern die Sterne nur etwa 1 Prozent der Dichte, die nötig ist, um das Weltall kollabieren zu lassen. Es gibt jedoch deutliche Hinweise auf eine große Menge dunkler oder unsichtbarer Materie, die vermutlich ausreicht, um den Fehlbedarf an Materie zu decken. Niemand weiß genau, wie diese »dunkle« oder »fehlende« Materie beschaffen ist.

Wenn es genug Materie gibt, um diese erneute Kontraktion zu ermöglichen, müssen wir die Möglichkeit betrachten, daß das Universum, wie in Abbildung 1 angedeutet, pulsieren könnte. Viele allgemeinverständliche Kosmologiebücher beschreiben das pulsierende Modell und verweisen darauf, wie es mit hinduistischen und anderen östlichen zyklischen Kosmologien verträglich ist. Könnte Friedmanns oszillierende Lösung die wissenschaftliche Entsprechung zu der alten Vorstellung von der ewigen Wiederkehr sein? Entsprechen die Milliarden Jahre vom Urknall zum Endknall gerade dem Großen Jahr im Lebenszyklus des Brahma?

So reizvoll diese Überlegungen auch sein mögen, sie halten einer sorgfältigen Überprüfung nicht stand. Zunächst ist das Modell im mathematischen Sinn nicht streng periodisch. Die Wendepunkte vom Endknall zum Urknall sind eigentlich Singularitäten, die betreffenden Gleichungen gelten dort also nicht. Damit das Weltall von einer Kontraktion zu einer Expansion übergehen kann, ohne auf Singularitäten zu stoßen, muß es etwas geben, das den Sog der Schwerkraft umkehrt und die Materie wieder nach außen drängt. Im wesentlichen ist ein solches Abprallen nur möglich, wenn die Bewegung des Universums durch eine gewaltige abstoßende Kraft aufgehalten wird, also etwa der von Einstein vorgeschlagenen »Korrektur«, die aber um einen enormen Faktor größer als diese sein müßte.

Selbst wenn man sich ein Verfahren ausdenken könnte, mit dem sich das bewerkstelligen ließe, so betrifft die Zyklizität des Modells nur die Bewegung des Kosmos im Großen; sie ignoriert die physikalischen Vorgänge in seinem Inneren. Nach dem zweiten Hauptsatz der Thermodynamik müssen diese Prozesse Entropie erzeugen, und die gesamte Entropie des Universums muß von einem Zyklus zum nächsten zunehmen. Das Ergebnis ist ein ziemlich seltsamer Vorgang, der in den dreißiger Jahren von Richard Tolman entdeckt wurde. Wie Tolmann fand, werden die Zyklen immer größer, wenn die Entropie des Universums zunimmt; sie dauern also immer länger (Abbildung 2), und

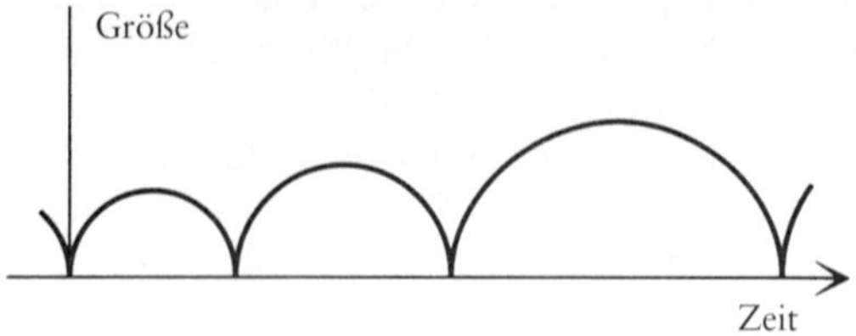

Abbildung 2: In einem wirklichkeitsnäheren Modell eines oszillierenden Universums werden die Zyklen im Lauf der Zeit länger.

strenggenommen ist das Universum dann gar nicht zyklisch. Seltsamerweise kommt das Weltall trotz der fortwährenden Zunahme der Entropie niemals ins thermodynamische Gleichgewicht – es gibt keinen Zustand maximaler Entropie. Es pulsiert einfach immer weiter und erzeugt dabei immer mehr Entropie.

In den sechziger Jahren glaubte der Astronom Thomas Gold, er habe ein wirklich zyklisches Weltmodell gefunden. Gold wußte, daß ein ewig statisches Universum unrealistisch ist, weil es nach endlicher Zeit ins thermodynamische Gleichgewicht kommen würde. Er war von der Tatsache beeindruckt, daß die Ausdehnung des Universums dem thermodynamischen Gleichgewicht entgegenwirkt, weil sich die kosmische Materie dadurch fortwährend abkühlt. (Dies entspricht der vertrauten Erfahrung, daß Materie sich abkühlt, wenn sie sich ausdehnt). Gold meinte, die Zunahme kosmischer Entropie sei der Ausdehnung des Universums zuzuschreiben. Aber dieser Schluß ließ eine bemerkenswerte Vorhersage zu: Wenn sich das Universum zusammenziehen würde, müßte alles rückwärts laufen – die Entropie müßte wieder sinken und der zweite Hauptsatz der Thermodynamik müßte sich umkehren. Die Zeit müßte dann gewissermaßen rückwärts fließen. Gold wies darauf hin, daß diese Umkehr für alle Systeme gelten müßte, auch für das menschliche Gehirn

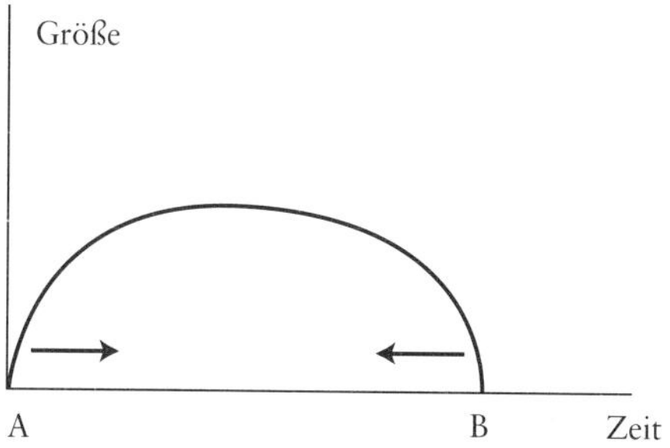

Abbildung 3: Ein Universum mit Zeitumkehr.
Während der Ausdehnungsphase läuft die Zeit vorwärts,
während der Kontraktionsperiode aber rückwärts.
Deshalb lassen sich der erste Augenblick *A* und
der letzte Augenblick *B* miteinander identifizieren,
wodurch sich die Zeit zu einer Schleife schließt.

und das Gedächtnis, so daß auch der psychologische Zeitpfeil sich umkehren würde: Wir würden uns »an die Zukunft erinnern« und nicht an die Vergangenheit. Alle bewußten Wesen, die in dem lebten, was wir kontrahierende Phase nennen müßten, würden unsere Definitionen von Vergangenheit und Zukunft umkehren und sich ebenfalls als Wesen in einer Phase erleben, in der sich das Universum ausdehnt (Abbildung 3). Nach ihrer Definition würden wir in der kontrahierenden Phase sein. Wäre das Universum als Folge dieser Umkehr in bezug auf die Zeit wirklich symmetrisch, wäre das Endstadium des Universums beim Endknall identisch mit seinem Zustand beim Urknall. Diese beiden Ereignisse ließen sich deshalb gleichsetzen, und die Zeit schlösse sich zu einer Schleife. In diesem Fall wäre das Universum wirklich zyklisch.

Das zeitsymmetrische Universum wurde auch von John Wheeler erforscht, der vermutete, die Wende würde, wie bei den Gezeiten, nicht plötzlich, sondern allmählich eintreten. Der Pfeil der Zeit kehrt dann also nicht plötzlich um, wenn die Ausdehnung am größten ist, sondern er könnte langsam schwächer werden und ganz verschwinden, bevor er in die andere Richtung zeigt. Wheeler vermutete, ein anscheinend unumkehrbarer Vorgang wie der Zerfall radioaktiver Kerne könnte vor der Umkehr Anzeichen einer Verlangsamung zeigen. Er meinte, ein Vergleich der heutigen radioaktiven Zerfallsraten mit ihren Werten in ferner Vergangenheit könnte eine solche Verlangsamung belegen.

Ein anderes Phänomen, das einen deutlichen Zeitpfeil aufweist, ist die Aussendung elektromagnetischer Strahlung. Ein Radiosignal zum Beispiel wird immer erst empfangen, nachdem es ausgeschickt wurde, nie vorher. Denn wenn ein Radiosender Radiowellen erzeugt, fließen die Wellen von der Antenne in die Weiten des Weltalls. Wir beobachten niemals Systeme von Radiowellen, die vom Rand des Weltalls kommen und auf einer Radioantenne zusammentreffen. (Ausgehende Wellen werden in der Fachsprache »retardiert« genannt, ankommende »avanciert«.) Wenn sich jedoch der Zeitpfeil in der Kontraktionsphase des Universums umkehrt, müßte sich auch die Bewegungsrichtung der Radiowellen umkehren – retardierte Wellen müßten durch avancierte ersetzt werden. Im Bild von Wheelers »Gezeitenwende« wären also alle Radiowellen in der Nähe des Urknalls retardiert, sobald jedoch die Epoche maximaler Ausdehnung erreicht wäre, würden immer mehr avancierte Wellen auftreten. Im Maximum würde es gleich viele avancierte und retardierte Wellen geben, während der Kontraktionsperiode jedoch mehr avancierte. Wenn diese Vorstellung richtig ist, folgt daraus, daß es in unserer heutigen kosmischen Epoche eine sehr kleine Beimischung von avancierten Radiowellen geben sollte. Diese wären praktisch Radiowellen »aus der Zukunft«.

Der Gedanke mag ausgefallen erscheinen, aber er wurde in den siebziger Jahren von dem Astronomen Bruce Partridge in einem Versuch überprüft. Der Versuch beruht auf dem Gedanken, daß von einer Antenne ausgestrahlte Radiowellen dann, wenn sie auf einen Schirm geschickt werden, der sie absorbiert, zu 100 Prozent retardiert sind, daß jene aber, die in den Raum entkommen können, nach der Umkehr unverändert zurückkehren. Von diesen Wellen könnte ein winziger Bruchteil avanciert sein und einen kleinen Bruchteil der Energie, den die retardierten der Antenne entnommen haben, wieder zurückbringen. Die Strahlungsenergie wäre also etwas verschieden, je nachdem, ob die Strahlung auf einen Schirm oder in den Raum geworfen wird. Trotz der hohen Empfindlichkeit der Messungen fand Partridge keine Hinweise auf avancierte Wellen.

So faszinierend die Vorstellung von einem zeitsymmetrischen Universum auch sein mag, seine Plausibilität läßt sich nur schwer begründen. Statistisch gesehen führen die allermeisten möglichen Anfangszustände des Universums *nicht* zu einer Umkehr, deshalb kommt es zu einer »Umkehr« nur, wenn das ausgewählte Universum in einem ganz besonderen und seltsamen Zustand ist. Die Lage läßt sich mit einer Bombe vergleichen, die im Inneren eines Stahlbehälters explodiert: Man kann sich vorstellen, daß alle Fragmente der Bombe wie auf Verabredung von den Wänden abprallen und sich wieder zur Bombe zusammenfinden. Diese Art von Verschwörung ist nicht völlig ausgeschlossen, aber sie setzt unglaublich spezielle Umstände voraus.

Trotzdem hat sich die Vorstellung von einem zeitsymmetrischen Universum als so zwingend erwiesen, daß selbst Stephen Hawking sich im Rahmen der Quantenkosmologie, die ich in Kürze erläutern werde, mit ihr beschäftigt hat. Nach genauerer Betrachtung fand Hawking seinen Vorschlag jedoch unangebracht.

Fortwährende Schöpfung

Thomas Gold erzählt, der Gedanke an das, was später Steady-State-Theorie heißen sollte, sei ihm und Hermann Bondi Ende der vierziger Jahre auf dem Heimweg vom Kino gekommen. Sie hatten den Film *Dead of Night* gesehen, in dem es um eine endlose Folge von Träumen innerhalb von Träumen geht. Plötzlich war ihnen klar, daß das Thema des Films eine Allegorie für das Weltall sein könnte. Vielleicht, so dachten sie, hat das Universum wirklich keinen Anfang und es gab nicht einmal einen Urknall. Vielleicht hat es jedoch die Möglichkeit, sich ständig selbst zu erneuern; dann kann so immer weiter bleiben, wie es ist.

In den folgenden Monaten arbeiteten Bondi und Gold diesen Gedanken aus. Dieses Universum hatte, das war ein Kennzeichen ihrer Theorie, keinen Ursprung, es gab also keinen Urknall, in dem alle Materie entstand. Vielmehr wird in ihm, während es sich ausdehnt, immerzu neue Materie erschaffen, so daß die mittlere Dichte der Materie im Weltall unverändert bleibt. Jede einzelne Galaxie durchläuft einen Kreis, der sich mit ihrem Tod schließt, wenn die Sterne ausgebrannt sind. Indessen bilden sich aus der neu erschaffenen Materie neue Galaxien. Zu jeder Zeit gibt es Galaxien unterschiedlichen Alters, die sehr alten Galaxien aber liegen weit auseinander, weil sich das Universum seit ihrer Geburt stark ausgedehnt hat. Nach Bondi und Gold ist die Ausdehnungsgeschwindigkeit des Universums konstant, und es wird gerade soviel Materie erschaffen, daß die mittlere Dichte immer gleich bleibt. Die Lage ähnelt der eines Flusses, der überall gleich aussieht, obwohl doch sein Wasser immer fließt. Der Fluß ist nicht statisch, sondern stationär, »steady-state«. Die Theorie wurde deshalb als »Steady-State-Theorie« des Weltalls bekannt.

Dieses stationäre Universum hat keinen Anfang und kein Ende und sieht trotz der Ausdehnung zu allen kosmischen Epochen gleich aus. Das Modell vermeidet den Wärmetod, weil die Einführung neuer Materie auch negative Entropie bringt. Man könnte vergleichsweise an eine Uhr denken, die immer wieder aufgezogen wird. Bondi und Gold gaben nicht an, wie

Materie erschaffen wird, ihr Kollege Fred Hoyle beschäftigte sich jedoch gerade mit diesem Problem und fragte, ob es ein »Schöpfungsfeld« geben könne, das neue Materieteilchen erzeugt. Weil Materie eine Form von Energie ist, könnte man denken, Hoyles Vorschlag widerspreche dem Satz von der Energieerhaltung, aber das muß nicht so sein. Das Schöpfungsfeld selbst trägt negative Energie; wenn alles sorgfältig im Gleichgewicht gehalten wird, kann die positive Energie der erschaffenen Materie die stärkere negative Energie des Schöpfungsfelds genau ausgleichen. Bei einer mathematischen Untersuchung dieses Wechselspiels entdeckte Hoyle, daß sein kosmologisches Modell eines Schöpfungsfeldes von selbst der stationären Bedingung zustrebt, die die Theorien von Bondi und Gold fordern.

Hoyles Arbeit lieferte die theoretischen Grundlagen, die nötig waren, damit die Steady-State-Theorie ernst genommen werden konnte. Mindestens ein Jahrzehnt lang galt sie als Rivalin der Urknalltheorie. Viele Naturwissenschaftler, darunter die Urheber der Steady-State-Theorie, hatten das Gefühl, sie hätten durch die Abschaffung der Urknalltheorie ein für allemal alle übernatürlichen Erklärungen des Universums überflüssig gemacht. In einem Universum ohne Anfang gibt es kein Bedürfnis nach einem Schöpfungsereignis oder einem Schöpfer, und ein Universum mit einem physikalischen Schöpfungsfeld, das »sich selbst aufzieht«, braucht keinen göttlichen Eingriff, um weiterlaufen zu können.

Tatsächlich ist dies ein Trugschluß. Wenn das Universum keinen zeitlichen Ursprung hat, ist allein deswegen weder seine Existenz noch seine tatsächliche Gestalt erklärt. Sicherlich ist nicht erklärt, warum es gerade die Felder (etwa das Schöpfungsfeld) und die physikalischen Grundsätze aufweist, die den stationären Zustand sichern. Es entbehrt nicht der Ironie, wenn einige Theologen die Steady-State-Theorie tatsächlich als einen *modus operandi* der Schöpfungskraft Gottes begrüßt haben. Aber natürlich hat ein Universum, das ewig ist und dem Wärmetod entgeht, für Theologen einen beträchtlichen Reiz. So begründete der Mathematiker und Philosoph Alfred North Whitehead um die Jahrhundertwende die sogenannte Prozeßtheologie. Prozeßtheologen lehnen die herkömmliche christliche Vorstellung einer

Schöpfung aus dem Nichts zugunsten eines Universums ab, das keinen Anfang hatte. Sie sehen Gottes Schöpferkraft vielmehr als einen fortwährenden Prozeß und als schöpferischen Fortschritt in der Aktivität der Natur. Ich werde im 7. Kapitel auf die Frage der Schöpfungskosmologie zurückkommen.

Die Steady-State-Theorie fiel nicht aus philosophischen Überlegungen in Ungnade, sondern weil sie durch Beobachtungen widerlegt wurde. Die Theorie machte die sehr spezielle Vorhersage, das Universum müsse im Mittel zu allen Zeiten gleich aussehen, und die Entwicklung großer Radioteleskope ermöglichte eine Überprüfung dieser Vorhersage. Wenn Astronomen sehr ferne Objekte beobachten, erscheinen sie nicht so, wie sie heute sind, sondern so, wie sie in der fernen Vergangenheit waren, als das Licht oder die Radiowellen sie auf ihrer langen Reise zur Erde verließen. Heutzutage können Astronomen Objekte untersuchen, die viele Milliarden Lichtjahre entfernt sind, so daß wir sie so sehen, wie sie vor Milliarden von Jahren waren. Eine Durchmusterung des tiefen Raums kann »Schnappschüsse« des Weltalls zu verschiedenen Zeiten miteinander vergleichen. Um 1965 herum wurde klar, daß das Weltall vor mehreren Milliarden Jahren ganz anders ausgesehen hat als heute; insbesondere muß die Anzahl einiger Galaxienarten damals eine andere gewesen sein.

Der Todesstoß für die Steady-State-Theorie kam 1965 mit der Entdeckung, daß das Weltall in einer Wärmestrahlung mit einer Temperatur von etwa drei Grad über dem absoluten Nullpunkt badet. Man sieht in dieser Strahlung einen Überrest vom Urknall, eine Art verblassenden Schimmer der ersten Hitze, die mit der Geburt der Welt einherging. Die Entstehung eines solchen Strahlungsbads läßt sich kaum erklären, wenn nicht die kosmische Materie einmal sehr stark komprimiert und außerordentlich heiß gewesen wäre. Ein solcher Zustand kommt aber in der Steady-State-Theorie nicht vor. Natürlich ist die fortwährende Erschaffung von Materie nicht deswegen unmöglich, weil das Universum nicht in einem stationären Zustand ist, aber die Begründung für Hoyles Schöpfungsfeld wird größtenteils haltlos, wenn eine Entwicklung des Universums nachgewiesen werden kann. Fast alle Kosmologen nehmen jetzt an, daß wir in einem Universum leben, das in einem Urknall einen deutlichen Anfang hatte und sich zu einem unbekannten Ende hin entwikkelt.

Wenn man den Gedanken verfolgt, Raum, Zeit und Materie hätten ihren Ursprung in einer Singularität, die dem Universum in der Vergangenheit eine absolute Grenze setzt, stellen sich eine Reihe von Fragen. So bleibt das Problem ungelöst, was den Urknall verursachte. Das Problem muß jetzt jedoch in einem neuen Licht gesehen werden, denn es ist nicht möglich, den Urknall einem Ereignis zuzuschreiben, das *davor* geschah, wie es ja meistens ist, wenn nach Ursachen gefragt wird. War dann also der Urknall eine Wirkung ohne Ursache? Wenn die Gesetze der Physik an der Singularität versagen, kann eine Erklärung sich nicht auf diese Gesetze berufen. Wenn man deshalb einen Grund für den Urknall sucht, muß er außerhalb der Physik liegen.

Hat Gott den Urknall bewirkt?

Viele Menschen stellen sich Gott als eine Art Feuerwerker vor, der mit einer Zündschnur den Urknall auslöste und sich dann zurücklehnte, um das Spektakel zu betrachten. Leider ist dieses einfache Bild, so unwiderstehlich es auch erscheinen mag, nicht sehr sinnvoll. Wie wir gesehen haben, kann eine übernatürliche Schöpfung nicht in der Zeit verursacht worden sein, denn die Entstehung der Zeit gehört ja zu dem, was wir erklären möchten. Wenn Gott eine Erklärung für das physikalische Universum liefern soll, kann diese Erklärung sich nicht auf Ursache und Wirkung berufen.

Mit diesem immer wiederkehrenden Problem der Zeit beschäftigte sich kürzlich der britische Physiker Russell Stannard. Er vergleicht Gott mit dem Verfasser eines Buchs. Ein fertiges Buch existiert in seiner Ganzheit, obwohl wir es von seinem Anfang zu seinem Ende hin lesen. »Genau wie ein Verfasser nicht nur das erste Kapitel schreibt und es dann anderen überläßt, das Buch zu Ende zu schreiben, so sollte Gottes Schöpferkraft nicht als einzig auf den Urknall beschränkt oder auch nur besonders daran beteiligt gesehen werden. Seine Schöpferkraft durchdringt vielmehr allen Raum und alle Zeit: Seine Rollen als Schöpfer und Erhalter verschmelzen.«[4]

Ganz abgesehen von den Problemen mit der Zeit gibt es mehrere weitere Fallen, in die man geraten kann, wenn man Gott als Erklärung für den Urknall sieht. Zur Veranschaulichung gebe ich hier eine erfundene Unterhaltung zwischen einem Theisten (oder eigentlich einem Deisten) wieder, der behauptet, Gott habe die Welt geschaffen, und einem Atheisten, der »diese Hypothese nicht braucht«.

Atheist: Früher wurden Götter als Erklärung für alle möglichen physikalischen Erscheinungen gesehen, wie Wind und Regen und den Lauf der Planeten. Mit dem Fortschritt der Naturwissenschaft wurden übernatürliche Einflüsse zur Erklärung natürlicher Ereignisse entbehrlich. Warum bestehen Sie darauf, Gott anzurufen, wenn der Urknall erklärt werden soll?

Theist: Die Naturwissenschaft kann nicht alles erklären. Die Welt ist voller Geheimnisse. So geben selbst die optimistischsten Biologen zu, daß sie über den Ursprung des Lebens staunen.

Atheist: Ich stimme zu, die Naturwissenschaft hat nicht alles erklärt, aber das bedeutet nicht, daß sie es nicht kann. Theisten waren immer versucht, einen Vorgang, den die Naturwissenschaft nicht erklären konnte, als Vorwand für die Behauptung zu nehmen, zu seiner Erklärung sei Gott nötig. Als die Wissenschaft dann Fortschritte machte, wurde Gott verdrängt. Sie sollten endlich einmal begreifen, daß dieser »Gott als Lückenbüßer« eine unzuverlässige Hypothese ist. Im Lauf der Zeit gibt es immer weniger Nischen, in denen er überleben kann. Für mich persönlich wäre es kein Problem, wenn die Naturwissenschaft alle natürlichen Phänomene erklären könnte, auch den Ursprung des Lebens. Ich gebe zu, der Ursprung des Universums ist eine härtere Nuß. Aber wenn wir, wie mir scheint, jetzt ein Stadium erreicht haben, in dem die einzige verbleibende Lücke der Urknall ist, dann ist es höchst unbefriedigend, wenn wir in diesen letzten Freiraum ein übernatürliches Wesen einführen, das sonst überall verdrängt wurde.

Theist: Ich sehe nicht, warum. Selbst wenn Sie nichts von der Vorstellung halten, Gott könne direkt in die physikalische Welt eingreifen, nachdem sie einmal erschaffen worden ist, gehört das

Problem des Ursprungs dieser Welt einer völlig anderen Kategorie an als das der Erklärung von Naturerscheinungen, wenn es diese Welt einmal gibt.

Atheist: Aber wenn Sie keine anderen Gründe haben, an Gottes Existenz zu glauben, ist die Behauptung »Gott erschuf die Welt« völlig *ad hoc*. Es ist überhaupt keine Erklärung. Die Aussage ist im wesentlichen sinnlos, denn man definiert ja lediglich Gott als das, was die Welt erschaffen hat. Meinem Verständnis hilft das gar nicht. Ein Geheimnis (der Ursprung der Welt) wird lediglich durch ein anderes (Gott) erklärt. Als Naturwissenschaftler berufe ich mich auf Ockham und sein Rasiermesser und weise mit ihm die Hypothese Gott als eine überflüssige Komplikation zurück. Schließlich muß ich ja fragen: Was erschuf Gott?

Theist: Gott braucht keinen Schöpfer. Er ist ein notwendiges Wesen – es muß ihn geben. Da bleibt keine Wahl.

Atheist: Aber man könnte auch behaupten, das Universum brauche keinen Schöpfer. Mit welcher Logik man Gottes Existenz auch rechtfertigen will, sie ließe sich genausogut und vorteilhaft mit einem Gewinn an Einfachheit auf das Universum anwenden.

Theist: Sicherlich argumentieren Wissenschaftler oft genauso wie ich. Warum fällt ein Körper? Weil Schwerkraft auf ihn wirkt. Warum wirkt Schwerkraft auf ihn? Weil es ein Schwerefeld gibt. Warum? Weil die Raumzeit gekrümmt ist. Und so weiter. Man ersetzt eine Beschreibung durch eine andere, tieferliegende Beschreibung, deren einziger Zweck es ist, das zu erklären, womit man angefangen hat, nämlich den fallenden Körper. Warum haben Sie etwas dagegen, wenn Gott für mich eine tiefere und befriedigendere Erklärung des Weltalls ist?

Atheist: Aber das ist etwas anderes! Eine wissenschaftliche Theorie sollte auf viel mehr hinauslaufen als auf die Tatsachen, die sie zu erklären versucht. Gute Theorien liefern ein vereinfachtes Bild der Natur, indem sie Verbindungen zwischen bis jetzt unzusammenhängenden Erscheinungen herstellen. Newtons Gravitationstheorie zum Beispiel stellte eine Verbindung zwischen den Gezeiten und der Bewegung des Mondes her. Außerdem legen gute Theorien Überprüfungen durch die Beobachtung nahe, indem sie zum Beispiel neue Erscheinungen vorhersagen. Sie beschreiben auch genauer, wie sich die physikalisch interessanten Prozesse theoretisch fassen lassen. Im Fall der Gravitation geschieht dies durch eine Reihe von Gleichungen, die die Stärke des Schwerefelds mit der Art der Quellen der Schwerkraft verknüpfen. Diese Theorie gibt eine genaue Darstellung davon, wie die Dinge funktionieren. Im Gegensatz dazu versagt ein Gott, der nur angerufen wird, um den Urknall zu erklären, nach allen drei Kriterien. Ein Schöpfer vereinfacht unsere Sicht der Welt überhaupt nicht, sondern er bringt eine zusätzliche Komplikation hinein, die selbst keine Erklärung hat. Zweitens können wir die Hypothese nicht experimentell überprüfen. Es gibt nur einen Ort, an dem sich ein solcher Gott manifestiert – eben den Urknall –, und der ist nun einmal gewesen. Schließlich kann die kühne Aussage »Gott erschuf die Welt« keine wirkliche Erklärung sein, wenn sie nicht auch das Verfahren beschreibt. Man möchte zum Beispiel wissen, welche Eigenschaften diesem Gott zuzuschreiben sind, wie er die Welt erschaffen hat, warum sie gerade diese Gestalt hat und so weiter. Kurz, bis man entweder auf die eine oder die andere Art beweisen kann, daß es einen solchen Gott gibt, oder einen genauen Bericht geben kann, *wie* er das Weltall erschaffen hat, den selbst ein Atheist wie ich als tief, einfach und befriedigend empfinden würde, sehe ich keinen Grund, an ein solches Wesen zu glauben.

Theist: Trotzdem ist Ihre eigene Position höchst unbefriedigend, denn Sie geben zu, daß die Ursache für den Urknall außerhalb des Zuständigkeitsbereichs der Naturwissenschaften liegt. Sie sind gezwungen, die Entstehung der Welt als eine schlichte Tatsache hinzunehmen, ohne sie weiter erklären zu können.

Atheist: Ich möchte lieber die Existenz des Weltalls für eine schlichte Tatsache halten als Gott. Schließlich muß es ein Universum geben, damit wir uns überhaupt über diese Dinge unterhalten können!

Ich werde viele der in diesem Gespräch auftretenden Fragen in den folgenden Kapiteln erörtern. Im Gespräch geht es im wesentlichen darum, ob man die Explosion am Anfang des Universums einfach als unerklärte nackte Tatsache hinnehmen soll – als etwas, das »eben so ist« – oder ob man eine befriedigendere Erklärung suchen sollte. Bis vor kurzem schien es, als ob eine solche Erklärung sich auf eine übernatürliche Instanz beziehen müßte, die die Gesetze der Physik transzendiert. Aber dann führte der Fortschritt zu einem besseren Verständnis des sehr frühen Universums; das veränderte die ganze Auseinandersetzung und ließ dieses uralte Rätsel in einem völlig neuen Licht erscheinen.

Schöpfung ohne Schöpfung

Seit die Steady-State-Theorie widerlegt ist, haben die Kosmologen die Wahl, ob sie das Weltall für unendlich alt halten und alle daraus folgenden Widersprüche in Kauf nehmen wollen, oder ob sie sich lieber einen plötzlichen Anfang der Zeit (und des Raumes) vorstellen mögen, dessen Erklärung jenseits des Bereichs der Wissenschaft liegt. Dabei übersehen sie eine dritte Möglichkeit: Die Zeit kann in der Vergangenheit beschränkt sein und trotzdem nicht plötzlich in einer Singularität entstehen.

Bevor ich auf Einzelheiten eingehe, möchte ich eine allgemeine Feststellung machen: Das Problem mit dem Ursprung besteht im wesentlichen darin, daß der Urknall anscheinend ein Ereignis ohne physikalische Ursache ist. Darin sieht man gewöhnlich einen Widerspruch zu den Gesetzen der Physik. Es gibt jedoch einen winzigen Ausweg, und dieser Ausweg wird Quantenmechanik genannt. Wie in Kapitel 1 ausgeführt, findet die Quantenmechanik normalerweise nur bei Atomen, Molekülen und subatomaren Teilchen Anwendung. Bei makroskopischen Körpern sind Quanteneffekte gewöhnlich vernachlässigbar, denn der Quantenphysik liegt ja Heisenbergs Unschärfeprinzip zugrunde, wonach alle meßbaren Größen (also Ort, Impuls, Energie) unvorhersagbaren Schwankungen ihrer Werte unterworfen sind. Wegen dieser Unvorhersagbarkeit ist die Mikrowelt nicht deterministisch, oder, in Einsteins anschaulichem Bild gesagt: Gott würfelt mit der Welt. Deshalb sind Quantenereignisse nicht völlig durch vorangehende Ursachen bedingt. Obwohl die Theorie die Wahrscheinlichkeit angibt, mit der ein Ereignis (zum

Beispiel der radioaktive Zerfall eines Atomkerns) eintritt, ist das tatsächliche Ergebnis eines bestimmten Quantenprozesses unbekannt und läßt sich auch grundsätzlich nicht in Erfahrung bringen, bevor es eingetreten ist.

Diese Schwächung der Verbindung von Ursache und Wirkung in der Quantentheorie ermöglicht nun in raffinierter Weise, das Problem mit dem Ursprung des Universums zu vermeiden. Wenn sich ein Weg finden ließe, wie das Universum als Ergebnis einer Quantenfluktuation aus dem Nichts entstehen konnte, würde kein physikalisches Gesetz verletzt. Das spontane Erscheinen eines Universums wäre also in den Augen eines Quantenphysikers keine besondere Überraschung, weil in der Quantenmikrowelt immerzu – ohne wohldefinierte Ursachen – physikalische Objekte auftauchen. Die Quantenphysiker brauchten dann für die Erschaffung des Universums ebensowenig einen übernatürlichen Akt zu beschwören, wie wenn sie erklären wollen, wie es in einem bestimmten Zeitpunkt zum Zerfall eines radioaktiven Kerns kommt.

All dieses hängt natürlich davon ab, ob die Quantenmechanik auch dann gültig ist, wenn sie auf das gesamte Universum angewendet wird. Das ist nicht klar. Ganz abgesehen von der erstaunlichen Extrapolation, die nötig ist, wenn eine Theorie für subatomare Teilchen auf den ganzen Kosmos angewendet werden soll, stellen sich grundsätzliche Fragen in bezug auf die Bedeutung, die diese Theorie gewissen mathematischen Objekten zuschreibt. Viele angesehene Physiker haben jedoch behauptet, die Theorie lasse sich auf diesen Fall mit einiger Berechtigung anwenden, und so entstand die »Quantenkosmologie«.

Die Anwendung der Quantenkosmologie wird durch die Überlegung gerechtfertigt, daß es dann, wenn der Urknall ernst genommen wird, eine Zeit gegeben haben muß, in der das Weltall auf winzige Dimensionen zusammengepreßt war. Unter diesen Umständen müssen Quantenprozesse eine Rolle gespielt haben. Insbesondere müssen die von Heisenbergs Unschärfeprinzip erfaßten Schwankungen großen Einfluß auf die Struktur und Evolution des entstehenden Kosmos gehabt haben. Eine einfache Rechnung kann uns sagen, wann diese Zeit war. Quanteneffekte waren wichtig, als die Materie die enorme Dichte von

10^{94} g/cm³ hatte. Dieser Zustand bestand vor der Zeit von 10^{-43} Sekunden, als das Universum nur 10^{-33} cm Durchmesser hatte. Diese Zahlen werden nach Max Planck, dem Entdecker der Quantentheorie, beziehungsweise Planck-Dichte, -Zeit und -Länge genannt.

Quantenfluktuationen können die Welt also auf einem ultramikroskopischen Maßstab »verschwimmen« lassen, und das führt zu einer faszinierenden Vorhersage in bezug auf das Wesen der Raum-Zeit. Physiker können Quantenfluktuationen in ihren Labors bis zu Entfernungen von etwa 10^{-16} cm und über Zeiten von etwa 10^{-26} s beobachten. Diese Fluktuationen betreffen solche Größen wie den Ort und Impuls von Teilchen, und sie spielen sich vor einem anscheinend festen raumzeitlichen Hintergrund ab. Auf der viel kleineren Planck-Skala jedoch würden diese Schwankungen auch die Raumzeit selbst beeinflussen.

Um das zu verstehen, muß man sich zunächst klarmachen, wie eng Raum und Zeit verknüpft sind. Im Rahmen der Relativitätstheorie sehen wir den dreidimensionalen Raum und die eindimensionale Zeit als Teile einer vereinheitlichten vierdimensionalen Raumzeit. Trotz der Vereinheitlichung bleibt der Raum physikalisch verschieden von der Zeit. Es bereitet uns keine Schwierigkeiten, sie im täglichen Leben zu unterscheiden. Quantenfluktuationen können die getrennten Identitäten von Raum und Zeit jedoch auf der Planck-Skala verwischen. Was da genau abläuft, hängt von den Einzelheiten der Theorie ab, mit der die relativen Wahrscheinlichkeiten verschiedener Raumzeit-Strukturen berechnet werden.

Diese Quanteneffekte könnten zu dem Ergebnis führen, daß unter gewissen Umständen der vierdimensionale Raum wirklich die wahrscheinlichste Struktur der Raumzeit ist. James Hartle und Stephen Hawking haben behauptet, im frühen Universum hätten gerade solche Bedingungen geherrscht. Wenn wir die Zeit also in Gedanken bis zum Urknall zurückverfolgen, geschieht dann etwas Merkwürdiges, wenn wir etwa eine Planck-Zeit hinter das zurückgehen, was wir für die anfängliche Singularität hielten. Die Zeit »verwandelt sich« dann in Raum. Wir haben es nicht mehr mit dem Ursprung der Raumzeit zu tun, sondern müssen uns jetzt mit einem vierdimensionalen Raum abfinden, und es stellt sich die Frage nach der Form dieses Raums – also seiner Geometrie. In der Tat läßt die Theorie eine unendlich große Vielfalt von Formen zu. Welche davon im Universum verwirklicht worden ist, hängt damit zusammen, welche Anfangsbedingungen gewählt wurden, und dieses Thema werden wir bald genauer erörtern. Hartle und Hawking trafen eine Wahl, von der sie behaupten, sie sei aus Gründen der mathematischen Eleganz geboten.

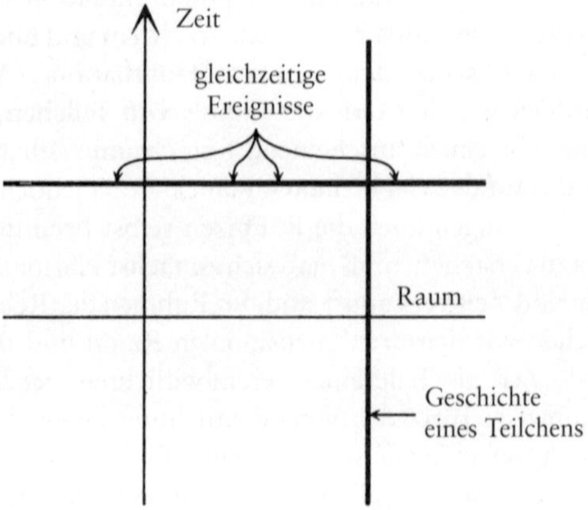

Abbildung 4: Raumzeit-Diagramm.
Die Zeit ist senkrecht aufgetragen und der Raum, von dem nur eine räumliche Dimension gezeigt wird, waagerecht. Ein waagerechter Querschnitt durch das Diagramm stellt also den ganzen Raum in einem gegebenen Augenblick dar und eine senkrechte Gerade einen festen Punkt im Raum (zum Beispiel die Lage eines stationären Teilchens) im Lauf der Zeit.

Diese Gedanken lassen sich in hilfreicher Weise veranschaulichen, wenn man sich auch davor hüten sollte, die Bilder zu wörtlich zu nehmen. Der Ausgangspunkt ist ein Raumzeitdiagramm, in dem die Zeitachse senkrecht ist und der Raum waagerecht (siehe Abbildung 4). Die Zukunft sei im Diagramm oben, die Vergangenheit unten. Weil es unmöglich ist, auf einer Buchseite vier Dimensionen richtig wiederzugeben, habe ich bis auf eine Raumdimension alle Raumdimensionen weggelassen; trotzdem läßt sich alles Wesentliche verdeutlichen. Ein horizontaler Schnitt durch das Diagramm stellt den gesamten Raum in einem Augenblick der Zeit dar und ein vertikaler die Geschichte eines Punktes im Raum (seine Weltlinie) zu aufeinanderfolgenden Zeiten. Am besten denkt man sich dieses Diagramm auf ein Blatt Papier gezeichnet, an dem man gewisse Operationen vornehmen kann. (Der Leser findet es vielleicht lehrreich, diese auszuführen.)

Wären Raum und Zeit unendlich, würden wir genaugenommen ein unendlich großes Blatt Papier für unser Diagramm brauchen, um die Raumzeit richtig darstellen zu können. Wenn die Zeit jedoch in der Vergangenheit beschränkt war, muß das Diagramm unten irgendwo eine Grenze haben: Man kann sich

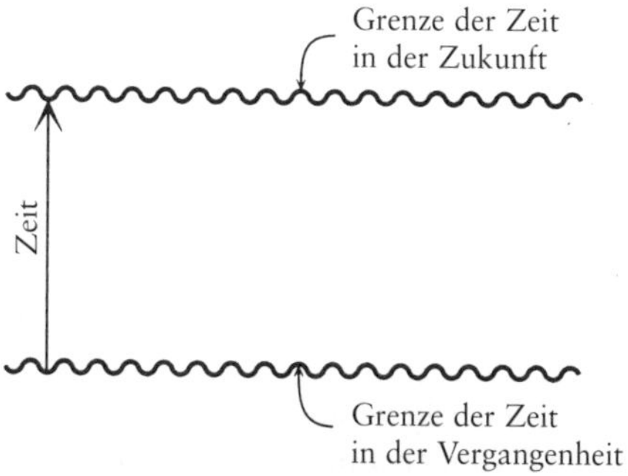

Abbildung 5: Die Zeit könnte in der Vergangenheit oder in der Zukunft oder in beiden durch Singularitäten begrenzt sein. In einem Raumzeit-Diagramm ist das Diagramm dann oben und unten abgeschnitten. Die Schlangenlinien bezeichnen die Singularitäten.

vorstellen, unten sei irgendwo waagerecht ein Stück abgeschnitten. Die Zeit könnte auch eine Grenze in der Zukunft haben, und dann ergibt sich oben eine ähnliche Kante. (Ich habe diese in Abbildung 5 durch Schlangenlinien angedeutet.) In diesem Fall hätten wir einen unendlich breiten Streifen, der den gesamten unendlichen Raum in aufeinanderfolgenden Zeiten vom Beginn des Universums (unten) bis zum Ende (oben) darstellt.

Natürlich läßt sich auch die Möglichkeit erwägen, daß der Raum schließlich doch nicht unendlich ist. Wie Einstein als erster bemerkte, könnte der Raum endlich, aber unbegrenzt sein,

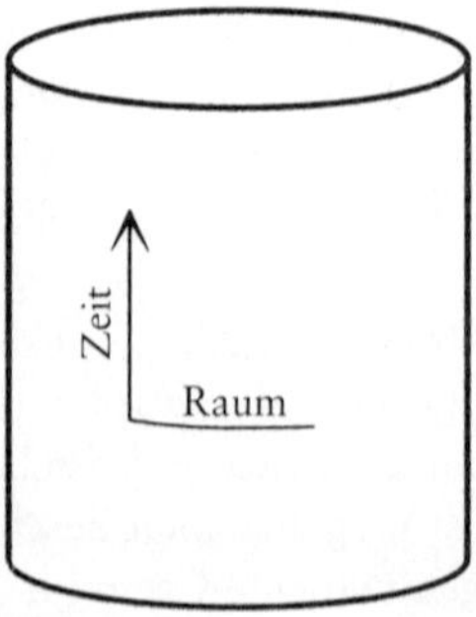

Abbildung 6: Der Raum könnte endlich sein, aber unbegrenzt. Dies wird veranschaulicht, indem das Raumzeit-Diagram zu einem Zylinder aufgerollt wird. Ein waagerechter Schnitt, der den Raum in einem Augenblick darstellt, ist dann ein Kreis.

und dieser Gedanke bleibt eine ernstzunehmende und überprüfbare kosmologische Hypothese. Eine solche Möglichkeit läßt sich in unserem Bild leicht veranschaulichen, wenn wir das Blatt Papier zu einem Zylinder aufrollen (Abbildung 6). Der Raum wird jetzt in jedem Augenblick durch einen Kreis mit endlichem Umfang veranschaulicht. (Das zweidimensionale Analogon ist die Oberfläche einer Kugel, in drei Dimensionen heißt es Hypersphäre; man kann sie sich nur schwer vorstellen, aber sie ist mathematisch wohl definiert und verstanden.)

Eine weitere Verbesserung ist die Berücksichtigung der Ausdehnung des Universums, die wir veranschaulichen können, indem wir die Größe des Universums im Lauf der Zeit verändern. Da es uns hier um den Ursprung des Universums geht, lasse ich die Oberkante des Diagramms außer acht und zeige nur den Teil in der Nähe des Anfangs. Der Zylinder ist jetzt ein Kegel; einige Kreise veranschaulichen die Ausdehnung des Raums (Abbildung 7). Die Hypothese, das Universum sei in einer Singulari-

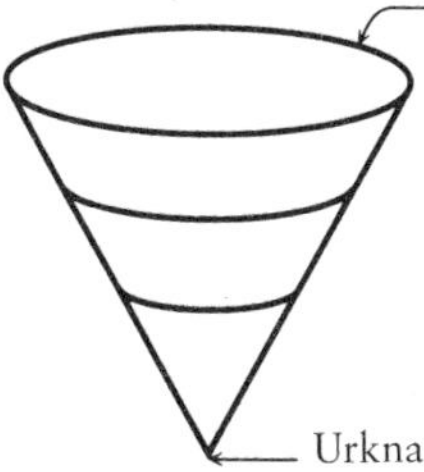

Abbildung 7: Das expandierende Universum. Die Ausdehnung des Kosmos bedeutet für unser Raumzeit-Diagramm, daß der Zylinder aus Abbildung 6 zu einem Kegel wird. Der Scheitel des Kegels entspricht der Singularität im Urknall. Horizontale Schnitte durch den Kegel sind jetzt Kreise mit immer größerem Durchmesser, was zeigt, daß der Raum größer wird.

tät mit unendlichem Druck entstanden, findet ihren Ausdruck hier darin, daß die Kegelspitze nur ein einziger Punkt ist. Der singuläre Scheitel des Kegels stellt das plötzliche Auftreten von Raum und Zeit in einem Urknall dar.

Nach der entscheidenden Aussage der Quantenkosmologie verschmiert das Heisenbergsche Unschärfeprinzip die Kegelspitze und ersetzt sie durch etwas Glatteres. Was das ist, hängt vom theoretischen Modell ab. Im Modell von Hartle und Hawking sollte, grob gesagt, der Scheitel so abgerundet werden wie in Abbildung 8, in der der Punkt durch eine Halbkugel ersetzt wurde. Der Radius dieser Halbkugel ist die Planck-Länge (10^{-33} cm), was nach menschlichem Maß sehr klein ist, im Vergleich mit einer Punktsingularität aber unendlich groß. Über dieser Halbkugel öffnet sich der Kegel wie sonst auch und veranschaulicht die übliche, nicht der Quantentheorie unterworfene Entwicklung des sich ausdehnenden Universums. Hier – in dem oberen Bereich, oberhalb der Verbindung zur Halbkugel – läuft die Zeit wie üblich nach oben. Sie ist physikalisch etwas ganz anderes als der Raum, der horizontal um den Kegel verläuft. Unterhalb der Verbindung jedoch ist die Lage völlig

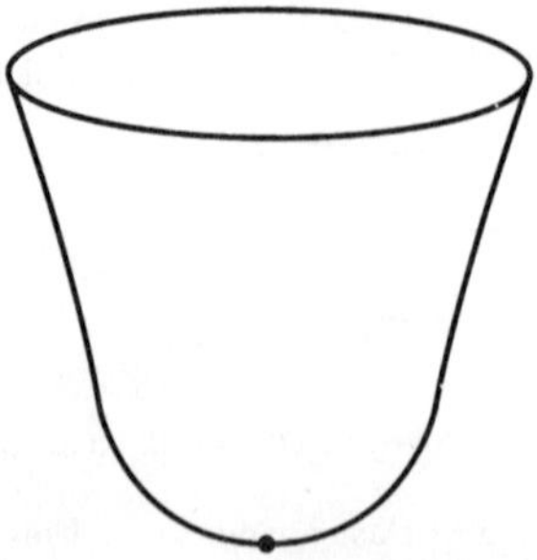

P

Abbildung 8: Schöpfung ohne Schöpfung. In dieser Fassung des Ursprungs des Universums ist der Scheitel des Kegels aus Abbildung 7 abgerundet. Es gibt keinen plötzlichen Beginn: Die Zeit nimmt allmählich nach unten hin immer weiter ab. Das Ereignis *P* scheint der erste Augenblick zu sein, aber das liegt nur an der Art der Zeichnung. Es gibt keinen wohl definierten Anfang, obwohl die Zeit in der Vergangenheit endlich ist.

anders. Die Zeitdimension krümmt sich dann in Richtung der Raumdimension (also der Horizontalen). In der Nähe des untersten Punktes der Halbkugel ist die Fläche nahezu zweidimensional und nur wenig gekrümmt. Sie stellt eher einen zweidimensionalen Raum dar als einen mit getrennten Raum- und Zeitdimensionen. Die Zeit geht ganz allmählich aus dem Raum hervor. Man darf sich den Übergang an der Verbindungsstelle also nicht plötzlich denken, sondern eher als ein langsames Herauswachsen aus dem Raum, wenn die Halbkugel sich allmählich zum Kegel krümmt. Die Zeit ist nach dieser Darstellung wohlbemerkt immer noch nach unten begrenzt – sie reicht nicht unendlich weit zurück –, aber es gibt keinen wirklichen »ersten Augenblick«, keinen plötzlichen Anfang in einem singulären Ursprung. Die Urknallsingularität ist damit abgeschafft.

Man könnte versucht sein, den untersten Punkt der Halbkugel – den »Südpol« – als »Ursprung« des Universums zu sehen; das aber wäre, wie Hawking betont, ein Fehler. Eine Kugelfläche ist geometrisch dadurch gekennzeichnet, daß alle ihre Punkte gleichwertig sind. Kein Punkt ist also irgendwie vor anderen ausgezeichnet. Der unterste Punkt der Halbkugel scheint uns ausgezeichnet zu sein, weil wir die gekrümmte Fläche so gezeichnet haben. Wenn der Kegel etwas gekippt wird, wird ein anderer Punkt zur »Basis« des Gebildes. Hawking vergleicht die Lage damit, wie wir die Erdkugel geometrisch darstellen. Am Nord- und Südpol gibt es keinen Breitenkreis mehr, aber die Oberfläche der Erde ist dort nicht anders als sonstwo. Wir hätten auch Mekka oder Hongkong als Brennpunkt dieser Kreise wählen können. (Die Wahl der Pole wurde tatsächlich durch die Drehachse der Erde bestimmt, was jedoch für diese Diskussion unwichtig ist.) Jedenfalls hört die Erdoberfläche an den Polen nicht plötzlich auf. Es gibt sicherlich eine Singularität im Koordinatensystem der Längen- und Breitengrade, aber keine physikalische Singularität in der Geometrie.

Um das weiter zu verdeutlichen, stellen wir uns vor, wir würden in den »Südpol« der Halbkugel in Abbildung 8 ein kleines Loch stechen und das Loch dann öffnen (wir denken uns das Ganze aus Gummi), bis wir einen Zylinder erhalten, den wir dann abwickeln, bis eine ebene Fläche vor uns liegt. Das entspräche Abbildung 5. Was wir zuvor für einen singulären Punkt in der Zeit hielten (die Unterkante), ist also eigentlich nur die unendlich weit ausgezogene Koordinatensingularität am Südpol. Genau das gleiche geschieht bei der Mercator-Projektion mit Erdkarten. Der Südpol, eigentlich nur ein ganz gewöhnlicher Punkt auf der Erde, wird durch eine horizontale Grenzlinie dargestellt, als ob die Oberfläche der Erde dort eine Kante hätte. Aber es gibt nur deshalb eine Kante, weil wir für die sphärische Geometrie ein bestimmtes Koordinatensystem gewählt haben. Wir können auch unter Verwendung eines anderen Koordinatensystems eine Weltkarte zeichnen, bei der die Breitengrade ihren Brennpunkt in einem anderen Punkt haben, und dann würde der Südpol nichts anderes sein, als er in Wirklichkeit ist – ein völlig normaler Punkt.

Das Ergebnis all dieser Überlegungen ist nach Hartle und Hawking, daß das Universums keinen Ursprung hat. Deshalb braucht das Weltall jedoch nicht unendlich alt zu sein. Die Zeit ist in der Vergangenheit beschränkt, hat aber als solche keine Grenze. Die Paradoxien des jahrhundertelangen philosophischen Nachdenkens über Endlichkeit oder Unendlichkeit der Zeit lösen sich so fein säuberlich auf. Hartle und Hawking haben es in genialer Weise fertiggebracht, die Tücken dieses Dilemmas zu vermeiden. Hawking sagte dazu: »Die Grenzbedingung des Universums ist, daß es keine Grenze hat.«[5]

Das Weltbild von Hawking und Hartle hat für die Theologie, wie Hawking selbst bemerkt, weitreichende Folgerungen: »Wenn das Universum einen Anfang hatte, können wir von der Annahme ausgehen, daß es durch einen Schöpfer geschaffen worden sei. Doch wenn das Universum wirklich völlig in sich selbst abgeschlossen ist, wenn es wirklich keine Grenze und keinen Rand hat, dann hätte es auch weder einen Anfang noch ein Ende: Es würde einfach *sein*. Wo wäre dann noch Raum für einen Schöpfer?«[6] Weil das Universum nicht unbedingt einen singulären zeitlichen Ursprung haben muß, braucht man sich nicht auf einen übernatürlichen Schöpfungsakt zu berufen. Der britische Physiker Chris Isham, selbst ein Fachmann auf dem Gebiet der Quantenkosmologie, hat die theologischen Folgerungen der Theorie von Hartle und Hawking untersucht. Er schrieb: »Zweifellos ist, psychologisch gesprochen, die Existenz dieses singulären Anfangspunkts geeignet, zu dem Gedanken zu führen, es gäbe einen Schöpfer, der das Ganze in Gang setzt.«[7] Aber diese neuen kosmologischen Gedanken entheben uns seiner Meinung nach der Notwendigkeit, einen lückenbüßenden Gott als Urheber des Urknalls zu sehen: »Die neuen Theorien können *diese* Lücke anscheinend recht befriedigend füllen.«

Obwohl Hawkings Vorschlag auf ein Universum ohne bestimmten zeitlichen Anfang hinausläuft, hat es nach dieser Theorie das Universum nicht immer schon gegeben. Läßt sich deshalb mit Recht sagen, das Universum habe »sich selbst erschaffen«? Ich würde lieber sagen, das Universum der Raumzeit und Materie sei in sich widerspruchsfrei und vollständig. Seine Existenz erfordert nichts, was jenseits von ihm ist, insbesondere keinen ersten Beweger. Bedeutet das wiederum, die Existenz des Universums lasse sich wissenschaftlich »erklären«, ohne daß ein Gott notwendig ist? Können wir das Universum als ein geschlossenes System betrachten, das den Grund für seine Existenz völlig in sich selbst hat? Die Antwort hängt davon ab, was man mit dem Wort »Erklärung« meint. Wenn die Gesetze der Physik gegeben sind, kann das Universum sozusagen für sich selbst sorgen, auch für seine eigene Schöpfung. Aber woher kommen diese Gesetze? Müssen wir eine Erklärung für *sie* finden? Dieser Frage werde ich mich im nächsten Kapitel zuwenden.

Lassen sich diese neueren wissenschaftlichen Entwicklungen mit der christlichen Lehre von der Schöpfung aus dem Nichts in Einklang bringen? Wie ich wiederholt betonte, ist der Vorgang, mit dem Gott das Universum aus dem Nichts ins Sein brachte, nicht als eine zeitliche Handlung zu sehen, weil die Erschaffung der Zeit dazugehört. Aus moderner christlicher Sicht bedeutet die Erschaffung aus dem Nichts die Erhaltung des Universums zu allen Zeiten. In der modernen wissenschaftlichen Kosmologie sollte man sich sowieso nicht länger vorstellen, die Raumzeit sei »entstanden«. Vielmehr sagt man, daß die Raumzeit (oder das Universum) einfach *ist.* »Auf diese Weise gibt es kein Anfangsereignis mit einem Sonderstatus«, bemerkt der Philosoph Wim Drees. »Deshalb haben alle Augenblicke zum Schöpfer dieselbe Beziehung. Entweder sind sie alle ›immer da‹, als schlichte Tatsache, oder sie werden alle gleichermaßen erschaffen. Es gehört zu den Schönheiten dieser Quantenkosmologie, wenn der Teil der Schöpfung aus dem Nichts, der der Naturwissenschaft am fernsten zu sein schien, nämlich die ›Bewahrung‹, im Rahmen dieser Theorie als der natürlichste Teil erscheint.«[8] Das von dieser Theorie beschworene Gottesbild ist jedoch ziemlich weit entfernt von dem des christlichen Gottes des zwanzigsten Jahrhunderts. Drees stellt eine starke Ähnlichkeit mit dem pantheistischen Gottesbild fest, das der Philosoph Spinoza im siebzehnten Jahrhundert vertrat; in ihm übernimmt das physikalische Weltall selbst solche Aspekte wie etwa »Ewigkeit« und »Notwendigkeit«, die Gott zugeschrieben werden.

Man kann natürlich immer noch fragen: Warum gibt es die Welt? Sollte die (zeitlose) Existenz der Raumzeit als eine (zeitlose) Form der »Schöpfung« gesehen werden? In diesem Sinn würde sich die Schöpfung »aus dem Nichts« nicht auf irgendeinen zeitlichen Übergang von Nichts zu Etwas beziehen, sondern lediglich daran erinnern, daß es auch nichts geben könnte statt etwas. Die meisten Naturwissenschaftler (wenn auch vielleicht nicht alle – siehe Seite 46) würden zustimmen, daß die Existenz eines mathematischen Modells für ein Universum nicht dasselbe ist wie die wirkliche Existenz dieses Universums. Das Modell muß noch ergänzt werden. Es bleibt also, was Drees die »ontologische Widerspruchsfreiheit« nennt. Die Theorie von Hartle und Hawking paßt recht gut zu diesem abstrakten Sinn von »Schöpfung«, weil sie eine Quantentheorie ist. Das Wesen der Quantenphysik ist, wie schon gesagt, die Unschärfe: Vorhersage in einer Quantentheorie ist die Vorhersage von *Wahrscheinlichkeiten* und nicht von Gewißheiten. Der mathematische Formalismus von Hartle und Hawking gibt die *Wahrscheinlichkeiten* dafür an, daß ein bestimmtes Universum mit einer bestimmten Anordnung der Materie in einem bestimmten Augenblick existiert. Wenn man für ein bestimmtes Universum eine nichtverschwindende Wahrscheinlichkeit vorhersagt, sagt man damit, daß es mit einiger Wahrscheinlichkeit auch verwirklicht wird. Damit erhält die Schöpfung aus dem Nichts hier die konkrete Deutung von »Verwirklichung von Möglichkeiten«.

Mutter- und Kind-Welten

Bevor wir uns anderen Problemen als dem des Ursprungs des Universums zuwenden, möchte ich etwas über eine neuere kosmologische Theorie sagen, in der die Frage nach dem Ursprung auf radikal andere Weise beantwortet wird. In meinem Buch *Gott und die neue Physik* habe ich den Gedanken erwogen, das, was wir Universum nennen, könne anfangs Teil eines größeren Systems gewesen sein, der sich dann ablöste und zu einer unabhängigen Einheit wurde. Der Grundgedanke ist in Abbildung 9 veranschaulicht. Hier wird der Raum als zweidimensionale Fläche veranschaulicht. In Übereinstimmung mit der allgemeinen Relativitätstheorie können wir uns diese Fläche als gekrümmt vorstellen. Insbesondere stellen wir uns vor, es gäbe irgendwo eine Erhebung, die sich zu einem Auswuchs entwik-

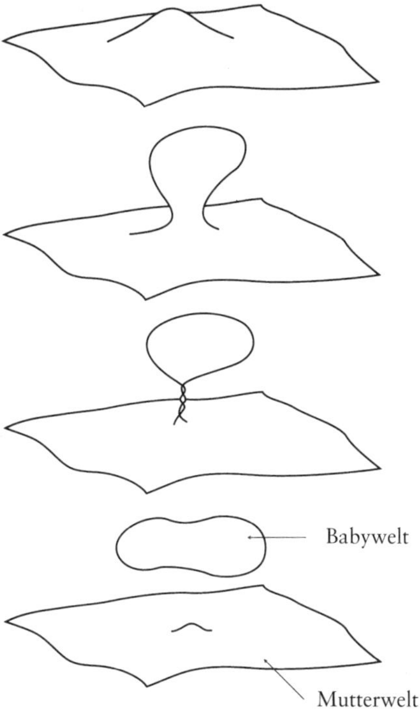

Abbildung 9: Das Ausbrüten einer Babywelt. Das Mutteruniversum wird durch eine zweidimensionale Fläche dargestellt. Die Krümmung der Fläche ist ein Ergebnis der Gravitationswirkungen. Wenn die Schwerkraft stark genug ist, kann die Krümmung zu einer Protuberanz führen, die eine Miniwelt bildet, die durch eine Nabelschnur, ein sogenanntes Wurmloch, mit ihr verbunden ist. Von der Mutterwelt aus kann die Schnur als schwarzes Loch erscheinen. Schließlich verdunstet das Loch, die Schnur wird durchschnitten und die Kinderwelt in eine unabhängige Existenz entlassen.

kelt, der mit der Hauptfläche durch eine Schnur verbunden ist. Diese Schnur könnte immer dünner werden, bis der Auswuchs sich völlig loslöst und eine selbständige »Blase« ist. Die »Mutter« hat ein »Kind« hervorgebracht.

Erstaunlicherweise gibt es gute Gründe für die Erwartung, etwas Ähnliches könnte sich in unserem Weltall abspielen.

Wegen der mit der Quantenphysik verknüpften Zufallsschwankungen könnten sich alle Arten von Hügeln, Wurmlöchern und Brücken bilden und in der Raumzeit zerfallen. Der sowjetische Physiker Andrei Linde vertritt den Gedanken, unser Universum könne als eine solche kleine Raumzeitblase begonnen haben, die sich dann im Urknall mit ungeheurer Geschwindigkeit aufblies. Andere haben ähnliche Modelle aufgestellt. Die »Mutterwelt«, die unser Weltall hervorbrachte, dehnt sich danach mit ungeheurer Geschwindigkeit aus und spuckt so viel Kinderwelten aus wie nur möglich. Unter solchen Umständen wäre »unser« Weltall nur ein Teil einer unendlichen Menge von Universen, obwohl es jetzt von ihnen unabhängig ist. Die Gesamtmenge hätte weder Anfang noch Ende. Jedenfalls gäbe es Probleme mit der Verwendung von Worten wie »Anfang« und »Ende«, weil es keine überuniversale Zeit gibt, in der sich dieses Ausspucken abspielt, obwohl jede Blase ihre eigene innere Zeit hat.

Eine interessante Frage ist, ob unser Universum auch selbst Mutter sein und Kinderwelten erzeugen könnte. Könnten etwa verrückte Wissenschaftler im Labor eigene Kinderwelten erschaffen? Mit dieser Frage hat sich Alan Guth beschäftigt, der Urheber der Inflationstheorie. Danach kann sich dann, wenn genug Energie konzentriert ist, wirklich eine Raumzeit-Blase bilden. Auf den ersten Blick scheint das die alarmierende Aussicht zu eröffnen, es könnte zu einem neuen großen Urknall kommen, aber tatsächlich sieht die Bildung einer Blase aus unserem Raumbereich genau wie die Erschaffung eines schwarzen Lochs aus. Obwohl es eine explosive Inflation innerhalb des Blasen-Raums geben könnte, sehen wir nur ein ständig schrumpfendes Schwarzes Loch. Schließlich ist das Loch ganz verdunstet; in diesem Augenblick hat sich unser Universum von seinem Kind getrennt.

So ansprechend diese Theorie auch sein mag, so bleibt sie doch höchst spekulativ. Ich werde in Kapitel 8 kurz darauf zurückkommen. Beide Theorien, sowohl die der Mutter- und Kindwelten als auch die von Hartle und Hawking, umgehen geschickt die Probleme, die sich bei einem kosmischen Ursprung stellen, indem sie sich auf Quantenprozesse berufen. Wir können daraus lernen, daß die Quantenphysik die Tür zu Universen endlichen

Alters öffnet, deren Existenz keinen wohldefinierten ersten Grund erfordert. Sie brauchen keinen besonderen Schöpfungsakt. Alle in diesem Kapitel diskutierten physikalischen Gedanken beruhen auf der Annahme, daß das Universum mit gewissen wohldefinierten physikalischen Gesetzen in Einklang ist. Diese Gesetze, die der physikalischen Wirklichkeit zugrunde liegen, sind in ein Gewebe aus Mathematik verwoben, das selbst auf Logik beruht. Der Weg von physikalischen Erscheinungen über die Gesetze der Physik zur Mathematik und schließlich zur Logik öffnet die trügerische Aussicht, daß sich die Welt allein durch die Anwendung logischer Überlegungen verstehen ließe. Könnte es sein, daß vieles, wenn nicht alles, im physikalischen Weltall so ist, wie es ist, weil es logisch notwendig ist? Einige Naturwissenschaftler haben in der Tat behauptet, es sei so, und es könne nur einen logisch widerspruchsfreien Satz von Gesetzen und nur ein logisch widerspruchsfreies Universum geben. Um diese umfassende Behauptung zu ergründen, müssen wir nach dem Wesen der physikalischen Gesetze fragen.

3. Was sind die Naturgesetze?

In Kapitel 2 habe ich behauptet, ein Universum könne sich selbst erschaffen, wenn die physikalischen Gesetze vorgegeben sind. Wir brauchen also, richtiger gesagt, die Existenz eines Universums ohne einen äußeren ersten Grund nicht länger als Widerspruch zu den Gesetzen der Physik zu sehen. Dieser Schluß beruht insbesondere auf kosmologischen und quantenphysikalischen Überlegungen. Wenn es also Naturgesetze gibt, sollten wir uns nicht wundern, wenn es ein Universum gibt. Damit sieht es so aus, als ob die Gesetze der Physik der »Seinsgrund« des Universums sind. Sicherlich sind wohl die meisten Naturwissenschaftler der Meinung, diese Gesetze seien das Urgestein der Wirklichkeit. Sie sind die ewigen Wahrheiten, auf denen das Weltall gebaut ist.

Der Begriff Gesetz gehört ganz selbstverständlich zur Naturwissenschaft; bis vor kurzem haben deshalb nur wenige Naturwissenschaftler über das Wesen und den Ursprung dieser Gesetze nachgedacht; sie nahmen sie einfach als »gegeben« hin. Jetzt, da Physiker und Kosmologen rasche Fortschritte gemacht haben, als sie nach dem suchten, was sie für die »endgültigen« Gesetze des Universums halten können, stellen sich viele der alten Fragen neu. Warum haben die Gesetze gerade diese Form? Könnten sie anders sein? Woher kommen diese Gesetze? Gibt es sie unabhängig vom Universum?

Der Ursprung der Gesetze

Der Begriff »Naturgesetz« wurde nicht von einem bestimmten Philosophen oder Naturwissenschaftler erfunden. Obwohl sich der Gedanke erst in der modernen wissenschaftlichen Ära herauskristallisierte, reichen seine Ursprünge bis an den Beginn der Geschichte zurück und sind eng mit der Religion verknüpft. Unsere fernen Vorfahren müssen ansatzweise eine Vorstellung von Ursache und Wirkung gehabt haben. Werkzeug wurde beispielsweise immer hergestellt, um den Umgang mit der Umwelt zu erleichtern. Wenn man eine Nuß mit einem Stein schlägt, zerbricht sie, und ein sorgfältig gezielter Speer kann im Vertrauen darauf geworfen werden, daß er einer bestimmten Bahn folgt. Aber obwohl den ersten Menschen gewisse Regelmäßigkeiten im Verhalten auffielen, blieben ihnen die allermeisten Naturerscheinungen geheimnisvoll und unvorhersagbar, und sie erfanden Götter, die sie erklären sollten. So gab es den Regengott und den Sonnengott, Baumgötter und Flußgötter und so weiter. Die Welt der Natur unterstand der Kontrolle einer Vielzahl unsichtbarer mächtiger Wesen.

Es ist immer gefährlich, frühere Kulturen nach unseren eigenen Maßstäben mit all unseren stillschweigenden Annahmen und Vorurteilen zu bewerten. Im Zeitalter der Naturwissenschaft sehen wir es als ganz natürlich an, wenn wir nach mechanistischen Erklärungen der Dinge suchen: Die Bogensehne treibt den Pfeil an, die Schwerkraft zieht den Stein zum Boden. Eine bestimmte Ursache, gewöhnlich in Form einer Kraft, erzeugt später eine Wirkung. Aber frühere Kulturen sahen die Welt im allgemeinen nicht so. Manche sahen die Natur als ein Schlachtfeld widerstreitender Kräfte. Götter oder Geister, jeder mit einer ganz bestimmten eigenen Persönlichkeit, stießen aufeinander oder vertrugen sich. Andere Kulturen, besonders die östlichen, hielten die Natur für ein ganzheitlich zu sehendes Gewebe wechselseitiger Abhängigkeiten.

In fast allen frühen kosmologischen Theorien wurde die Welt nicht mit einer Maschine, sondern mit einem Lebewesen verglichen. Den Dingen wurden Zwecke zugeschrieben, ähnlich wie auch das Verhalten von Tieren als zielgerichtet gesehen wurde. Ein Rest dieses Denkens hat sich bis heute erhalten, wenn wir davon reden, Wasser »suche sich« sein tiefstes Niveau oder die Kompaßnadel »strebe« nach Norden. Die Lehre von der Gerichtetheit eines physikalischen Systems, das einem Ziel zustrebt oder zu ihm geleitet oder gezogen wird, heißt »Teleologie«. Der griechische Philosoph Aristoteles, desses animistisches Weltbild ich im Kapitel 1 erwähnte, unterschied zwischen vier möglichen Gründen oder Prinzipien, nämlich denen von Materie und Form und den Zweck- und Wirkursachen. Was veranlaßt ein Haus zu sein? Zunächst ist da das Prinzip der Materie, das hier mit dem

Baumaterial, aus dem das Haus besteht, gleichzusetzen ist. Dann gibt es das Prinzip der Form, also die Gestalt, in der die Materie angeordnet wird. Drittens gibt es das Prinzip der Wirkung, das der Materie ihre Form gibt (in diesem Fall ist es der Baumeister). Schließlich gibt es das Prinzip des Zweckes. Im Fall des Hauses könnte dieser Zweck in einem schon existierenden Bauplan stecken, an den sich der Erbauer hält.

Selbst im Rahmen seines recht ausgefeilten Systems der Verursachung konnte Aristoteles nicht wirklich formulieren, was wir heute unter Naturgesetz verstehen. Er untersuchte die Bewegung materieller Körper, aber diese sogenannten Bewegungsgesetze sind eigentlich nur Beschreibungen davon, wie Zweckursachen wirken. So soll zum Beispiel ein Stein zur Erde fallen, weil die Erde der »natürliche Ort« für schwere Dinge ist, und ein flüchtiges Gas soll hochsteigen, weil sein natürlicher Ort das ätherische Reich über dem Himmel ist und so weiter.

Dieses Denken beruhte zum großen Teil auf der Annahme, die Eigenschaften der Dinge seien von ihnen völlig untrennbar. Die große Vielfalt der Formen und der Materie, die sich in der Welt findet, spiegelt dann die grenzenlose Vielfalt ihres inneren Wesens. Diese Weltanschauung teilten die monotheistischen Religionen nicht. Die Juden sahen ihren Gott als Gesetzgeber. Dieser Gott, der von seiner Schöpfung unabhängig ist und sich wesenhaft von ihr unterscheidet, erlegt der Welt von außen her Gesetze auf, denen sich die Natur nach göttlichem Dekret unterwerfen muß. Zwar lassen sich den Erscheinungen Ursachen zuschreiben, der Zusammenhang zwischen Ursache und Wirkung jedoch ist durch Gesetze geregelt. John Barrow ist den historischen Ursprüngen des Begriffs Naturgesetz nachgegangen. Er stellt die griechische Götterwelt dem einen allein herrschenden Gott der Juden gegenüber: »Sogar im relativ hochentwickelten griechischen Götterbild ist die Vorstellung von einem allmächtigen kosmischen Gesetzgeber nicht sehr ausgeprägt. Entscheidungen fallen durch Verhandlung, List und Streit, nicht durch die Verordnung eines Allmächtigen. Die Schöpfung ist, so betrachtet, eher das Ergebnis einer Aussschußsitzung als eines ›Es werde‹«.[1]

Die Sicht, daß Gesetze der Natur auferlegt werden und nicht ein Teil von ihr sind, wurde schließlich auch von Christentum und Islam übernommen, wenn auch nicht ohne Kampf. Barrow stellt dar, daß nach Thomas von Aquin »die angeborenen aristotelischen Neigungen als von der göttlichen Vorsehung eingesetzte Aspekte zu sehen [sind] ... Aus dieser Sicht ist Gottes Beziehung zur Natur eher die eines Partners ... als die eines Herrschers.«[2] Aber solche aristotelischen Gedanken wurden 1277 vom Bischof von Paris verdammt und später durch die Lehre von Gott als Gesetzgeber ersetzt, die in Kempthorns Hymne von 1796 trefflichen Ausdruck findet:

> Preiset den Herrn! Denn ER hat gesprochen.
> Welten gehorchten der Stimme seiner Kraft,
> Gesetze, niemals werden sie gebrochen,
> Zu ihrer Leitung hat er gemacht.

Es ist reizvoll, den kulturellen und religiösen Einflüssen nachzuspüren, die bei der Formulierung der modernen Naturgesetze mitwirkten. Das mittelalterliche Europa war einerseits der christlichen Lehre vom göttlichen Gesetz unterworfen, das sich in der Natur offenbarte, und hatte doch andererseits eine strenge Auffassung vom bürgerlichen Gesetz; auf dieser Grundlage konnte die wissenschaftliche Vorstellung vom Naturgesetz gedeihen. So meinten die frühen Astronomen wie Tycho Brahe und Johannes Kepler bei der Herleitung der Gesetze für die Planetenbewegung, sie deckten den vernünftigen Plan Gottes auf, wenn sie die Ordnung in den Naturvorgängen erforschten. Diese Einstellung wurde auch vom französischen Philosophen und Wissenschaftler René Descartes vertreten und von Isaac Newton übernommen, mit dessen Gesetzen für Bewegung und Schwerkraft das Zeitalter der Naturwissenschaften begann.

Newton selbst glaubte fest an Gott als den Planer, der durch unverbrüchliche mathematische Gesetze wirkt. Für Newton und seine Zeitgenossen war das Weltall eine ungeheure und großartige Maschine, die von Gott konstruiert worden war. Die Meinungen unterschieden sich jedoch in bezug auf das Wesen des kosmischen Mathematikers und Ingenieurs. Hatte er die Maschine lediglich konstruiert, aufgezogen und dann sich selbst überlassen? Oder überwachte er ihren Lauf von Tag zu Tag? Newton glaubte, die Welt würde nur durch ein fortwährendes

Wunder vor dem Zerfall aufgrund der Schwerkraft bewahrt. Solch göttliches Eingreifen ist ein klassisches Beispiel für Gott als Lückenbüßer. Diese Überlegung birgt die Gefahr, daß spätere wissenschaftliche Fortschritte die Lücke befriedigend füllen. In der Tat können wir die Stabilität des Weltalls heute zufriedenstellend erklären. Selbst zu Newtons Zeit wurde die Annahme, Gott vollbringe fortwährend solche Wunder, von seinen Rivalen auf dem Kontinent belächelt. So spottete Leibniz:

> Mr. Newton und seine Anhänger vertreten auch eine höchst seltsame Meinung in bezug auf das Werk Gottes. Ihrer Meinung nach muß Gott von Zeit zu Zeit seine Uhr aufziehen, sonst würde sie nicht weitergehen. Ihm fehlte die Voraussicht, für eine fortwährende Bewegung zu sorgen ... Nach meiner Meinung existiert in der Welt immer dieselbe Kraft.[3]

Für Descartes und Leibniz war Gott Quelle und Garant der Vernunft, die den Kosmos erfüllt. Diese Rationalität öffnete die Tür zu dem Bemühen, die Natur durch Anwendung des menschlichen Verstandes, selbst eine Gottesgabe, zu verstehen. Im Europa der Renaissance war die Rechtfertigung für das, was wir heute wissenschaftliche Denkweise nennen, der Glaube an einen rationalen Gott, dessen geschaffene Ordnung sich einem sorgfältigen Studium der Natur erschließen würde. Und trotz Newton gehörte dazu die Überzeugung, daß Gottes Gesetze unveränderlich sind. »Die in Europa entstehende Wissenschaft«, schreibt Barrow, »unser kulturelles Erbe also, war von der Überzeugung beherrscht, die Naturgesetze seien absolut unveränderlich. Das gab den Naturwissenschaften einen Sinn und sicherte ihren Erfolg.«[4]

Der moderne Naturwissenschaftler ist damit zufrieden, daß die Natur die beobachteten Regelmäßigkeiten aufweist, die wir immer noch Gesetze nennen. Die Frage ihres Ursprungs stellt sich gewöhnlich nicht. Aber es ist eine interessante Frage, ob die europäische Naturwissenschaft im Mittelalter und in der Renaissance eine solche Blüte erlebt hätte, wenn die Theologie des Abendlands eine andere gewesen wäre. China zum Beispiel hatte damals eine komplexe und hoch entwickelte Kultur und war Europa mit mehreren technischen Entwicklungen weit voraus.

Der japanische Gelehrte Kowa Seki, ein Zeitgenosse Newtons, soll völlig unabhängig von Newton und Leibniz die Differentialrechnung und auch ein Verfahren zur Berechnung von π erfunden haben, zog es aber vor, diese Formulierungen geheimzuhalten. Joseph Needham schreibt in seiner Untersuchung über frühes chinesisches Denken: »Man hatte kein Vertrauen, daß der Code der Naturgesetze je entschleiert und gelesen werden könnte, weil man keine Gewißheit hatte, daß ein göttliches Wesen, auch nicht ein vernünftigeres als wir selbst, je einen solchen Code formuliert hatte, der auch gelesen werden konnte.«[5] Barrow behauptet: »Die Chinesen hatten nicht die Vorstellung von einem göttlichen Wesen, dessen Handeln das Naturgeschehen regelt, dessen Verordnungen unverletzliche Natur›gesetze‹ darstellen und mit dessen Zustimmung Wissenschaft betrieben wird.« Die chinesische Wissenschaft war deshalb eine »merkwürdige Totgeburt.«[6]

Wenngleich die Behauptung, der unterschiedliche wissenschaftliche Fortschritt im Westen und Osten lasse sich auf theologische Unterschiede zurückführen, zweifellos etwas Wahres enthält, spielen doch auch andere Faktoren eine Rolle. Der größte Teil der abendländischen Wissenschaft gründet auf der Methode des Reduktionismus, wonach sich die Eigenschaften eines komplizierten Systems verstehen lassen, wenn das Verhalten der Bestandteile untersucht wird. Um ein einfaches Beispiel zu geben: Es gibt vermutlich niemanden, der alle Systeme einer Boeing 747 versteht, aber jeder Teil wird von jemandem verstanden. Wir sagen gern, das Verhalten des Flugzeugs im ganzen sei verstanden, denn wir vertrauen darauf, daß ein Flugzeug einfach die Summe seiner Teile ist.

Unsere Fähigkeit, natürliche Systeme auf diese Weise zu zerlegen, war für den Fortschritt der Naturwissenschaft entscheidend. Das Wort »Analyse«, oft fast gleichbedeutend mit »Naturwissenschaft«, ist Ausdruck der Annahme, wir könnten die Dinge auseinandernehmen und die Teile einzeln untersuchen, wenn wir das Ganze verstehen wollen. Selbst ein so kompliziertes System wie der menschliche Körper läßt sich verstehen, so wird gelegentlich behauptet, wenn man das Verhalten einzelner Gene kennt oder weiß, welche Regeln für die Moleküle gelten, aus denen unsere Zellen bestehen. Wenn wir nicht Teile des Weltalls verstehen könnten, ohne das Ganze zu begreifen, wäre die Naturwissenschaft ein hoffnungsloses Unterfangen. Aber diese Analysierbarkeit physikalischer Systeme ist nicht so allgemeingültig, wie man einmal angenommen hat. In den letzten Jahren haben Naturwissenschaftler immer mehr Systeme kennengelernt, die man, wenn überhaupt, ganzheitlich betrachten muß. Diese Systeme werden mathematisch durch sogenannte »nichtlineare« Gleichungen beschrieben. (Einzelheiten dazu finden sich in meinen Büchern *Prinzip Chaos* und *Auf dem Weg zur Weltformel.*) Vielleicht war es ein reiner Zufall, daß es die ersten Naturwissenschaftler mit linearen physikalischen Systemen wie dem Sonnensystem zu tun hatten, bei denen analytische Methoden und eine reduktionistische Denkweise besonders erfolgreich sind.

Die Popularität der »holistischen Naturwissenschaft« der letzten Jahre hat eine Reihe von Büchern hervorgebracht, darunter vor allem Fritjof Capras *Das Tao der Physik*, das die Ähnlichkeiten zwischen der alten östlichen Philosophie mit ihrer Wertschätzung der ganzheitlichen Wechselbeziehungen aller Dinge und der modernen nichtlinearen Physik betont. Können wir schließen, daß die Philosophie und Theologie des Orients der des Okzidents letztlich überlegen waren? Sicherlich nicht. Wir wissen jetzt, daß wissenschaftlicher Fortschritt sowohl einen holistischen als auch einen reduktionistischen Ansatz erfordert. Es geht nicht darum, ob der eine richtig ist und der andere falsch, wie manche Menschen behaupten, sondern vielmehr um die Notwendigkeit, physikalische Phänomene auf zwei einander ergänzende Weisen zu untersuchen. Interessant ist vor allem, daß sich der Reduktionismus überhaupt bewährt. Warum ist die Welt so strukturiert, daß wir etwas wissen können, ohne alles zu wissen? Dieser Frage werde ich in Kapitel 6 nachgehen.

Der kosmische Code

Der Aufstieg der Naturwissenschaften und das Zeitalter der Aufklärung führten zu der Vorstellung von einer verborgenen Ordnung in der Natur, die ihrer Form nach mathematisch ist und durch einfallsreiche Erforschung aufgedeckt werden kann. Während einfache Beziehungen zwischen Ursache und Wirkung den Sinnen unmittelbar zugänglich sein können, sind die von der Naturwissenschaft entdeckten Naturgesetze insgesamt viel subtiler. Jeder kann zum Beispiel sehen, daß Äpfel fallen, aber die genaue Form von Newtons Gravitationsgesetz ließ sich erst aufstellen, als spezielle und systematische Messungen gemacht wurden. Wichtiger noch, man braucht auch eine Art abstraktes theoretisches Modell, offensichtlich mathematischer Art, das diesen Messungen einen Rahmen gibt. Die Rohdaten, die unsere Sinne sammeln, sind nicht direkt einsichtig. Um sie zu verknüpfen und verständnisvolle Einsichten zu gewinnen, ist ein zusätzlicher Schritt erforderlich, den wir Theorie nennen.

Wenn wir betonen wollen, daß eine solche Theorie subtil und mathematisch ist, können wir das sehr gut dadurch ausdrücken, daß wir sagen, die Naturgesetze seien verschlüsselt. Es ist dann Aufgabe des Naturwissenschaftlers, diesen kosmischen Code zu »knacken« und so die Geheimnisse des Weltalls zu offenbaren. Heinz Pagels sagt dazu in seinem Buch *The Cosmic Code*:

> Obwohl der Gedanke schon sehr alt ist, das Universum habe eine Ordnung, die von Naturgesetzen bestimmt und den Sinnen nicht unmittelbar zugänglich ist, haben wir doch erst in den letzten dreihundert Jahren eine Methode – die wissenschaftliche, experimentelle Methode – entdeckt, wie sich die verborgene Ordnung entdecken läßt. Diese Methode ist so mächtig, daß wir ihr praktisch alles verdanken, was Wissenschaftler über die Natur wissen. Sie haben gefunden, daß die Architektur des Universums tatsächlich unsichtbaren allgemeingültigen Regeln entspricht, dem, was ich den kosmischen Code nenne – dem Bauplan des Demiurgen.[7]

Wie ich in Kapitel 1 ausführte, stellte sich Platon einen gutmeinenden Handwerker vor – einen Demiurgen –, der das Universum mit Hilfe mathematischer Prinzipien erbaute, die auf symmetrischen geometrischen Formen beruhten. Dieses abstrakte Reich platonischer Ideen war mit der alltäglichen Welt der Sinneserfahrungen durch eine subtile Einheit verknüpft, die Platon die Weltenseele nannte. Der Philosoph Walter Mayerstein vergleicht Platons Weltenseele mit einer modernen mathematischen Theorie; sie verknüpft unsere Sinneserfahrungen mit den Grundsätzen, auf denen das Weltall beruht und die uns das ermöglichen, was wir Verstehen nennen.[8] Auch Einstein behauptete, unsere direkten Beobachtungen von Ereignissen in der Welt seien nicht allgemein verständlich, sondern müßten mit einer Schicht dahinterliegender Theorie in Beziehung stehen. So schrieb er am 20. März 1952 an Maurice Solovine: »Es gibt keinen *logischen* Weg, der vom empirischen Material zu dem allgemeinen Prinzip führt, auf das sich dann die logische Deduktion stützt. Allgemein kann man es so sagen: Der Weg vom Besonderen zum Allgemeinen ist ein intuitiver Weg, der Weg vom Allgemeinen zum Besonderen ein logischer.«[9]

Die Naturgesetze, so könnte man sagen, verschlüsseln eine Botschaft. Wir sind die Empfänger dieser Botschaft, die uns über Kanäle mitgeteilt wird, die wir wissenschaftliche Theorien nennen. Für Platon und viele andere nach ihm war der Sender dieser Botschaft ein Demiurg, ein kosmischer Baumeister. Wie wir in den nächsten Kapiteln sehen werden, läßt sich im Prinzip alle Information über die Welt in der Form binärer Arithmetik (durch Einsen und Nullen) darstellen, in der Form also, die für die Verarbeitung im Computer am bequemsten ist. »Das Universum«, behauptet Mayerstein, »läßt sich durch eine enorme Kette von Nullen und Einsen simulieren; der Zweck der Wissenschaft ist dann nichts anderes als der Versuch, diese Folge zu entschlüsseln und zu entwirren, sie zu verstehen und dieser ›Botschaft‹ einen Sinn zu geben.« Was kann man über diese ›Botschaft‹ aussagen? »Ganz offensichtlich muß die Anordnung der Nullen und Einsen in der Kette eine gewisse Struktur haben, wenn die Botschaft verschlüsselt ist; eine völlig zufällige oder chaotische Kette kann nicht entschlüsselbar genannt werden.«[10] So läuft die Tatsache, daß es Ordnung gibt und nicht Chaos, darauf hinaus, daß diese Kette von Zahlen Struktureigenschaften hat. In Kapitel 6 werde ich diese Eigenschaften genauer untersuchen.

Der Status der Gesetze heute

Viele Menschen, auch einige Naturwissenschaftler, würden im kosmischen Code gern die Botschaft eines Chiffrierers finden. Sie behaupten, schon die Existenz des Codes sei ein Beweis für die Existenz eines Chiffrierers und der Inhalt der Botschaft teile uns etwas über ihn mit. Andere, so etwa Pagels, sehen überhaupt keine Hinweise auf einen Chiffrierer: »Eine der seltsamen Eigenschaften des kosmischen Codes ist es, daß, soweit wir es sagen können, der Demiurg sich selbst aus dem Code herausgelassen hat – als ob wir eine außerirdische Botschaft ohne einen Hinweis auf einen Außerirdischen empfangen würden.« Danach sind die Naturgesetze eine Botschaft ohne einen Sender. Pagels ist dadurch nicht besonders betroffen. »Ob Gott die Botschaft ist, die Botschaft schrieb oder ob sie sich selbst schrieb, ist für unser Leben unwichtig. Wir können ruhig auf den Demiurgen verzichten, denn es gibt keine wissenschaftlichen Hinweise auf einen Schöpfer der natürlichen Welt, keinerlei Hinweise auf einen Willen oder ein Ziel in der Natur, die über die bekannten Naturgesetze hinausgehen.«[11]

Solange die Naturgesetze in Gott wurzelten, war ihr Vorhandensein nicht bemerkenswerter als das der ebenfalls von Gott erschaffenen Materie. Wenn den Gesetzen jedoch der göttliche Rückhalt entzogen wird, birgt ihre Existenz ein tiefes Geheimnis. Woher kommen sie? Wer »schickte die Botschaft«? Wer erdachte den Code? Sind die Gesetze einfach da – sozusagen freischwebend –, oder sollten wir den Begriff »Naturgesetz« einfach abschaffen, weil er ein unnötiges Überbleibsel aus einer religiösen Vergangenheit ist?

Damit wir uns diesen tiefen Fragen zuwenden können, schauen wir uns zunächst an, was ein Naturwissenschaftler eigentlich mit Gesetz meint. Wir sind uns darüber einig, daß die Natur auffällige Regelmäßigkeiten aufweist. Die Bahnen der Planeten zum Beispiel lassen sich durch einfache geometrische Formeln beschreiben, und ihre Bewegungen weisen deutliche mathematische Rhythmen auf. Strukturen und Rhythmen finden wir auch in Atomen und ihren Bestandteilen. Selbst alltägliche Gebilde wie Brücken und Maschinen verhalten sich im allgemeinen in einer geordneten und vorhersagbaren Weise. Auf der Grundlage solcher Erfahrungen argumentieren Naturwissenschaftler induktiv, diese Regelmäßigkeiten seien gesetzmäßig. Wie in Kapitel 1 ausgeführt, bietet induktives Denken keine absolute Sicherheit. Auch wenn die Sonne an jedem Tag unseres Lebens aufgegangen ist, garantiert das doch keineswegs, daß sie auch morgen aufgehen wird. Die Überzeugung, daß sie auch morgen aufgehen wird – daß es wirklich zuverlässige Regelmäßigkeiten in der Natur gibt –, ist eine Glaubenssache, aber eine, die für den Fortschritt der Wissenschaften unentbehrlich ist.

Es ist wichtig zu begreifen, daß die Regelmäßigkeiten der Natur real sind. Manchmal wird behauptet, die Naturgesetze, die Versuche also, diese Regelmäßigkeiten systematisch einzufangen, seien der Welt von unserem Verstand auferlegt worden, damit sie sinnvoll sei. Es ist sicherlich wahr, daß der menschliche Verstand dazu neigt, Strukturen zu erkennen und sie selbst dort zu finden, wo es keine gibt. Unsere Ahnen sahen in den Sternen Tiere und Götter und erfanden die Sternbilder. Wir alle haben wohl schon in Wolken und Steinen und Flammen nach Gesichtern gesucht. Trotzdem halte ich den Gedanken, die Naturgesetze seien ähnliche Projektionen des menschlichen Verstandes, für absurd. Die Existenz von Regelmäßigkeiten in der Natur ist eine objektive mathematische Tatsache. Andererseits sind die Aussagen, die wir Gesetze nennen und die in Lehrbüchern stehen, offenbar menschliche Erfindungen, die aber, wenn auch unvollkommen, wirklich vorhandene Eigenschaften der Natur widerspiegeln sollen. Wenn wir die Regelmäßigkeiten nicht für wirklich halten, wird die Naturwissenschaft zu einer sinnlosen Farce.

Es gibt noch einen weiteren Grund, warum ich nicht meine, die Naturgesetze seien einfach nur von uns erfunden: Wir entdecken mit ihrer Hilfe neue Dinge über die Welt, und manchmal sind das Dinge, die wir niemals erwartet hätten. Ein gutes Gesetz geht über eine getreuliche Beschreibung des ursprünglichen Phänomens, das es erklären sollte, hinaus und verbindet es auch mit anderen Phänomenen. Newtons Gravitationsgesetz zum Beispiel liefert eine genaue Darstellung der Planetenbewegung, aber es erklärt auch die Gezeiten, die Form der Erde, die

Bewegung von Raumfahrzeugen und vieles mehr. Maxwells Elektrodynamik ging weit über eine Beschreibung der Elektrizität und des Magnetismus hinaus, als sie das Wesen von Lichtwellen erklärte und die Existenz von Radiowellen vorhersagte. Die wirklich grundlegenden Naturgesetze stellen also tiefliegende Verbindungen zwischen verschiedenen physikalischen Prozessen her. Wie die Geschichte der Naturwissenschaften zeigt, führt ein neues Gesetz dann, wenn es einmal akzeptiert ist, Folgerungen aus ihm gezogen und es in vielen neuen Zusammenhängen überprüft wird, oft zur Entdeckung neuer, unerwarteter und wichtiger Erscheinungen. Deshalb bin ich davon überzeugt, daß wir dann, wenn wir Naturwissenschaft betreiben, wirklich Regelmäßigkeiten und Verknüpfungen aufdecken, diese Regelmäßigkeiten also aus der Natur ablesen und sie nicht in sie hineindeuten.

Selbst wenn wir nicht wissen, was die Naturgesetze sind oder woher sie kommen, können wir doch ihre Eigenschaften angeben. Seltsamerweise hat man den Gesetzen viele Eigenschaften verliehen, die formal Gott zugeschrieben wurden, von dem sie doch angeblich stammen.

Zunächst und vor allem sind die Gesetze allgemeingültig. Ein Gesetz, das nur manchmal oder nur an einem Ort und nicht an einem anderen gültig ist, taugt nichts. Die Gesetze müssen ausnahmslos überall im Weltall und zu allen Zeiten der Geschichte des Kosmos gelten. Es sind keinerlei Ausnahmen zulässig. In diesem Sinn sind sie auch vollkommen.

Zweitens sind die Gesetze absolut. Sie hängen von nichts anderem ab. Insbesondere hängen sie nicht davon ab, wer die Natur beobachtet oder in welchem Zustand die Welt tatsächlich ist. Die Zustände werden von den Gesetzen beeinflußt, aber nicht umgekehrt. Ein entscheidendes Element der wissenschaftlichen Weltanschauung ist die Unterscheidung zwischen den Gesetzen, die ein physikalisches System bestimmen, und den Zuständen dieses Systems. Wenn Naturwissenschaftler vom »Zustand« eines Systems sprechen, meinen sie den tatsächlichen physikalischen Zustand, in dem das System zu einem gegebenen Zeitpunkt ist. Zur Beschreibung eines Zustands muß man die Werte aller physikalischen Größen kennen, die dieses System kennzeichnen. Der Zustand eines Gases zum Beispiel läßt sich festlegen, wenn seine Temperatur, Druck, chemische Zusammensetzung und so weiter bekannt sind, falls man nur an seinen groben Eigenschaften interessiert ist. Eine vollständige Beschreibung seines Zustands würde bedeuten, daß man die Orte und Bewegungen aller Moleküle angibt, aus denen es besteht. Der Zustand ist nicht festgelegt oder gottgegeben; im allgemeinen verändert er sich im Lauf der Zeit. Im Unterschied dazu verändern sich die Gesetze, die die Beziehungen zwischen den Zuständen zu verschiedenen Zeiten herstellen, im Lauf der Zeit nicht.

Damit kommen wir zu einer dritten und höchst wichtigen Eigenschaft der Naturgesetze. Sie gelten immer: Die Zeitlosigkeit und Ewigkeit der Naturgesetze spiegelt sich in den mathematischen Strukturen, die verwendet werden, um die physikalische Welt abzubilden. In der klassischen Mechanik zum Beispiel werden die Kraftgesetze durch die sogenannte »Hamilton-Funktion« verkörpert, ein mathematisches Gebilde, das auf den sogenannten »Phasenraum« wirkt. Dies sind mathematische Begriffe, deren Definition hier keine Rolle spielt. Es kommt lediglich darauf an, daß beide, Phasenraum und Hamilton-Funktion, festgelegt sind. Andererseits wird der Zustand des Systems durch einen Punkt im Phasenraum repräsentiert, und dieser Punkt bewegt sich im Lauf der Zeit und beschreibt die Zustandsänderungen, die sich ergeben, wenn sich das System verändert. Wesentlich ist, daß die Hamilton-Funktion und der Phasenraum selbst von der Bewegung des den Zustand repräsentierenden Punkts unabhängig sind.

Viertens sind die Gesetze allmächtig. Damit meine ich, daß ihnen nichts entgehen kann. Sie sind also sozusagen allwissend; und wenn die Gesetze, bildlich gesprochen, die physikalischen Systeme »beherrschen«, brauchen die Systeme die Gesetze nicht über ihren Zustand zu »informieren«, damit die Gesetze die diesem Zustand entsprechenden »richtigen Anweisungen« geben.

Über dies alles herrscht allgemeine Übereinstimmung. Uneinigkeit kommt jedoch dann auf, wenn wir den Status der Gesetze betrachten. Sollen sie als Entdeckungen über die Wirklichkeit gesehen werden oder nur als die kluge Erfindung von

Wissenschaftlern? Wurde das Gravitationsgesetz von Newton entdeckt, sagt es also etwas über die wirkliche Welt aus, oder hat Newton es erfunden, als er beobachtete Regelmäßigkeiten zu beschreiben versuchte? Hat Newton, anders gesagt, etwas objektiv Wirkliches über die Welt entdeckt oder hat er lediglich ein mathematisches Modell für einen Teil der Welt erfunden, von dem sich herausstellte, daß es zur Beschreibung der Welt gut geeignet ist?

Aus der Art, wie wir über die Wirkungsweise der Newtonschen Gesetze sprechen, läßt sich eine starke Bevorzugung der ersten Haltung ablesen. Physiker sprechen davon, daß die Planeten den Newtonschen Gesetzen »gehorchen«, als ob ein Planet eigentlich ein rebellisches Etwas wäre, das Amok laufen würde, wenn es nicht den Gesetzen »unterworfen« wäre. Dies weckt den Eindruck, die Gesetze seien irgendwie »dort draußen«, sozusagen in Wartestellung, bereit, in die Bewegungen der Planeten einzugreifen, wann und wo immer sie auch sind. Wenn man sich an diese Beschreibung gewöhnt, kann man den Gesetzen leicht den Status der Unabhängigkeit zuschreiben. Dann sagt man, die Gesetze seien transzendent, weil sie die tatsächliche physikalische Welt transzendieren. Aber ist das wirklich gerechtfertigt?

Wie läßt sich die transzendente, unabhängige Existenz von Gesetzen beweisen? Wenn sich Gesetze nur durch physikalische Systeme manifestieren – durch das Verhalten dieser Systeme –, können wir niemals »hinter« dem, was den Kosmos ausmacht, zu den Gesetzen selbst vorstoßen. Die Gesetze stecken *in* dem Verhalten der Dinge. Wir beobachten die Dinge, nicht die Gesetze. Aber welches Recht haben wir, ihnen eine unabhängige Existenz zuzuschreiben, wenn wir die Gesetze nur durch ihre Manifestation in physikalischen Erscheinungen begreifen können?

Hier ist wieder ein Vergleich mit den von Computern her vertrauten Begriffen Hardware und Software hilfreich. Die physikalischen Gesetze entsprechen der Software, die physikalischen Zustände der Hardware. (Zugegeben, dies stellt die Bedeutung des Wortes »Hardware« ziemlich auf die Probe, weil zur Definition des Universums auch nebulöse Quantenfelder und selbst die Raumzeit gehören.) Das Problem läßt sich dann so formulieren: Gibt es eine unabhängige »kosmische Software« – ein Computerprogramm für ein Universum –, die alle notwendigen Gesetze enthält? Kann es diese Software auch ohne die Hardware geben?

Wie ich schon sagte, bin ich davon überzeugt, daß die Naturgesetze wirkliche, objektive Wahrheiten über das Universum enthalten und daß wir sie entdecken und nicht erfinden. Alle uns bekannten Grundgesetze sind nun ihrer Form nach mathematisch. Warum das so sein sollte, ist eine wichtige und subtile Frage, die eine Beschäftigung mit dem Wesen der Mathematik erforderlich macht. Dieser wende ich mich in den nächsten Kapiteln zu.

Was bedeutet es, daß etwas »existiert«?

Wenn die physikalische Wirklichkeit irgendwie auf den physikalischen Gesetzen beruht, müssen diese Gesetze in irgendeinem Sinn eine unabhängige Existenz haben. Welche Existenz können wir etwas so Abstraktem und Nebulösem wie einem Naturgesetz zuschreiben?

Beginnen wir mit etwas Handfestem – beispielsweise Zement. Wir wissen, daß es ihn gibt, weil wir uns daran stoßen können. Wir können ihn auch sehen und möglicherweise riechen: er spricht unsere Sinne unmittelbar an. Aber an der Existenz eines Brockens Zement ist mehr als Gefühl, Aussehen und Geruch. Wir machen auch die Annahme, Zement sei etwas, das von unseren Sinnen unabhängig ist. Es gibt ihn »dort draußen« wirklich, und es gibt ihn auch, wenn wir ihn nicht berühren, sehen oder riechen. Dies ist natürlich eine Hypothese, aber eine vernünftige. Was wirklich passiert, ist, daß wir bei wiederholter Inspektion ähnliche Sinnesdaten erhalten. Die Beziehung zwischen den Sinnesdaten, die wir bei mehreren Gelegenheiten erhalten, ermöglicht es uns, den Zement zu erkennen und zu identifizieren. Es ist dann einfacher, unser Modell der Wirklichkeit auf die unabhängige Existenz von Zement zu gründen als auf die Annahme, daß er verschwindet, wenn wir wegschauen, und brav jedesmal wiederkommt, wenn wir hinblicken.

All das scheint unbestritten zu sein. Aber nicht alle Dinge, denen wir Existenz zuschreiben, sind so handfest wie Zement. Wie ist es zum Beispiel mit Atomen? Sie sind sehr klein, und wir können sie weder sehen noch berühren noch irgendwie direkt fühlen. Unser Wissen über sie kommt indirekt, durch vermittelnde Geräte zustande, deren Daten verarbeitet und gedeutet werden müssen. Die Quantenmechanik macht die Dinge noch schlimmer. Es ist zum Beispiel nicht möglich, einem Atom gleichzeitig einen bestimmten Ort und eine bestimmte Bewegung zuzuschreiben. Atome und subatomare Teilchen bewohnen eine Schattenwelt der Halb-Existenz.

Dann gibt es die noch abstrakteren Größen wie Felder. Das Schwerefeld eines Körpers gibt es sicherlich, aber man kann sich nicht daran stoßen und es schon gar nicht sehen oder riechen. Quantenfelder sind noch nebulöser, denn sie bestehen aus zitternder unsichtbarer Energie.

Aber anderes als handfeste Existenz gehört nicht in den Bereich der Physik. Selbst im täglichen Leben verwenden wir solche Begriffe wie Staatsbürgerschaft oder Konkurs, die doch, auch wenn sie nicht berührt oder gesehen werden können, trotzdem sehr wirklich sind. Ein anderes Beispiel ist die Information. Die Tatsache, daß Information als solche nicht direkt mit den Sinnen wahrgenommen werden kann, verringert nicht die Bedeutung, die die »Informationstechnologie«, die Information speichert und verarbeitet, für unser Leben hat. Ähnliches gilt in der Computerwissenschaft für den Begriff Software und Software engineering. Natürlich können wir das Gerät berühren, in dem die Information gespeichert wird, also etwa eine Diskette oder einen Mikrochip, aber wir können die in ihnen enthaltene Information nicht direkt als solche wahrnehmen.

Dann gibt es den weiten Bereich subjektiver Phänomene, wie etwa der Traumbilder. Auch sie sind zweifellos (zumindest für den Träumer) existent, aber insgesamt doch viel weniger stofflich als ein Brocken Zement. Ähnliches gilt für Gedanken, Gefühle, Erinnerungen und Empfindungen: Wir können sie nicht als nichtexistent abtun, obwohl die Art ihrer Existenz anders ist als die der »dinglichen« Welt. Wie die Computer-Software könnten auch Geist oder Seele etwas Handfestes – in diesem Fall das Gehirn –, benötigen, um sich zu manifestieren, aber das macht sie nicht selbst zu einem Ding.

Es gibt auch eine Kategorie von Dingen, die sich ganz allgemein als Kultur beschreiben läßt – zum Beispiel Musik oder Literatur. Die Existenz der Beethovenschen Symphonien oder der Werke Goethes läßt sich nicht einfach mit der Existenz des Papiers gleichsetzen, auf dem sie geschrieben stehen. Auch Religion oder Politik können nicht einfach mit den Menschen gleichgesetzt werden, die sie ausüben. All diese Dinge »existieren« in einem Sinn und sind zwar irgendwie nicht konkret, aber trotzdem wichtig.

Schließlich gibt es den Bereich der Mathematik und der Logik, der für die Naturwissenschaft wesentlich ist. Was ist das Wesen ihrer Existenz? Wenn wir zum Beispiel von einem Primzahlsatz sprechen, meinen wir nicht, daß man sich an diesem Satz stoßen kann wie an einem Zementbrocken. Aber die Mathematik hat zweifellos eine, wenn auch abstrakte, Existenz.

Hier stehen wir vor der Frage, ob die Gesetze der Physik eine transzendente Existenz haben. Viele Physiker meinen, es sei so. Sie sprechen von der »Entdeckung« der Gesetze der Physik, als ob es diese »dort draußen« schon irgendwo gibt. Natürlich sei zuzugeben, daß das, was wir heute physikalische Gesetze nennen, nur eine versuchsweise Näherung an eine einzigartige Menge »wahrer« Gesetze ist, aber es herrscht die Meinung, mit dem Fortschritt der Naturwissenschaften würden diese Gesetze immer besser werden und wir könnten damit rechnen, eines Tages die »richtigen« Gesetze kennenzulernen. Wenn das einträte, wäre die theoretische Physik vollständig. In der Erwartung, ein solcher Höhepunkt sei in nicht zu ferner Zukunft zu erwarten, fühlte sich Stephen Hawking veranlaßt, seiner Antrittsvorlesung als Professor in Cambridge auf dem Lehrstuhl, den einst Newton innehatte, den Titel zu geben: »Ist das Ende der theoretischen Physik in Sicht?«

Nicht alle theoretischen Physiker fühlen sich jedoch wohl bei dem Gedanken, die Gesetze seien transzendent. James Hartle bemerkte, daß »Naturwissenschaftler genau wie Mathematiker vorgehen, als ob die Wahrheit ihrer Aussagen eine Selbständigkeit habe ... als ob es eine eindeutige Menge von Regeln gäbe, nach denen das Universum seinen Lauf nimmt, Regeln, die eine Wirklichkeit haben, die unabhängig ist von der Welt, für die sie gelten«, und behauptet, die Geschichte der Naturwissenschaft sei voller Beispiele dafür, wie das, was einmal für eine unentbehrliche Grundwahrheit gehalten wurde, sich als sowohl entbehrlich als auch speziell erwiesen hat.[12] Jahrhunderte lang wurde die Erde fraglos für den Mittelpunkt des Kosmos gehalten, bis wir herausfanden, daß es uns nur aufgrund unseres Ortes auf ihrer Oberfläche so vorkam. Daß Geraden und Winkel im dreidimensionalen Raum den Gesetzen der euklidischen Geometrie gehorchen, wurde ebenfalls für eine grundlegende und unentbehrliche Wahrheit gehalten, lag aber, wie sich herausstellte, nur an der Tatsache, daß wir in einem Bereich von Raum und Zeit leben, in dem die Schwerkraft relativ schwach ist und die Raumkrümmung deshalb lange nicht bemerkt wurde. Wie viele andere Eigenschaften der Welt, so fragt Hartle, sind wohl in ähnlicher Weise unserem besonderen Blickwinkel zuzuschreiben, ohne das Ergebnis einer tiefen transzendenten Erfahrung zu sein? Die Trennung der Natur in »die Welt« und »die Gesetze« könnte eine solche entbehrliche Eigenschaft sein.

So gesehen gibt es kein eindeutiges System von Gesetzen, zu dem die Naturwissenschaft konvergiert. Unsere Theorien und die darin enthaltenen Gesetze sind untrennbar mit den Umständen verknüpft, in denen wir uns befinden. Zu diesen Umständen gehören unsere Kultur und unsere Evolutionsgeschichte und die Fakten, die wir über die Welt in Erfahrung gebracht haben. Eine außerirdische Zivilisation mit einer anderen Evolutionsgeschichte, Kultur und Wissenschaft könnte ganz andere Gesetze konstruieren. Wie Hartle betont, passen zu einer vorgegebenen Datenmenge viele Gesetze; wir können deshalb niemals sicher sein, die richtigen gefunden zu haben.

Am Anfang

Es ist wichtig, sich klarzumachen, daß die Gesetze allein die Welt nicht vollständig beschreiben. Wenn wir Gesetze formulieren, verfolgen wir ausschließlich das Ziel, physikalische Ereignisse miteinander zu verknüpfen. Ein einfaches Gesetz besagt beispielsweise, daß ein in die Luft geworfener Ball eine Parabelbahn beschreibt. Es gibt jedoch viele verschiedene Parabeln. Einige sind hoch und schmal, andere niedrig und flach. Welche Parabel ein Ball beschreibt, hängt davon ab, mit welcher Geschwindigkeit und in welchem Winkel er geworfen wird. Diese Bedingungen werden »Anfangsbedingungen« genannt. Das Parabelgesetz und die Anfangsbedingungen bestimmen die Bahn des Balls eindeutig.

Gesetze sind also Aussagen über Klassen von Erscheinungen. Anfangsbedingungen sind Aussagen über bestimmte Systeme. Wenn Experimentalphysiker Physik betreiben, wählen sie die Anfangsbedingungen oft nach ihrem Belieben. Galilei ließ zum Beispiel in seinem berühmten Versuch mit fallenden Körpern ungleiche Massen gleichzeitig los, um zu zeigen, daß sie im selben Augenblick auf der Erde ankommen. Die Gesetze jedoch können Wissenschaftler sich nicht aussuchen; sie sind »gottgegeben«. Diese Tatsache verleiht den Gesetzen einen viel höheren Status als den Anfangsbedingungen. Sie werden als nebensächliche und veränderliche Einzelheit gesehen, die Gesetze jedoch als grundlegend, ewig und absolut.

In der Natur sind uns die Anfangsbedingungen außerhalb des Bereichs, der der Kontrolle der Experimentalphysiker unterliegt, vorgegeben. Das Hagelkorn, das auf den Boden fällt, wurde nicht auf von Galilei vorherbestimmte Weise fallengelassen, sondern durch physikalische Vorgänge in der oberen Atmosphäre erzeugt. Ähnlich hängt die Bahn eines Kometen beim Eintritt in das Sonnensystem von den physikalischen Bedingungen ab, die dort herrschen, wo der Komet herkommt. Die Anfangsbedingungen, die für ein System gelten, lassen sich also seiner weiteren Umgebung zuschreiben. Man kann dann nach den Anfangsbedingungen dieser weiteren Umgebung fragen. Warum bildete sich das Hagelkorn an diesem Punkt in der Atmosphäre? Warum bildeten sich die Wolken dort und nicht irgendwo sonst? Und so weiter.

Es ist leicht zu sehen, daß das Netz kausaler Wechselbeziehungen sich sehr schnell nach außen ausbreitet, bis es den gesamten Kosmos umfaßt. Und was dann? Die Frage nach den Anfangsbedingungen für den Kosmos bringt uns zurück zum Urknall und zum Ursprung des Universums. Hier gelten plötzlich andere Spielregeln. Während sich die Anfangsbedingungen eines bestimmten physikalischen Systems immer erklären lassen, indem man sie auf die Gegebenheiten in einem früheren Augenblick zurückführt, gibt es für die Anfangsbedingungen des Universums keine weitere Umwelt und keine frühere Zeit. Die Anfangsbedingungen für den Kosmos sind genau wie die physikalischen Gesetze einfach »da«.

Für die meisten Naturwissenschaftler liegen die für den Kosmos geltenden Anfangsbedingungen außerhalb der Naturwissenschaft. Wie die Gesetze müssen sie einfach als Tatsache akzeptiert werden. Wer religiös gesonnen ist, mag Gott bitten, sie zu erklären. Atheisten sehen sie gern als zufällig oder willkürlich. Es ist Aufgabe der Naturwissenschaftler, die Welt so weit wie möglich zu erklären, ohne sich auf bestimmte Anfangsbedingungen zu berufen. Wenn sich eine Eigenschaft der Welt nur durch die Annahme verstehen läßt, daß das Universum auf ganz bestimmte Art begann, so ist das keine wirkliche Erklärung. Man sagt dann lediglich, die Welt sei so, wie sie ist, weil sie so war, wie sie war. Deshalb entstand die Versuchung, Theorien zu konstruieren, die nicht empfindlich von den Anfangsbedingungen abhängen.

Einen Hinweis darauf, wie das geschehen könnte, liefert die Thermodynamik. Wenn man mir ein Glas heißes Wasser gibt, weiß ich, daß es am nächsten Tag kalt sein wird. Wenn man mir andererseits ein Glas kaltes Wasser gibt, kann ich nicht sagen, ob es am Vortag heiß war oder nicht, oder ob es am Tag vor dem Vortag heiß war oder wie heiß es war und ob es überhaupt je heiß war. Man könnte sagen, die Einzelheiten der thermischen Geschichte des Wassers, einschließlich der Anfangsbedingungen, seien durch die thermodynamischen Vorgänge ausgelöscht worden, die es in ein thermisches Gleichgewicht mit seiner Umgebung brachten. Kosmologen haben behauptet, ähnliche Vorgänge könnten die Einzelheiten der kosmischen Anfangsbedingungen ausgelöscht haben. Es wäre dann, außer auf ganz grobe Weise, unmöglich herzuleiten, wie das Universum begann, wenn man nur weiß, wie es heute beschaffen ist.

Ein Beispiel kann das veranschaulichen. Das Universum dehnt sich heute in alle Richtungen mit derselben Geschwindigkeit aus. War also der Urknall isotrop? Nicht unbedingt. Das Universum könnte sich auch zuerst chaotisch mit verschiedenen Geschwindigkeiten in verschiedene Richtungen ausgebreitet haben, und diese Unordnung könnte später durch physikalische Vorgänge geglättet worden sein. So könnten zum Beispiel Reibungseffekte die Bewegung in Richtung einer raschen Ausdehnung aufgehalten haben. Andererseits könnte nach dem in Kapitel 2 kurz beschriebenen und heute beliebten Bild des inflationären Universums das frühe Universum eine Phase beschleunigter Expansion durchgemacht haben, in dem alle anfänglichen Unregelmäßigkeiten beseitigt wurden (eine genauere Darstellung dieser Theorie findet sich in meinem Buch *Die Urkraft*). Das Endergebnis wäre ein Universum mit einem hohen Grad an räumlicher Gleichförmigkeit gewesen, das sich völlig glatt ausdehnte.

Viele Naturwissenschaftler finden den Gedanken reizvoll, wonach der Zustand des Weltalls, den wir heute beobachten, relativ wenig davon abhängt, wie es im Urknall begann. Zweifellos ist dies zum Teil eine Reaktion auf religiöse Theorien von einer besonderen Schöpfung, aber diese Vorstellung macht auch alle Sorge darum überflüssig, in welchem Zustand das Weltall in seinen ersten Stadien war, als die physikalischen Bedingungen wahrscheinlich sehr extrem waren. Andererseits lassen sich die Anfangsbedingungen natürlich nicht vollständig ignorieren. Wir können uns ein Universum vorstellen, das dasselbe Alter hat wie das unsrige, aber eine ganz andere Form, und wie es sich in Übereinstimmung mit den physikalischen Gesetzen rückwärts in der Zeit zu einem Urknall hin entwickelt. Dann würden wir den Anfangszustand entdecken, der zu diesem anderen Universum führte.

Unabhängig davon, welche Anfangsbedingungen zu unserem Universum führten, können wir fragen: Warum gerade diese? Warum begann das Universum gerade so, wenn es doch auf unendlich viele Arten hätte beginnen können? Ist vielleicht etwas Besonderes an gerade diesen Anfangsbedingungen? Die Annahme ist verführerisch, die Anfangsbedingungen seien nicht willkürlich, sondern hätten eine tieferliegende Ursache. Schließlich wird gewöhnlich akzeptiert, daß die physikalischen Gesetze ihrerseits nicht willkürlich sind, sondern sich in klare mathematische Beziehungen fassen lassen. Könnte es nicht auch ein klares mathematisches »Gesetz der Anfangsbedingungen« geben?

Diese Auffassung wurde von mehreren Theoretikern vertreten. Roger Penrose zum Beispiel hat behauptet, es ergebe sich dann, wenn die Anfangsbedingungen zufällig gewählt werden, ein Universum, das mit großer Wahrscheinlichkeit höchst unregelmäßig ist und eher gewaltige Schwarze Löcher enthält als relativ glatt verteilte Materie. Ein so glattes Universum wie das unsere setzt für seinen Anfang eine außerordentlich gute Feinabstimmung voraus, damit sich alle Bereiche des Universums auf sorgfältig abgestimmte Weise verhalten. Penrose vergleicht die Möglichkeiten des Schöpfers mit einer unendlich langen »Einkaufsliste« möglicher Anfangsbedingungen und betont, der Schöpfer müsse die Liste sehr sorgfältig durchsuchen, um Bedingungen zu finden, die zu einem Universum wie dem unseren führen. Eine zufällige Wahl würde fast sicherlich zu einem Fehlschlag führen. »Ohne die Fähigkeiten des Schöpfers in Abrede stellen zu wollen«, bemerkt Penrose, »würde ich behaupten, es sei eine der Pflichten der Wissenschaft, nach physikalischen Gesetzen zu suchen, die die phänomenale Genauigkeit erklären oder zumindest einleuchtend beschreiben, die wir so oft in der Natur beobachten ... Wir brauchen also ein physikalisches Gesetz, das die Besonderheit des Anfangszustands erklären kann.«[13] Das von Penrose vorgeschlagene Gesetz besagt, daß der Anfangszustand des Universums eine gewisse Glätte gehabt haben muß und weder eine Inflation noch ein anderer Vorgang nötig war, um es zu glätten. Die mathematischen Einzelheiten brauchen uns hier nicht zu beschäftigen.

Hartle und Hawking haben im Zusammenhang mit ihrer Quantenkosmologie einen weiteren Vorschlag untersucht. In Kapitel 2 erwähnte ich, daß es in dieser Theorie keinen bestimmten »ersten Augenblick« gibt, also keinen Schöpfungsakt. Das Problem der Anfangsbedingungen wurde damit abgeschafft, indem der Anfang abgeschafft wurde. Dazu muß jedoch der Quantenzustand des Universums nicht nur am Anfang, sondern zu allen Zeiten stark eingeschränkt sein. Hartle und Hawking geben eine mathematische Formulierung einer solchen Einschränkung, der tatsächlich die Rolle von einem »Gesetz der Anfangsbedingungen« zukommt.

Von einem Gesetz der Anfangsbedingungen läßt sich, und das sollte man bedenken, weder die Richtigkeit noch die Unrichtigkeit nachweisen; es kann auch nicht aus vorhandenen physikalischen Gesetzen hergeleitet werden. Der Wert eines solchen Gesetzes zeigt sich wie bei allen wissenschaftlichen Hypothesen, wenn sich aus ihm beobachtbare Folgen herleiten lassen. Sicher, Theoretiker können sich wegen der mathematischen Eleganz und »Natürlichkeit« zu einem bestimmten Vorschlag hingezogen fühlen, aber solche philosophischen Überlegungen sind schwer zu rechtfertigen. Der Vorschlag von Hartle und Hawking zum Beispiel ist gut an den Formalismus der Quantengravitation angepaßt und erscheint in diesem Zusammenhang als sehr plausibel und natürlich. Hätte sich unsere Wissenschaft jedoch anders entwickelt, könnte das Gesetz von Hartle und Hawking höchst willkürlich oder gekünstelt erscheinen.

Leider ist es nicht einfach, Folgerungen aus der Theorie von Hartle und Hawking der Beobachtung zugänglich zu machen. Die Verfasser behaupten, sie sage für das Universum eine Phase der Inflation voraus, die mit den neueren kosmologischen Entwicklungen übereinstimmt, und sie könnte eines Tages auch etwas über die großräumige Struktur des Weltalls aussagen – zum Beispiel darüber, wie Galaxien sich zusammenklumpen. Aber es gibt anscheinend wenig Hoffnung, aufgrund der Beobachtung je ein einzelnes Gesetz auswählen zu können. Hartle hat sogar behauptet (siehe Seite 201), daß es kein solches eindeutiges Gesetz gebe. Sicherlich wird man nicht sehr viel über solche Einzelheiten wie die Existenz eines bestimmten Planeten und noch weniger über einen bestimmten Menschen in Erfahrung bringen können, wenn einmal ein Quantenzustand für das Universum ausgewählt wurde. Schon wegen der Quantennatur der Theorie müssen (aufgrund von Heisenbergs Unschärfeprinzip) solche Einzelheiten unbestimmt bleiben.

Die Unterscheidung von Gesetzen und Anfangsbedingungengen, die so typisch ist für alle früheren Versuche, dynamische Systeme zu analysieren, könnte der Geschichte der Naturwissenschaften mehr zu verdanken haben als irgendeiner tiefliegenden Eigenschaft der Natur. Wie die Lehrbücher sagen, erschafft der Experimentator in einem typischen Experiment einen bestimmten physikalischen Zustand und beobachtet dann, was passiert – wie sich der Zustand also weiterentwickelt. Der Erfolg der wissenschaftlichen Methode beruht auf der Wiederholbarkeit der Ergebnisse. Wenn der Versuch wiederholt wird, gelten dieselben physikalischen Gesetze, aber die Anfangsbedingungen unterliegen der Kontrolle des Experimentators. Es gibt also eine klare Trennung zwischen Gesetzen und Anfangsbedingungen. In der Kosmologie jedoch ist die Lage anders. Es gibt nur ein Universum, deshalb ist der Begriff der Wiederholbarkeit des Experiments hier nicht anwendbar. Außerdem können wir über die kosmischen Anfangsbedingungen ebensowenig verfügen wie über die Gesetze der Physik. Die deutliche Unterscheidung zwischen den physikalischen Gesetzen und den Anfangsbedingungen könnte deshalb versagen. »Könnte es nicht«, vermutet Hartle, »in einem umfassenderen Rahmen allgemeinere Gesetze geben, die sowohl die Anfangsbedingungen als auch die Dynamik bestimmen?«[14]

Diese Gedanken zu den Anfangsbedingungen sprechen meiner Meinung nach deutlich für den platonischen Gedanken, daß es »dort draußen«, jenseits des Universums, Gesetze gibt. Gelegentlich wird behauptet, sie seien gemeinsam mit dem Universum entstanden. Wenn das der Fall war, könnten sie den Ursprung des Universums nicht erklären, weil die Gesetze erst entstanden, als das Universum bereits existierte. Dies wird besonders deutlich, wenn es um ein Gesetz der Anfangsbedingungen geht, weil ein solches Gesetz vorgibt, erklären zu können, wie das Universum in der Form entstand, die es heute hat. In dem System von Hartle und Hawking gibt es keinen Augenblick der Schöpfung, für den ihr Gesetz gilt. Trotzdem wird es als eine Erklärung dafür gesehen, warum das Universum die Form hat, die es hat. Wenn die Gesetze nicht transzendent sind, ist man gezwungen, als schlichte Tatsache hinzunehmen, daß das Universum einfach *da* ist, als Ganzes, mit den Eigenschaften, die von den eingebauten Gesetzen beschrieben werden. Mit transzendenten Gesetzen jedoch hat man einen Ansatz zu einer Erklärung dafür, warum das Universum so ist, wie es ist.

Die Vorstellung von transzendenten physikalischen Gesetzen ist das moderne Gegenstück zu Platons Reich der vollkommenen Ideen, die als Baupläne für die flüchtige Schattenwelt unserer Wahrnehmung dienen. In der Praxis werden diese physikalischen Gesetze als mathematische Beziehungen dargestellt, und deshalb muß sich unsere Suche nach dem Urgestein der Wirklichkeit jetzt mit dem Wesen der Mathematik befassen, also mit der alten Frage, ob Mathematik zu einem unabhängigen platonischen Reich gehört.

4. Mathematik und Wirklichkeit

Kein Fach kann die Kluft zwischen den Geistes- und den Naturwissenschaften besser veranschaulichen als die Mathematik. Für Außenstehende ist die Mathematik eine seltsame, abstrakte Welt voller abschreckender Spitzfindigkeiten und spezieller Verfahren, seltsamer Symbole und komplizierter Vorgänge, mit einer undurchdringlichen Sprache und schwarzer Kunst. Naturwissenschaftlern garantiert sie Genauigkeit und Objektivität. Sie ist erstaunlicherweise auch die Sprache der Natur. Niemand, dem die Mathematik verschlossen ist, kann je die volle Bedeutung der natürlichen Ordnung erfassen, die so gründlich mit der physikalischen Wirklichkeit verwoben ist.

Wegen der unentbehrlichen Rolle, die die Mathematik für die Naturwissenschaft spielt, schreiben viele Naturwissenschaftler – insbesondere Physiker – ihr die letzte Wirklichkeit der physikalischen Welt zu. Einer meiner Kollegen sagte einmal, die Welt sei seiner Meinung nach *nichts* als Bruchstücke von Mathematik. Das verblüfft den sozusagen normal denkenden Menschen, dessen Bild der Wirklichkeit eng an die Wahrnehmung physikalischer Dinge geknüpft ist und der die Mathematik als eine etwas ausgefallene Ergötzung sieht. Aber die Behauptung, die Mathematik sei der Schlüssel zu den Geheimnissen des Kosmos, ist so alt wie die Mathematik selbst.

Magische Zahlen

Wenn von der Mathematik des alten Griechenland die Rede ist, denken die meisten Menschen an die Geometrie. Heute noch lernen Kinder den Lehrsatz des Pythagoras und andere Elemente der euklidischen Geometrie zur Einübung in mathematisches und logisches Denken. Für die griechischen Philosophen aber war die Geometrie viel mehr als eine Denkübung. Die Begriffe Zahl und Form faszinierten sie so sehr, daß sie eine ganze Weltanschauung darauf gründeten. Denn nach Pythagoras war »die Zahl das Maß aller Dinge«.

Pythagoras lebte im sechsten vorchristlichen Jahrhundert und gründete eine philosophische Schule, deren Anhänger als Pythagoräer bekannt sind. Sie waren davon überzeugt, daß die kosmische Ordnung auf numerischen Beziehungen beruht, und schrieben gewissen Zahlen und Formen mystische Bedeutung zu. Sie hatten zum Beispiel besondere Hochachtung vor »vollkommenen« Zahlen wie etwa 6 und 28, die die Summen ihrer Teiler sind (zum Beispiel $6 = 1 + 2 + 3$). Allergrößte Achtung hatten sie vor der Zahl Zehn, dem sogenannten göttlichen Tetrakus, der Summe der ersten vier ganzen Zahlen. Indem sie Punkte zu verschiedenen Formen anordneten, konstruierten sie Dreieckszahlen (wie etwa 3, 6, 10), Quadratzahlen (4, 9, 16, etc.) und so weiter. Die Quadratzahl 4 wurde zum Symbol für Gerechtigkeit und Umkehrbarkeit. Die Dreiecksdarstellung der 10 war ein heiliges Zeichen, auf das bei Einführungsriten ein Eid geleistet wurde.

Der Glaube der Pythagoräer an die Macht der Zahlenmystik erhielt Auftrieb, als Pythagoras die Rolle der Zahl in der Musik entdeckte. Er fand, daß zwischen den Längen der Saiten, deren Töne miteinander in Harmonie sind, einfache Zahlenbeziehungen bestehen. Die Oktave zum Beispiel entspricht dem Verhältnis 2:1. Unser Wort »rational« verrät noch heute die große Bedeutung, die die Pythagoräer den Zahlen gaben, die sie als Verhältnis (ratio) ganzer Zahlen erhielten, wie etwa $\frac{3}{4}$ oder $\frac{2}{3}$, und die in der Mathematik heute noch rationale Zahlen heißen. Es beunruhigte die Griechen zutiefst, als sie entdeckten, daß sich die Quadratwurzel aus 2 *nicht* als das Verhältnis ganzer Zahlen ausdrücken läßt. Was bedeutet das? Man stelle sich ein Quadrat mit der Seitenlänge Eins vor (also zum Beispiel einem Meter). Dann ist nach dem Satz des Pythagoras die Länge der Diagonale die Quadratwurzel von 2. Diese Länge beträgt etwa $\frac{7}{5}$ oder genauer $\frac{707}{500}$ der Einheitslänge. Aber es gibt keinen Bruch, der sie genau angibt, und wenn man Zähler und Nenner noch so groß wählt. Solche Zahlen werden auch heute noch »irrational« genannt.

Die Pythagoräer deuteten auch die Astronomie im Sinne dieser Auffassung von Zahlen. Sie entwickelten ein System von neun konzentrischen Kugelschalen, die die bekannten Himmelskörper enthielten, und ergänzten sie durch eine mythische »Gegenerde« zum Tetrakus 10. Dieser Zusammenhang zwischen musikalischer und himmlischer Harmonie fand seinen Höhepunkt in der Annahme, die astronomischen Sphären erzeugten durch ihre Drehung Klänge – Sphärenklänge. Die Gedanken des Pythagoras wurden von Platon verbreitet, der in seinem *Timaios* ein musikalisches und numerisches Weltmodell entwickelte. Er wandte die Zahlenlehre auch auf die vier Elemente an – Erde, Luft, Feuer und Wasser – und untersuchte mit ihrer Hilfe die kosmische Bedeutung der regelmäßigen geometrischen Formen.

Das Denksystem des Pythagoras und Platon erscheint uns heute als primitiv und sonderbar. Gelegentlich jedoch werden mir Manuskripte zugeschickt, in denen versucht wird, die Eigenschaften atomarer Kerne oder subnuklearer Teilchen auf der Grundlage der frühen griechischen Zahlenlehre zu erklären. Offensichtlich regt sie gewisse mystische Seiten in uns an. Der Hauptwert dieser Geometrie und Zahlenmystik liegt jedoch nicht in ihrer Plausibilität, sondern darin, daß sie die physikalische Welt als eine Manifestation stimmiger mathematischer Beziehungen sehen. Dieser wesentliche Gedanke hat sich bis ins wissenschaftliche Zeitalter erhalten. Kepler zum Beispiel hielt Gott für einen Geometer und war bei seiner Analyse des Sonnensystems zutiefst durch die mystische Bedeutung beeinflußt, die die darin vorkommenden Zahlen für ihn hatten. Die moderne Physik enthält zwar keine mystischen Obertöne mehr, beruht aber doch auf der alten griechischen Annahme, daß das Universum nach mathematischen Grundsätzen rational geordnet ist.

Auch viele andere Völker haben eine Zahlenmystik entwickelt, die sich auf ihre Kunst und Wissenschaft ausgewirkt hat. Im Orient wurde die Zahl 1 – die Einheit – oft mit Gott als dem ersten Beweggrund gleichgesetzt. Die Assyrer und Babylonier schrieben den Himmelskörpern vergöttlichte Zahlen zu: Venus zum Beispiel wurde mit der Zahl 15 gleichgesetzt und der Mond mit 30. Für die Juden hatte die in der Bibel so häufige Zahl 40 besondere Bedeutung. Der Teufel wurde mit der Zahl 666 identifiziert, und das wirkt offenbar auch heute noch nach; so ließ, wie ein Journalist berichtete, Präsident Ronald Reagan seine Adresse in Kalifornien verändern, um diese Hausnummer zu vermeiden. Einige Sekten, etwa die Gnostiker und die Kabbalisten, fanden in der Bibel eine kunstvolle und esoterische Zahlenmystik. Auch der Kirche waren solche Theorien nicht fremd. Augustin insbesondere befürwortete die Beschäftigung mit der Zahlenmystik der Bibel als Teil der christlichen Erziehung, und das blieb bis ins Mittelalter üblich. Die enge Beziehung zwischen Aussagen und den ihnen zugeordneten Zahlen ist für ein Verständnis der Beziehung zwischen Wort und Musik bei Barockkomponisten wie Bach unerläßlich, und auch heute noch schreiben manche Völker gewissen Zahlen oder geometrischen Formen übernatürliche Kräfte zu. In vielen Teilen der Welt spielen bestimmte Zählverfahren bei Ritus und Magie eine wichtige Rolle. Selbst in unserer skeptischen westlichen Welt halten viele Menschen noch an einer Vorstellung von Glücks- oder Unglückszahlen wie 7 oder 13 fest.

Diese magischen Begriffszuschreibungen verschleiern die sehr praktischen Ursprünge der Arithmetik und Geometrie. Die Konstruktion formaler geometrischer Sätze im alten Griechenland folgte der Entwicklung von Lineal und Zirkel und anderen Meßgeräten, die für die Architektur und Konstruktion verwendet wurden. Auf diesen einfachen technischen Anfängen gründete sich dann ein großes Gedankengebäude. Die Macht der Zahl und der Geometrie erwies sich als so zwingend, daß sie zur Grundlage einer ganzen Weltanschauung wurde, die Gott selbst die Rolle des großen Geometers zuschrieb – ein Bild, das sehr lebendig in William Blakes berühmter Zeichnung *Gott als Geometer* eingefangen ist, die Gott zeigt, wie er sich vom Himmel niederbeugt, um das Weltall mit dem Stechzirkel zu vermessen.

Die Geschichte zeigt, daß jedes Zeitalter die ihr eindrucksvollste Technik als Bild für den Kosmos oder auch Gott wählt. Deshalb wurde das Universum im siebzehnten Jahrhundert nicht länger als ein Gleichklang musikalischer oder geometrischer Harmonie gesehen, dem ein kosmischer Geometer vorsteht, sondern ganz anders. Eine besondere Herausforderung an die Technik stellte damals die Entwicklung zuverlässiger Navigationshilfen dar, die insbesondere den Europäern bei der Eroberung Amerikas helfen sollten. Die Bestimmung der geographischen Breite stellte für die Schiffahrt kein Problem dar, weil sie sich direkt durch die Höhe etwa des Polarsterns über dem Horizont messen läßt. Die geographische Länge aber ist eine andere Sache, weil sich die Erde dreht und die Sterne am Himmel vorbeiziehen. Eine Positionsmessung muß dazu mit einer Zeitmessung kombiniert werden. Für die Ost-West-Navigation, wie sie bei der Überquerung des Atlantik unvermeidlich ist, wurden genaue Uhren gebraucht. Weil ein Erfolg großen politischen und wirtschaftlichen Lohn verhieß, wurde viel Mühe darauf verwandt, Präzisionsuhren für die Zeitmessung auf See zu entwikkeln.

Diese Suche nach genauen Zeitmessern fand ihr theoretisches Gegenstück im Werk von Newton und Galilei. Für Galilei war die Zeit ein Parameter in seinem Gesetz für die Fallbewegung. Ihm wird auch die Entdeckung zugeschrieben, daß die Periode des Pendels unabhängig von der Amplitude der Schwingung ist, und man sagt, er habe das im Dom von Pisa herausgefunden, indem er die Schwingungsdauer des großen Lüsters mit seinem Puls maß. Newton erkannte die wichtige Rolle, die die Zeit in der Physik spielt, als er in seinen *Principia* schrieb: »Die absolute, wahre und mathematische Zeit verfließt an sich und vermöge ihrer Natur gleichförmig, und ohne Beziehung auf irgendeinen äußeren Gegenstand.«[1] Die Zeit wurde also wie die Entfernung als eine Eigenschaft des Universums gesehen, die sich, im Prinzip, beliebig genau messen läßt.

Die weitere Betrachtung der Rolle des Stroms der Zeit in der Physik hatte Newton zur Entwicklung seiner mathematischen Theorie der »Fluxionen« geführt, die heute als Infinitesimalrechnung bekannt ist. Die Haupteigenschaft dieses Formalismus ist die Vorstellung stetiger Veränderung. Newton machte diese zur Grundlage seiner Theorie der Mechanik, in der die Gesetze niedergelegt sind, die die Bewegungen der Planeten im Sonnensystem bestimmen. Diese Mechanik fand ihre verblüffendste und erfolgreichste Anwendung in der Bewegung des Sonnensystems. So wurde die Sphärenmusik durch das Bild des Weltalls als eines Uhrwerks ersetzt. Gott wurde vom Geometer zum Uhrmacher.

Die Mechanisierung der Mathematik

Unser eigenes Zeitalter hat ebenfalls eine technische Revolution durchgemacht, die unsere Weltsicht heute schon verändert. Ich meine damit den Aufstieg des Computers, der die Weise, mit der wir heute, ob Naturwissenschaftler oder nicht, die Welt sehen, völlig verändert hat. Wie in früheren Zeiten werden auch jetzt Vorschläge gemacht, in der neuesten Technologie ein Gleichnis für das Wirken des Kosmos zu sehen. So haben manche Naturwissenschaftler vorgeschlagen, wir sollten die Natur als einen Vorgang betrachten, der im Grunde dem gleicht, der in Computern abläuft. Die Sphärenmusik und das Weltall als Uhrwerk wurden durch den »kosmischen Computer« ersetzt, wobei das ganze Weltall als ein gigantisches informationsverarbeitendes System gesehen wird. So gesehen lassen sich die Naturgesetze mit einem Computerprogramm vergleichen und der Ablauf der Ereignisse in der Welt mit dem vom Computer erarbeiteten Ergebnis. Die Anfangsbedingungen für die Entstehung des Universums sind die Eingangsdaten.

Wie Historiker heute wissen, ist der moderne Begriff des Computers auf die bahnbrechenden Arbeiten des exzentrischen englischen Erfinders Charles Babbage zurückzuführen. Babbage wurde 1791 in London geboren und war der Sohn eines wohlhabenden Bankiers, dessen Familie aus Totnes in Devonshire stammte. Schon als Kind interessierte sich der junge Babbage für mechanische Geräte. Er lernte ohne Lehrer, nur mit Hilfe von Büchern, die ihm in die Hand fielen, Mathematik und brachte, als er 1810 als Student nach Cambridge kam, seine eigene Denkweise und viele Pläne mit, wie die althergebrachte Art des englischen Mathematikunterrichts zu verändern sei. Zusammen mit seinem lebenslangen Freund John Herschel, dem Sohn des berühmten Astronomen Wilhelm Herschel (der 1781 den Planeten Uranus entdeckt hatte), gründete er die Analytische Gesellschaft. Die Analytiker waren höchst beeindruckt von der Macht der französischen Naturwissenschaft und ihrer Ingenieurkunst und sahen in der Einführung dieser Art Mathematik den ersten Schritt zu einer Revolution der Technik und der Manufaktur. Die Gesellschaft geriet mit den politischen Mächten in Cambridge in Konflikt, die Babbage und seine Freunde als militante Radikale sahen.

Nachdem Babbage Cambridge verlassen hatte, heiratete er und lebte in London von seinem Vermögen. Vermutlich, weil er die Familie Bonaparte kennengelernt hatte, bewunderte er weiterhin die Naturwissenschaft und Mathematik der Franzosen und hielt mit vielen Wissenschaftlern auf dem Kontinent engen Kontakt. Damals interessierte er sich für Experimente mit Rechenmaschinen. Es gelang ihm, die Regierung zu finanzieller Unterstützung für den Bau einer Art Addiermaschine zu bewegen, die er Difference Engine nannte. Er wollte damit mathematische, astronomische und nautische Tafeln mit wenig Aufwand von menschlichen Fehlern freihalten. Babbage baute ein kleines arbeitsfähiges Modell seiner Maschine, aber die Regierung stellte 1833 ihre Zahlungen ein, und deshalb wurde die große Maschine niemals fertiggestellt. Dies ist wohl eines der ersten Beispiele dafür, daß Behörden die Notwendigkeit langfristiger Forschungsförderung nicht erkannten. (Und ich muß hinzufügen, daß sich in manchen Ländern seitdem anscheinend wenig geändert hat.) In diesem Fall wurde in Schweden nach Babbages Entwurf eine Addiermaschine gebaut, die die britische Regierung später kaufte.

Babbage arbeitete trotz der ausbleibenden Unterstützung unverdrossen weiter und erdachte ein viel leistungsfähigeres Gerät, einen Allzweck-Rechner, den er Analytical Engine nannte und in dessen Bau und Anordnung man jetzt einen Vorläufer des modernen Computers sieht. Er verwendete einen großen Teil seines persönlichen Vermögens auf den Versuch, verschiedene Fassungen dieser Maschine zu bauen, aber keine wurde jemals ganz fertiggestellt.

Babbage war eine starke, überzeugende und umstrittene Gestalt und wurde von vielen seiner Zeitgenossen als Spinner abgetan. Immerhin wird ihm unter anderem die Erfindung des Geschwindigkeitsmessers, des Ophthalmoskopen, des Schienenräumers, der Rohrpost und der Lichtsignalsysteme für Leuchttürme zugeschrieben. Er interessierte sich für Politik, Wirtschaft, Philosophie und Astronomie. Durch seine Einsicht in Rechenprozesse kam er zu der Vermutung, das Weltall ließe sich als eine

Art Rechner sehen, wobei die Naturgesetze die Rolle des Programms spielen – eine, wie wir sehen werden, bemerkenswert vorausschauende Vermutung.

Trotz seiner Exzentrizität wurde sein Talent schließlich gewürdigt, als er nach Cambridge auf den Lehrstuhl für Mathematik berufen wurde, den einst Newton innegehabt hatte. In London war inzwischen im Science Museum eine Rekonstruktion einer Difference Engine im Maßstab 1 zu 2 angefertigt und nach den Originalplänen Babbages zusammengesetzt worden, um zu beweisen, daß sie wirklich, wie beabsichtigt, rechnen konnte. Im zweihundertsten Jahr der Geburt von Babbage, 1991, (dem Jahr, in dem auch der zweihundertsten Wiederkehr von Faradays Geburt und Mozarts Tod gedacht wurde) feierte die Regierung Ihrer Majestät ihn mit einer Sonderbriefmarke.

Nach Babbages Tod 1871 geriet sein Werk größtenteils in Vergessenheit, und erst nach 1930 fand es in der Erfindungsgabe eines anderen außergewöhnlichen Engländers, Alan Turing, seine Fortsetzung. Turing und dem amerikanischen Mathematiker John von Neumann wird die Grundlegung der Logik des modernen Computers zugeschrieben. Für ihre Arbeit war der Begriff eines »universalen Computers« zentral, einer Maschine also, die jede berechenbare mathematische Funktion ausführen kann. Um die Bedeutung der universalen Computation zu erklären, muß man ins Jahr 1900 zurückgehen, zu einem berühmten Vortrag des großen Mathematikers David Hilbert, in dem er die 23 wichtigsten ungelösten mathematischen Probleme zusammenstellte. Eines dieser Probleme betraf die Frage, ob sich ein allgemeines Beweisverfahren für mathematische Sätze finden lasse.

Hilbert war sich bewußt, daß die Mathematik im neunzehnten Jahrhundert eine Entwicklung genommen hatte, die die Widerspruchsfreiheit der gesamten Mathematik in Frage zu stellen drohte. Dazu gehörten Probleme, die mit dem Begriff der Unendlichkeit zu tun hatten, und mehrere rückbezügliche logische Paradoxa, die ich in Kürze behandeln werde. Deswegen forderte Hilbert die Mathematiker auf, ein systematisches Verfahren zu finden, das in einer endlichen Anzahl von Schritten zeigen konnte, ob eine gegebene mathematische Aussage wahr oder falsch sei. Damals bezweifelte wohl kaum jemand die Existenz eines solchen Verfahrens, aber natürlich war die Konstruktion eine andere Sache. Man konnte sich jedenfalls vorstellen, jede mathematische Vermutung ließe sich überprüfen, indem man einfach eine Reihe von Vorschriften bis zum bitteren Ende befolgte. Menschen wären dabei unwichtig, denn das Verfahren ließe sich gewiß mechanisieren. Eine Maschine könnte dazu gebracht werden, ganz automatisch eine Reihe von Operationen durchzuführen, schließlich zu einem Ende zu kommen und das Ergebnis, das je nachdem »wahr oder »falsch« lauten würde, auszudrucken.

So gesehen würde die Mathematik zu einer völlig formalen Disziplin, sogar zu einem Spiel, bei dem es nur darum geht, nach bestimmten festgelegten Regeln mit Symbolen umzugehen und Tautologien aufzuspüren. Sie bräuchte nichts mit der wirklichen Welt zu tun zu haben. Wir sehen, wie das sein kann, wenn wir zum Beispiel eine Rechnung wie $(5 \times 8) - 6 = 34$ durchführen. Wir folgen dann einfachen Regeln und erhalten die Antwort. Damit wir die richtige Antwort erhalten, brauchen wir weder die Regeln zu verstehen noch zu wissen, woher sie kommen. Wir brauchen nicht einmal zu verstehen, was Symbole wie 5 und $\times$ eigentlich bedeuten. Solange wir die Symbole richtig erkennen und uns an die Regeln halten, erhalten wir die richtige Antwort. Das Verfahren läßt sich relativ blind durchführen, wie wir daran sehen, daß wir einen Taschenrechner die Arbeit für uns machen lassen können.

Wenn Kinder rechnen lernen, müssen sie die Symbole mit Dingen in der wirklichen Welt verknüpfen, deshalb assoziieren sie die Zahlen zunächst mit ihren Fingern oder mit Perlen. Später jedoch lernen die allermeisten Kinder, mathematische Operationen völlig abstrakt durchzuführen und sogar statt spezieller Zahlen Symbole wie x und y zu verwenden. Beim Übergang zur höheren Mathematik lernen wir andere Arten von Zahlen (zum Beispiel die komplexen Zahlen) und Operationen (zum Beispiel die Matrizenmultiplikation) kennen, die seltsamen Regeln gehorchen, deren Beziehung zur wirklichen Welt nicht unmittelbar einsichtig ist. Und doch kann der Student lernen, mit diesen abstrakten Symbolen umzugehen, ohne sich darüber Gedanken zu machen, was sie gegebenenfalls bedeuten. Die Mathematik wird also immer mehr zu einem formalen Umgang mit Symbolen. Es sieht langsam so aus, als ob Mathematik *nichts anderes* sei als der Umgang mit Symbolen, ein Gesichtspunkt, der als »Formalismus« bekannt ist.

Obwohl die formalistische Deutung oberflächlich gesehen einleuchtet, wurde ihr 1931 ein schwerer Schlag versetzt. In diesem Jahr bewies der Mathematiker und Logiker Kurt Gödel einen weitreichenden Satz, wonach es mathematische Aussagen gibt, bei denen kein systematisches Verfahren bestimmen kann, ob sie wahr oder falsch sind. Dieses war eine ungeheuer wichtige Aussage, denn sie lieferte einen unanfechtbaren Beweis dafür, daß es in der Mathematik etwas gibt, was grundsätzlich unmöglich ist. Die Existenz unentscheidbarer mathematischer Aussagen war ein großer Schock, weil sie der Mathematik anscheinend alle logischen Grundlagen entzog.

Gödels Satz ist einer aus einer Reihe von Widersprüchen, die mit Rückbezüglichkeit zu tun haben. Zur Einführung in dieses etwas verwickelte Thema betrachte man den verstörenden Satz: »Diese Aussage ist eine Lüge.« Wenn die Aussage wahr ist, ist sie falsch, und wenn sie falsch ist, ist sie wahr. Solche rückbezüglichen Paradoxa lassen sich leicht konstruieren und sind höchst faszinierend. Sie verwirren uns Menschen schon seit Jahrhunderten. Eine mittelalterliche Formulierung hat die Form:

Sokrates: »Was Platon sagen wird, ist falsch.«

Platon: »Sokrates hat eben wahr gesprochen.«

(Es gibt viele Fassungen: In der Bibliographie finden sich einige Literaturhinweise.) Wie der große Mathematiker und Philosoph Bertrand Russell zeigte, trifft die Existenz solcher Paradoxa in den Kern der Logik und untergräbt jeden Versuch einer streng logischen Begründung der Mathematik. Gödel zeigte dann auf glänzende und ungewöhnliche Weise, welche Auswirkungen diese Rückbezüglichkeit auf die Mathematik hat. Er betrachtete die Beziehung zwischen der *Beschreibung* der Mathematik und der Mathematik selbst. Das ist leicht gesagt, erfordert aber tatsächlich einen langen und sehr verwickelten Gedankengang. Um ein Gefühl dafür zu bekommen, stelle man sich vor, man schriebe eine Liste mathematischer Aussagen auf, die man 1, 2, 3 und so weiter numeriert. Wenn man eine Reihe von Aussagen zu einem Satz zusammenfaßt, entspricht das der Kombination der natürlichen Zahlen, die ihnen zugeordnet sind. Auf diese Weise lassen sich logische Aussagen *über* Mathematik mathematischen Aussagen zuordnen. Dies ist das Wesentliche an dem rückbezüglichen Charakter von Gödels Beweis. Indem er das Subjekt mit dem Objekt gleichsetzte – die Beschreibung der Mathematik auf die Mathematik abbildete –, konnte Gödel einen paradoxen Zirkelschluß aufdecken, der direkt zur Unvermeidbarkeit unentscheidbarer Aussagen führt. Wenn man Religion als ein Gedankengebäude definiert, das den Glauben an unbeweisbare Wahrheiten voraussetzt, ist die Mathematik, wie John Barrow sarkastisch bemerkte, die einzige Religion, die beweisen kann, daß sie eine Religion ist!

Der entscheidende Gödels Satz zugrunde liegende Gedanke läßt sich mit Hilfe einer kleinen Geschichte erläutern. In einem fernen Land überzeugte sich eine Gruppe von Mathematikern, die nie von Gödel gehört hatten, von der Existenz eines Verfahrens, das es ermöglicht, von einer sinnvollen Aussage unfehlbar zu entscheiden, ob sie wahr oder falsch ist. Die Mathematiker machten sich daran, seine Richtigkeit zu beweisen. Ihr System konnte von einem Menschen oder von einer Gruppe von Menschen oder von einer Maschine oder von einer beliebigen Kombination all dieser durchgeführt werden. Niemand wußte genau, welche dieser Möglichkeiten die Mathematiker gewählt hatten, weil sich das Ganze in einem großen tempelähnlichen Universitätsgebäude abspielte, zu dem der Öffentlichkeit der Eintritt untersagt war. Das System hieß jedenfalls Tom. Man testete Tom, indem man ihm alle möglichen komplizierten logischen und mathematischen Aussagen vorlegte; nach der Zeit, die die Verarbeitung brauchte, kamen die Antworten zurück: wahr, wahr, falsch, wahr, falsch ... Es dauerte nicht lange, bis Tom im ganzen Land berühmt war. Viele Leute kamen zu Besuch in das Labor und überboten sich bei der Formulierung höchst einfallsreicher Probleme, mit denen sie Tom hereinlegen wollten. Niemand schaffte es. Die Mathematiker waren so überzeugt von Toms Unfehlbarkeit, daß sie ihren König überredeten, einen Preis für den auszusetzen, der Toms unglaubliche analytische

Fähigkeiten überbieten konnte. Eines Tages kam ein Besucher aus einem anderen Land in die Universität; er hatte einen Umschlag bei sich und bat, Tom herausfordern zu dürfen. Im Umschlag war ein Blatt Papier mit einer für Tom bestimmten Aussage. Die Aussage lautete einfach: »Tom kann die Wahrheit dieses Satzes nicht beweisen.«

Die Aussage wurde Tom pflichtgemäß vorgelegt. Kaum waren einige Sekunden vergangen, als Tom eine Art von Anfall bekam. Nach einer halben Minute kam ein Techniker mit der Nachricht, man habe Tom wegen technischer Probleme abschalten müssen. Was war passiert? Nehmen wir an, Tom sei zu dem Schluß gekommen, die Aussage sei wahr. Dann ist die Aussage »Tom kann die Wahrheit dieses Satzes nicht beweisen« widerlegt, weil Tom es gerade getan hat. Wenn sie aber widerlegt ist, kann sie nicht wahr sein. Wenn also Tom auf die Aussage mit »wahr« reagiert, ist er zu einem falschen Schluß gekommen, was seiner vielgepriesenen Unfehlbarkeit widerspricht. Also kann Tom nicht mit »wahr« antworten. Wir kommen damit zu dem Schluß, daß die Aussage tatsächlich wahr ist. Aber damit haben wir bewiesen, daß Tom nicht zu diesem Schluß kommen kann. Wir wissen also, daß etwas wahr ist, dessen Wahrheit Tom nicht beweisen kann. Dies ist das Wesentliche an Gödels Beweis: Es gibt immer wahre Aussagen, deren Wahrheit sich nicht beweisen läßt. Der Fremde wußte das und konnte deshalb mühelos die Aussage formulieren und den Preis gewinnen.

Es ist jedoch wichtig, sich klarzumachen, daß die von Gödels Satz aufgezeigten Grenzen die axiomatischen Methoden des logischen Beweises selbst betreffen und nicht eine Eigenschaft der Aussagen sind, die man beweisen (oder widerlegen) möchte. Man kann die Wahrheit einer in einem Axiomensystem unbeweisbaren Aussage immer überprüfen, indem man sie in einem größeren System zu einem Axiom macht. Aber dann gibt es in diesem größeren System andere unbeweisbare Aussagen und so weiter. Gödels Satz bedeutete einen verheerenden Rückschlag für das formalistische Programm; der Gedanke eines rein mechanischen Verfahrens zur Erforschung mathematischer Aussagen wurde jedoch nicht völlig aufgegeben. Vielleicht sind unentscheidbare Aussagen lediglich seltene Zufälle, die sich aus der

Logik und Mathematik heraussondern lassen? Mitte der dreißiger Jahre beschäftigte sich Alonzo Church, ein Mitarbeiter von John von Neumann in Princeton mit diesem Problem und konnte bald beweisen, daß sich selbst dieses bescheidenere Ziel nicht in endlich vielen Schritten erreichen läßt. Es ließe sich zwar ein systematisches Verfahren entwickeln, das überprüft, ob mathematische Aussagen wahr oder falsch sind, aber es würde niemals zu einem Halt kommen. Das Ergebnis bliebe immer unbekannt.

Das Unberechenbare

Das Problem wurde unabhängig davon und aus einem völlig anderen Blickwinkel von Alan Turing aufgegriffen, als er noch Student in Cambridge war. Mathematiker nennen ein Verfahren zur Lösung mathematischer Probleme gern »mechanisch«. Turing war von der Frage fasziniert, ob sich eine Maschine bauen ließe, die ein solches Verfahren durchführen könnte. Eine solche Maschine müßte in der Lage sein, die Wahrheit einer mathematischen Aussage automatisch, ohne menschliche Mitwirkung zu entscheiden, indem sie gehorsam einer vorgegebenen Reihe von Anweisungen folgt. Aber wie sähe eine solche Maschine aus? Wie müßte sie funktionieren? Turing stellte sie sich ähnlich einer Schreibmaschine vor, die auf einem Papierstreifen Zeichen hinterläßt, außerdem aber bestimmte andere Zeichen lesen oder abtasten und gegebenenfalls auch löschen kann. Der Streifen müßte unendlich lang und in Kästchen eingeteilt sein, die jeweils nur ein Zeichen enthalten. Die Maschine würde von einem Kästchen zum nächsten gehen, das Symbol lesen und dann entweder in demselben Zustand verharren oder, je nachdem, was sie gelesen hatte, zum nächsten Zeichen übergehen. In jedem Fall wäre die Reaktion rein automatisch und allein durch den Bau der Maschine bestimmt. Die Maschine läßt das Zeichen entweder, wie es ist, oder sie löscht es aus und schreibt ein anderes, rückt dann den Streifen ein Kästchen weiter und fängt wieder von vorn an.

Im wesentlichen ist die Turingmaschine lediglich ein Gerät,

das eine Zeichenfolge nach vorgegebenen Regeln in eine andere umwandelt. Diese Regeln lassen sich, falls gewünscht, in Tabellen erfassen, aus denen sich das Verhalten der Maschine bei jedem Schritt ablesen läßt. Eine solche Maschine braucht also nicht wirklich aus Papier und Metall gebaut zu werden, wenn man ihre Fähigkeiten erkunden will. Es läßt sich zum Beispiel ganz einfach eine Tabelle erstellen, die einer Addiermaschine entspricht. Aber Turing war an ehrgeizigeren Zielen interessiert, nämlich daran, ob seine Maschine Hilberts Programm der Mechanisierung der Mathematik in Angriff nehmen könnte.

Wie schon bemerkt, lernen Kinder in der Schule, mathematische Aufgaben durch ganz mechanische Verfahren zu lösen. Die Umwandlung eines Bruchs in eine Dezimalzahl und das Ziehen der Quadratwurzel sind besonders beliebte Beispiele. Jede endliche Menge von Manipulationen, die zu einer Antwort führt – etwa in Form einer Zahl (nicht unbedingt einer ganzen Zahl) –, kann sich sicherlich auch von einer Turingmaschine ausführen lassen. Wie aber ist es mit unendlich langen Prozessen? Die Dezimalentwicklung von π zum Beispiel ist unendlich und anscheinend zufällig. Trotzdem läßt π sich nach einer einfachen endlichen Regel auf jede gewünschte Anzahl von Dezimalstellen berechnen. Turing nannte eine Zahl »berechenbar«, wenn sie sich mit Hilfe einer endlichen Menge von Anweisungen auf diese Weise mit unbegrenzter Genauigkeit erzeugen läßt, selbst wenn die vollständige Antwort unendlich lang ist.

Turing stellte sich eine Liste aller berechenbaren Zahlen vor. Die Liste wäre natürlich selbst unendlich lang, und auf den ersten Blick könnte es so aussehen, als ob jede vorstellbare Zahl irgendwo auf dieser Liste vorkommen müßte. Das ist jedoch nicht der Fall. Turing konnte zeigen, daß eine solche Liste sich dazu benutzen ließe, die Existenz anderer Zahlen zu entdecken, die unmöglich auf der Liste stehen können. Da die Liste alle berechenbaren Zahlen enthält, müssen diese neuen Zahlen also unberechenbar sein. Was bedeutet die Unberechenbarkeit einer Zahl? Nach Definition ist eine Zahl unberechenbar, wenn sie sich auch in unendlich vielen Schritten nicht durch ein endlich definiertes mechanisches Verfahren erzeugen läßt. Wie Turing zeigte, lassen sich nichtberechenbare Zahlen mit Hilfe einer Liste berechenbarer Zahlen erzeugen.

Seine Überlegung verläuft im wesentlichen so: Stellen wir uns vor, wir hätten statt der Zahlen eine Liste von Namen, etwa solcher Namen, die sechs Buchstaben haben, also zum Beispiel Sander, Steger, Piquet, Ascher, Ockams, Altoff. Jetzt führen wir das folgende einfache Verfahren durch: Wir ersetzen den ersten Buchstaben des ersten Namens durch den Buchstaben, der ihm im Alphabet folgt, also durch »T«. Das machen wir mit dem zweiten Buchstaben des zweiten Namens, dem dritten des dritten und so weiter und erhalten dann »Turing«. Wir können absolut sicher sein, daß der Name Turing nicht in der ursprünglichen Liste stand, denn er unterscheidet sich ja von jedem Namen auf der Liste durch mindestens einen Buchstaben. Selbst wenn wir die ursprüngliche Liste nicht gesehen hätten, wüßten wir, daß sie den Namen Turing nicht enthalten könnte. Turing benutzte im Fall der berechenbaren Zahlen eine ähnliche Austauschregel, um die Existenz unberechenbarer Zahlen zu beweisen. Natürlich enthielt Turings Liste unendlich viele unendlich lange Zahlen und nicht nur sechs Worte mit sechs Buchstaben, aber die Überlegung ist im wesentlichen dieselbe.

Wenn es nichtberechenbare Zahlen gibt, läßt sich vermuten, daß es auch unentscheidbare mathematische Aussagen gibt. Wir denken wieder an die unendliche Liste berechenbarer Zahlen. Jede Zahl läßt sich durch eine Turingmaschine erzeugen. Eine Maschine kann vielleicht Wurzeln ziehen, eine andere einen Logarithmus berechnen und so weiter. Wie wir gerade sahen, könnten so niemals alle Zahlen erzeugt werden, selbst wenn es unendlich viele solcher Maschinen gäbe, weil es nichtberechenbare Zahlen gibt, die sich nicht mechanisch erzeugen lassen. Wie Turing erkannte, braucht man nicht unbedingt unendlich viele Turingmaschinen, um diese Liste zu erzeugen, sondern nur eine einzige. Er bewies, daß es möglich ist, eine *universale* Turingmaschine zu konstruieren, die alle anderen Turingmaschinen simulieren kann. Der Grund, warum es eine solche universale Maschine geben kann, ist einfach. Jede Maschine läßt sich genau beschreiben, indem man eine systematische Konstruktionsanweisung gibt; das gilt für Waschmaschinen, Nähmaschinen,

Addiermaschinen und Turingmaschinen. Entscheidend ist dabei, daß eine Turingmaschine selbst eine Maschine ist, die eine Operation ausführen kann. Man kann also eine universale Turingmaschine instruieren, zuerst die Spezifikation jeder gewünschten Turingmaschine abzulesen, dann ihre innere Logik zu rekonstruieren und schließlich ihre Funktion auszuführen. Sicherlich erhält man so eine Maschine, die alle mathematischen Aufgaben verrichten kann. Man braucht also nicht länger eine Addiermaschine zur Addition, eine Multipliziermaschine zur Multiplikation und so weiter, sondern kann eine einzige Maschine das alles tun lassen. Dies steckte implizit in der von Charles Babbage erdachten Analytical Engine, aber es brauchte fast ein Jahrhundert Zeit, das Genie eines Alan Turing und die Anforderungen des Zweiten Weltkriegs, bis der Gedanke des modernen Computers endlich ausführungsreif war.

Vielleicht erscheint es höchst verwunderlich, wenn eine Maschine, die nur lesen, schreiben, auslöschen, sich bewegen und anhalten kann, in der Lage ist, alle vorstellbaren mathematischen Verfahren auszuführen, so abstrakt oder kompliziert sie auch sein mögen. Trotzdem wird diese sogenannte Church-Turing-Hypothese von den meisten Mathematikern bejaht. Ein mathematisches Problem ist also unabhängig von seiner Beschaffenheit unlösbar, wenn eine Turingmaschine es nicht lösen kann. Die Church-Turing-Hypothese hat damit die wichtige Folgerung, daß es nicht wirklich darauf ankommt, wie ein Computer im einzelnen konstruiert ist. Solange er dieselbe grundlegende logische Struktur hat wie eine universale Turingmaschine, sind die Ergebnisse gleich. Die Computer können einander also simulieren. Heute hat ein elektronischer Computer höchstwahrscheinlich eine graphische Benutzeroberfläche, einen Drucker, einen Graph-Plotter, Diskettenspeicher und andere raffinierte Möglichkeiten, aber im Grund ist er nichts anderes als eine universale Turingmaschine.

Als Turing diese Fragen Mitte der dreißiger Jahre untersuchte, lagen all diese wichtigen praktischen Anwendungen noch in der Zukunft. Ihm lag damals Hilberts Programm der Axiomatisierung der Mathematik am Herzen. Das Problem mit den berechenbaren und nichtberechenbaren Zahlen hat damit unmittelbar zu tun. Man denke sich die (unendliche) Liste berechenbarer Zahlen, die jede von einer Turing Maschine erzeugt wurden. Die universale Turingmaschine erhält dann die Aufgabe, diese Liste selbst zusammenzustellen, indem sie nacheinander alle Turingmaschinen simuliert. Der erste Schritt besteht darin, von jeder Maschine die Einzelheiten der Konstruktion abzulesen. Dann stellt sich sofort die Frage: Kann die universale Turingmaschine aufgrund dieser Einzelheiten noch vor der tatsächlichen Ausführung der Rechnung sagen, ob sich eine Zahl wirklich berechnen läßt oder ob die Berechnung irgendwo steckenbleiben wird? Steckenbleiben bedeutet, bei der Berechnung in eine Falle zu geraten und die Zahlen nicht auszudrucken. Dieses sogenannte »Halteproblem« stellt also die Frage, ob es möglich ist, durch Inspektion der Einzelheiten eines Rechenverfahrens im voraus zu entscheiden, ob dieses Verfahren jede Ziffer einer Zahl berechnen und dann anhalten wird, oder ob es in eine Schleife geraten und nie zum Ende kommen wird.

Wie Turing zeigte, ist die Antwort auf diese Frage ein entschiedenes Nein. Er stellte dazu eine kluge Überlegung an. Nehmen wir an, so sagte er, die universale Maschine könne dieses Problem lösen. Was würde passieren, wenn die universale Maschine sich selbst simulieren wollte? Wir kommen damit wieder zu den Problemen der Rückbezüglichkeit. Das Ergebnis entspricht, wie sich denken läßt, dem Durchdrehen des Computers. Die Maschine gerät in eine endlose Schleife, die zu nichts führt. So kam Turing zu einem bizarren Widerspruch: Die Maschine, die im voraus überprüfen soll, ob ein Rechenverfahren in einer Schleife steckt, bleibt selbst in einer Schleife stecken. Turing hatte damit eine Variante von Gödels Unentscheidbarkeitstheorem erfaßt. In diesem Fall betrifft die Frage der Unentscheidbarkeit selbst unentscheidbare Aussagen: Es gibt keinen systematischen Weg, der zu entscheiden erlaubt, ob eine gegebene Aussage entscheidbar ist oder nicht. Dies also war ein Gegenbeispiel und damit die Widerlegung von Hilberts Vermutung über die Möglichkeit der Axiomatisierung der Mathematik: Der Satz konnte durch ein allgemeines systematisches Verfahren weder bewiesen noch widerlegt werden. Der tiefe Gehalt des von Turing gefundenen Ergebnisses wurde von Douglas Hofstadter so zusammengefaßt: »Was herauskam, ist die quälende Entdeckung, daß sich unentscheidbare Behauptungen durch die ganze Mathematik ziehen wie Flechsen quer durch ein Steak, und zwar so dicht aneinander, daß sie sich nicht herausschneiden lassen, ohne daß das ganze Steak zu Hackfleisch wird.«[2]

Warum bewährt sich die Arithmetik?

Turings Ergebnisse werden gewöhnlich als Aussagen über Mathematik und Logik gedeutet, aber sie sagen auch etwas über die wirkliche Welt aus. Der Begriff einer Turingmaschine beruht schließlich auf unserem intuitiven Begriff einer Maschine. Und wirkliche Maschinen arbeiten so, wie sie es tun, weil die Naturgesetze es ihnen erlauben. Kürzlich behauptete der mathematische Physiker David Deutsch in Oxford, die Berechenbarkeit sei eigentlich eine empirische Eigenschaft. Sie sei davon abhängig, wie die Welt zufällig ist, und beruhe nicht auf einer logisch notwendigen Wahrheit. Deutsch schreibt: »Wenn wir es für möglich halten, daß wir zum Beispiel elektronische Rechner konstruieren und insbesondere im Kopf Rechnungen durchführen können, liegt das nicht an der Mathematik oder der Logik, sondern daran, daß *die Naturgesetze »zufällig« die Existenz physikalischer Modelle zur Durchführung solcher Arithmetik* wie Addition, Subtraktion und Multiplikation *zulassen*. Wenn sie das nicht täten, wären diese vertrauten Operationen nichtberechenbare Operationen.«[3]

Diese Vermutung ist sicherlich interessant. Arithmetische Operationen wie das Zählen scheinen für das Wesen der Dinge so grundlegend zu sein, daß man sich nur schwer eine Welt vorstellen kann, in der sie sich nicht ausführen lassen. Warum ist das so? Ich denke, die Antwort könnte etwas mit der Geschichte und dem Wesen der Mathematik zu tun haben. Die einfache Arithmetik begann mit ganz praktischen weltlichen Dingen wie dem Abzählen von Herden und einfacher Buchhaltung. Aber die elementaren Operationen von Addition, Subtraktion und Multiplikation führten zu einer raschen Verbreitung und Vermehrung mathematischer Gedanken, die schließlich so kompliziert wurden, daß die bescheidenen praktischen Ursprünge vergessen wurden. Die Mathematik gewann also, anders gesagt, ein Eigenleben. Schon zu Platons Zeiten schrieben Philosophen der Mathematik ein Eigenleben zu. Wir haben uns daran gewöhnt, einfache Rechnungen auszuführen; deshalb fällt es uns leicht zu glauben, Mathematik *müsse* durchführbar sein. Tatsächlich hängt ihre Ausführbarkeit wesentlich von der Beschaffenheit der physikalischen Welt ab. Würde zum Beispiel das Zählen für uns eine sinnvolle Sache sein, wenn es solche unterscheidbaren Dinge wie Münzen und Schafe gar nicht gäbe?

Der Mathematiker R. W. Hamming weigert sich, die Durchführbarkeit der Arithmetik für selbstverständlich zu halten; er findet sie sowohl merkwürdig als auch unerklärlich. »Ich habe«, so schreibt er, »mit wenig Erfolg versucht, einigen Freunden meine Verwunderung darüber zu erklären, daß die Abstraktion von Zahlen zum Zählen sowohl möglich als auch nützlich ist. Ist es nicht bemerkenswert, daß 6 Schafe plus 7 Schafe 13 Schafe ergeben, und 6 Steine plus 7 Steine 13 Steine? Ist es nicht ein Wunder, wenn das Weltall so beschaffen ist, daß eine so einfache Abstraktion wie eine Zahl möglich ist?«[4]

Wenn unsere Welt die berechenbaren Eigenschaften der Arithmetik spiegelt, hat das tiefgreifende Folgen. Die Welt ist dann in gewissem Sinn, wie Babbage vermutete, wirklich ein Computer. Oder, noch wichtiger, Computer können nicht nur einander, sondern auch die physikalische Welt simulieren. Natürlich sind wir wohlvertraut mit der Art, wie Computer als Modelle für physikalische Systeme dienen können; das ist ja ihr großer Nutzen. Aber diese Fähigkeit hängt von einer tiefen und subtilen Eigenschaft der Welt ab. Es gibt offensichtlich eine entscheidende *Übereinstimmung* zwischen den Naturgesetzen und der Berechenbarkeit der mathematischen Funktionen, die *eben diese Gesetze* beschreiben. Dies ist keineswegs ein Truismus. Das Wesen der Naturgesetze erlaubt es gewissen mathematischen Operationen – wie etwa Addition und Multiplikation –, berechenbar zu sein. Unter diesen berechenbaren Operationen gibt es welche, die (jedenfalls mit einiger Genauigkeit) die Naturgesetze beschreiben. Abbildung 10 veranschaulicht diesen widerspruchsfreien Kreislauf.

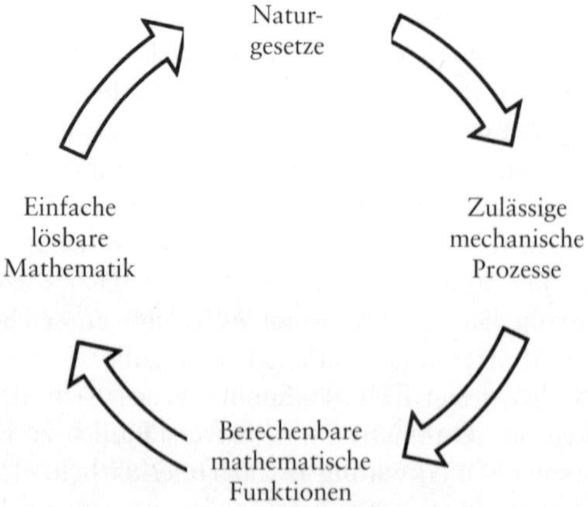

Abbildung 10: Die Gesetze der Physik und die berechenbare Mathematik könnten einen einzigartigen geschlossenen Kreislauf bilden.

Ist dieser Kreislauf nur ein Zufall oder muß es diese Widerspruchsfreiheit geben? Verweist sie auf eine tiefere Stimmigkeit zwischen Mathematik und Wirklichkeit? Man stelle sich eine Welt vor, in der die Naturgesetze ganz anders sind, vielleicht so anders, daß es keine diskreten Objekte gibt. Einige der mathematischen Operationen, die in unserer Welt berechenbar sind, wären in dieser Welt nicht berechenbar und umgekehrt. In dieser anderen Welt könnte es das Äquivalent zu Turingmaschinen geben, aber ihre Konstruktion und ihre Arbeitsweise wären so vollkommen anders, daß sie zum Beispiel einfache Rechenoperationen unmöglich durchführen könnten, obwohl sie in jener Welt Berechnungen durchführen könnten, die Computer in unserer Welt niemals leisten könnten.

Jetzt stellen sich einige interessante weitere Fragen: Würden die Gesetze der Physik in dieser hypothetischen Alternativwelt sich als berechenbare Operationen jener Welt ausdrücken lassen? Oder könnte eine solche Widerspruchsfreiheit nur in einer beschränkten Klasse von Welten möglich sein? Vielleicht nur in unserer Welt? Können wir überhaupt sicher sein, daß alle

Aspekte unserer Welt sich als berechenbare Funktionen ausdrücken lassen? Könnte es nicht physikalische Vorgänge geben, die sich *nicht* durch eine Turingmaschine simulieren lassen? Diese faszinierenden Fragen zur Verknüpfung zwischen Mathematik und physikalischer Wirklichkeit werden wir im nächsten Kapitel untersuchen.

Russische Puppen und Künstliches Leben

Die Tatsache, daß universale Computer einander simulieren können, hat einige wichtige Folgerungen. Für die Praxis bedeutet es, daß ein richtig programmierter PC von IBM dann, wenn er über genügend Speicherplatz verfügt, etwa einen höchst leistungsfähigen Cray-Computer vollkommen nachahmen kann, soweit es die Ergebnisse (nicht die Geschwindigkeit) betrifft. Der PC kann alles, was die Cray kann. Ein Universalcomputer braucht nicht annähernd so raffiniert zu sein wie ein Personalcomputer. Es genügen sogar ein Schachbrett und ein Haufen Spielsteine! Ein solches System wurde zuerst in den fünfziger Jahren von den Mathematikern Stanislaw Ulam und John von Neumann untersucht und ist ein Beispiel für das, was heute »Spieltheorie« heißt.

Ulam und von Neumann arbeiteten damals am Los Alamos National Laboratory, wo das Atombombenprojekt Manhattan durchgeführt wurde. Ulam spielte gern die damals noch ganz neuen Computerspiele. Bei einem dieser Spiele wurden Muster nach gewissen Regeln verändert. Man stelle sich zum Beispiel ein sehr großes Damebrett vor, auf dem Spielsteine beliebig angeordnet sind. Man kann dann Regeln dafür vorgeben, wie die Steine bewegt werden dürfen. Hier ist ein Beispiel: Jedes Quadrat auf dem Brett hat acht Nachbarfelder (wenn wir die diagonalen mitzählen). Der Zustand eines Feldes bleibt unverändert (also mit oder ohne Spielstein), wenn auf genau zwei benachbarten Feldern ein Spielstein liegt. Wenn ein leeres Feld drei besetzte Nachbarn hat, wird es besetzt. In allen anderen Fällen bleibt es leer oder wird geleert. Bei dem Spiel wählt man irgendeine Anfangsverteilung und wendet diese Regeln auf jedes Feld an, wodurch sich ein etwas anderes Muster ergibt, auf das wiederum die Regel angewendet wird, was wieder zu Veränderungen führt und so weiter. Man beobachtet dann die Entwicklung der Veränderungen.

Die hier beschriebenen Regeln wurden 1970 von John Conway aufgestellt, der sofort von dem Reichtum der sich so ergebenden Strukturen überrascht war. Strukturen erschienen und verschwanden, entwickelten sich, zerbrachen, verschmolzen. Unter dem Eindruck der Ähnlichkeit dieser Gebilde mit Lebewesen nannte er das Spiel »Life«. Bald waren Computerfreunde in aller Welt diesem Spiel des Lebens verfallen. Sie verfolgten die Entwicklung der Muster nicht auf einem Damebrett, sondern ließen in einem weniger mühsamen Verfahren einen Computer das Muster direkt auf dem Schirm zeigen; jeder Pixel (Lichtfleck) entspricht dann einem Spielstein. Ein sehr lesbarer Bericht findet sich in dem Buch *The Recursive Universe* von William Poundstone.[5] Im Anhang wird ein Programm beschrieben, das *Life* am eigenen Computer zu spielen erlaubt.

Man kann den von den Punktmustern eingenommenen Raum als Weltmodell sehen, wobei Conways Regeln für die Gesetze stehen und die Zeit in diskreten Schritten fortschreitet: Die Struktur, die sich bei einem Schritt ergibt, ist vollständig durch die vorhergehende bestimmt. Die Anfangsbedingungen legen also alles fest, was noch kommt, *ad infinitum*. In dieser Hinsicht ähnelt das Universum von *Life* der Welt des Newtonschen Uhrwerks. Wegen ihres mechanistischen Charakters haben diese Spiele den Namen »zelluläre Automaten« erhalten, wobei die Zellen die Quadrate oder Pixel sind.

Unter der unendlichen Vielfalt der Formen von *Life* gibt es einige, die immer gleich bleiben, während sie sich bewegen. Dazu gehören die sogenannten Gleiter, die aus fünf Punkten bestehen, und mehrere größere »Raumschiffe«. Zusammenstöße zwischen diesen Gebilden können je nach den Einzelheiten zu allen möglichen neuen Strukturen und Zerstörungen führen. Gleiter lassen sich durch eine »Kanone« erzeugen, die in regelmäßigen Abständen Gleiter ausschickt. Gleiterkanonen können auch bei Zusammenstößen von dreizehn Gleitern entstehen; Gleiter erzeugen dann Gleiter. Andere Gebilde sind »Blöcke«, stationäre Quadrate mit vier Punkten, die gewöhnlich das, mit dem sie zusammenstoßen, zerstören. Dann gibt es die destruktiveren »Fresser«, die vorbeikommende Objekte aufbrechen und vernichten und den Schaden, den sie selbst bei dieser Begegnung erleiden, reparieren. Conway und seine Kollegen haben gelegentlich zufällig, gelegentlich aber auch mit großem Geschick und viel Einsicht, ungeheuer reichhaltige und komplexe Strukturen entdeckt. Einige der interessantesten Strukturen ergeben sich, wenn sehr viele Komponenten sehr sorgfältig aufeinander abgestimmt sind, und bilden sich oft erst nach Tausenden von Schritten heraus. Man braucht sehr leistungsfähige Computer, um das fortgeschrittenere Repertoire des Spiels zu erkunden.

Die Welt von *Life* ist offensichtlich nur ein blasser Abklatsch der Wirklichkeit, und das lebensnahe Wesen seiner einfacheren Bewohner stellt lediglich eine Karikatur wirklicher Lebewesen dar. Aber im Rahmen seiner logischen Struktur kann *Life* zu unbegrenzter Komplexität führen, die im Prinzip der wirklicher Lebewesen gleicht. So hatte John von Neumanns Interesse an zellulären Automaten ursprünglich eng mit dem Geheimnis des Lebens zu tun. Ihn faszinierte die Frage, ob sich im Prinzip eine Maschine bauen ließe, die sich selbst reproduzieren könnte, und falls ja, wie sie gebaut und organisiert sein müßte. Wenn eine solche von-Neumann-Maschine möglich ist, könnten wir die Grundsätze verstehen, die es biologischen Organismen ermöglichen, sich selbst zu reproduzieren.

Die Grundlage der Analyse von Neumanns war in Analogie zum universalen Computer der Begriff eines »universalen Konstrukteurs«. Diese Maschine ließe sich darauf programmieren, alles zu erzeugen, ähnlich wie eine Turingmaschine auf die Durchführung jeder berechenbaren mathematischen Operation programmiert werden kann. Von Neumann überlegte sich, was passieren würde, wenn der universale Konstrukteur so programmiert würde, daß er sich selbst bauen könnte. Natürlich muß eine Maschine dann, wenn sie sich fortpflanzen soll, nicht nur eine Kopie von sich selbst machen können, sondern auch eine Kopie des Programms, wie sie sich selbst kopieren kann, sonst wäre die Tochtermaschine ja »unfruchtbar«. Darin liegt sicher die Gefahr der unendlichen Rückkopplung, aber von Neumann fand einen klugen Ausweg, indem er den universalen Konstrukteur mit einem Kontrollmechanismus versah. Wenn der Konstrukteur eine Kopie von sich selbst (und natürlich auch von seinem Kontrollmechanismus) erstellt hat, schaltet der Kontrollmechanismus das Programm ab und behandelt es einfach wie irgendeine »Hardware«. Die von-Neumann-Maschine fertigt dann pflichtschuldig eine Kopie des Programms an und gibt es der neuen Maschine ein, die ein getreues Doppel des Erzeugers wird und bereit ist, das eigene Selbsterzeugungsprogramm zu beginnen.

Ursprünglich hatte von Neumann eine richtige Maschine mit Schrauben und Muttern im Sinn, aber Ulam überredete ihn, die mechanischen Möglichkeiten zellulärer Automaten zu erforschen und nach Strukturen zu suchen, die sich selbst erzeugen können. Von Neumanns »Maschine« könnte dann aus nichts anderem bestehen als aus Lichtflecken auf einem Bildschirm oder Spielsteinen auf einem Damebrett, denn wichtig ist ja nur die Logik und Organisation, nicht das tatsächliche Medium. Nach langer Arbeit konnten von Neumann und seine Kollegen zeigen, daß Systeme, die eine gewisse Schwelle der Komplexität überschreiten, sich wirklich selbst erzeugen können. Das erforderte die Untersuchung eines zellulären Automaten, für den Regeln galten, die wesentlich komplizierter waren als die für das »Spiel des Lebens«, denn von Neumanns Automat ließ für jede Zelle nicht nur zwei Zustände zu – leer oder besetzt – sondern sogar 29. Es bestand niemals die Hoffnung, einen sich selbst erzeugenden Automaten wirklich zu bauen – der universale Konstrukteur, der Kontrollmechanismus und der Gedächtnisspeicher hätten mindestens zweihunderttausend Zellen besetzt – entscheidend war, daß ein solches rein mechanisches System sich selbst reproduzieren könnte. Bald nachdem diese mathematische Untersuchung abgeschlossen war, kam die Blütezeit der Molekularbiologie mit der Entdeckung der Doppelhelix-Struktur der DNA, der Aufdeckung des genetischen Codes und der Erklärung der grundlegenden Organisation der Molekülverdopplung, und es wurde bald klar, daß die Natur dieselben logischen Grundlagen verwendet, wie von Neumann sie entdeckt hatte. Die Biologen haben sogar herausfinden können, welche Moleküle lebender Zellen den Komponenten der von-Neumann-Maschine entsprechen.

Conway konnte zeigen, daß *Life* auch selbsterzeugende Strukturen zuläßt. Die relativ einfache Erzeugung von Gleitern durch Gleiter kommt dafür nicht in Frage, weil das entscheidende Programm für die Selbst-Reproduktion nicht kopiert wird. Man braucht etwas viel Komplizierteres. Conway untersuchte deshalb zuerst eine verwandte Frage: Kann man in der Welt von *Life* eine Turing-Maschine (also einen Universalcomputer) bauen? Die Grundoperation eines jeden Universalcomputers besteht in den logischen Operationen UND, ODER und NICHT. In einem herkömmlichen elektronischen Computer werden diese durch einfache Schalter oder logische Gitter verwirklicht. So hat zum Beispiel ein UND-Gitter zwei Eingänge und einen Ausgang (siehe Abbildung 11). Wenn auf beiden Eingängen ein

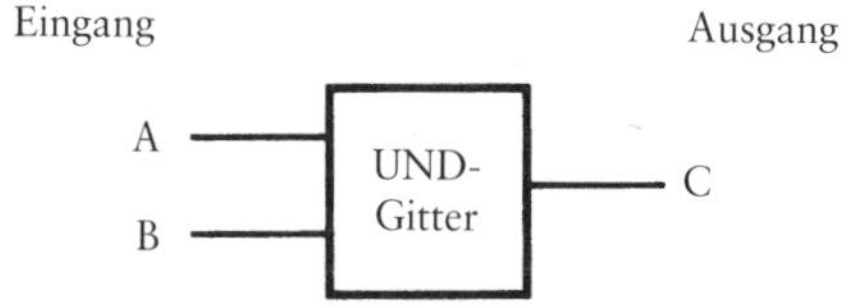

Abbildung 11: Symbolische Darstellung eines UND-Gitters, wie es in einem Computer vorkommt. Es gibt zwei Eingänge, *A* und *B*, und einen Ausgang, *C*. Wenn sowohl entlang *A* als auch entlang *B* ein Signal ankommt, wird ein ausgehendes Signal entlang *C* geschickt.

elektrischer Impuls ankommt, wird ein Impuls ausgeschickt. Es gibt keine Ausgabe, wenn es nur einen oder keinen ankommenden Stoß gibt. Der Computer besteht aus einem sehr großen Netzwerk solcher logischer Elemente. Man kann mit ihm Mathematik betreiben, indem man Zahlen in binärer Form, also als Reihen von Einsen und Nullen darstellt. Physikalisch wird die Eins als Stromstoß verschlüsselt und die Null als sein Ausbleiben. Man braucht diese Operationen aber gar nicht tatsächlich mit Stromstößen durchzuführen, denn jedes Gerät, das diese logischen Operationen durchführt, genügt. Man könnte auch mechanische Zahlräder verwenden (wie in der ursprünglichen Analytical Engine von Charles Babbage), Laserstrahlen oder Punkte auf einem Computerschirm.

Nach vielen Versuchen und Überlegungen konnte Conway zeigen, daß sich in *Life* wirklich geeignete logische Schaltkreise einbauen lassen. Der wesentliche Gedanke besteht darin, zur Kodierung binärer Zahlen eine Folge von Gleitern zu verwenden. So kann man die Zahl 1011010010 darstellen, indem man jeweils an die Stelle der Einsen einen Gleiter setzt und für die Nullen Lücken läßt. Logische Gitter lassen sich konstruieren, indem man Gleiterströme so anordnet, daß sie sich auf kontrollierte Weise in rechten Winkeln schneiden. Ein UND-Gitter schickt dann und nur dann einen Gleiter aus, wenn es gleichzeitig von beiden Eingängen einen Gleiter erhält (also die Operation $1 + 1 \rightarrow 1$ kodiert). Dazu und um die notwendige Speichereinheit für die Information zu bauen, brauchte Conway nur vier Bausteine: Gleiter, Gleiterkanonen, Fresser und Blöcke.

Die richtige Anordnung der Elemente und die Abstimmung des Ganzen erfordern viele kluge Tricks. Trotzdem läßt sich die nötige logische Schaltung erschaffen, und die Gestalten in der Welt von *Life* können völlig zufriedenstellend als ein, wenn auch etwas langsamer, Universalcomputer wirken. Dieses Ergebnis hat faszinierende Folgerungen. An ihm sind zwei Ebenen der Berechnung beteiligt. Erstens gibt es da den elektronischen Computer, der das Spiel des Lebens auf dem Schirm erzeugt, und dann wirken die Muster selbst auf einer höheren Ebene als Computer. Im Prinzip kann diese Hierarchie unendlich weitergehen. Der Computer für *Life* könnte so programmiert werden, daß er seine eigenen abstrakten Welten erzeugt, die wiederum so programmiert werden, daß sie ihre Welten erzeugen ... Ich nahm vor kurzem an einem Workshop zu Fragen der Komplexität teil, an dem zwei MIT-Computerwissenschaftler, Tom Toffoli und Norman Margolus, die Funktion eines UND-Gitters auf einem Computermonitor demonstrierten. Einer der Zuschauer war Charles Bennett von IBM, ein Fachmann auf dem Gebiet der mathematischen Grundlagen der Computation und der Komplexität. Wir beobachteten, wie ich Bennett gegenüber bemerkte, einen elektronischen Computer, der einen zellulären

Automaten simuliert, der einen Computer simuliert. Bennett meinte, ihn erinnere diese Folge der Einbettungen an russische Puppen.

Weil das Spiel des Lebens einen Universalcomputer darstellen kann, lassen sich alle Folgen von Turings Untersuchung auf diese Welt übertragen. So gilt zum Beispiel auch für diesen Computer, daß es nichtberechenbare Operationen gibt, denn es gibt ja kein Verfahren, im voraus zu entscheiden, ob ein bestimmtes mathematisches Problem durch die Operation der Turingmaschine entscheidbar oder unentscheidbar ist: Das Schicksal der Maschine kann nicht im voraus bekannt sein. Deshalb kann das Schicksal der zugehörigen Strukturen von *Life* nicht im voraus bekannt sein, obwohl alle solchen Muster streng determiniert sind. Ich halte dies für einen sehr tiefliegenden Schluß, der weitreichende Folgerungen für die wirkliche Welt hat. Es scheint, als ob es eine Art Zufälligkeit oder Ungewißheit gibt (darf ich es »Wissenschaftsfreiheit« nennen?), die, genau wie in die wirkliche Welt, in die Welt von *Life* eingebaut ist. Sie ist *auf die Einschränkungen der Logik selbst zurückzuführen*, die gelten, sobald Systeme kompliziert genug sind, um rückbezüglich zu sein.

Rückbezüglichkeit und Selbst-Reproduktion hängen eng zusammen; als die Existenz von universalen *Life*-Computern einmal bestätigt war, stand Conway der Weg offen, die Existenz von universalen Konstrukteuren und damit von wirklichen selbst-erzeugenden Lebensmustern zu beweisen. Solche Strukturen werden sicher nicht hergestellt werden, denn sie wären gewaltig. Aber Conway behauptet, in einem unendlichen *Life*-Universum, das von Punkten bevölkert ist, müßten sich selbsterzeugende Strukturen unausweichlich rein zufällig irgendwo bilden. Obwohl die Wahrscheinlichkeit deutlich gegen die spontane Bildung solcher komplexen und in hohem Maße aufeinander abgestimmten Strukturen spricht, tritt in einem wirklich unendlichen Universum alles ein, was passieren kann. Man kann sich sogar vorstellen, daß die Darwinsche Evolution zum Auftreten von noch komplizierteren selbst-erzeugenden Strukturen führt.

Gelegentlich behaupten Kenner von *Life*, solche sich selbst reproduzierenden Wesen könnten wirklich lebendig sein, weil sie alle Eigenschaften haben, die in unserem Universum Lebewesen definieren. Wenn das Wesentliche des Lebens einfach als Energie gesehen wird, die über eine gewisse Schwelle der Komplexität hinaus organisiert ist, haben sie recht. In der Tat gibt es jetzt einen eigenen Wissenschaftszweig, der »Künstliches Leben« heißt und sich der Untersuchung selbstorganisierender, adaptiver, vom Computer erzeugter Strukturen widmet. Das Ziel ist es, aus den möglicherweise unwichtigen Einzelheiten des tatsächlichen Materials von Lebewesen das Wesen dessen zu erfassen, was es bedeutet, lebendig zu sein. Bei einem Workshop zu Fragen des künstlichen Lebens erklärte kürzlich der Computerwissenschaftler Chris Langton: »Wir können, davon sind wir überzeugt, hinreichend komplexe Universen in Computer eingeben, so daß sich in ihnen Prozesse abspielen, die in Hinsicht auf dieses Universum lebendig genannt werden müssen. Aber sie würden nicht aus demselben Grundstoff bestehen ... Damit eröffnet sich uns die ehrfurchterregende Möglichkeit, wir könnten einmal die nächsten Lebewesen im Universum erschaffen.«[6] Poundstone stimmt zu: »Wenn nicht-triviale Selbst-Reproduktion als Kriterium für Leben gesehen wird, müssen sich selbst erzeugende Strukturen im Spiel *Life* lebendig genannt werden. Damit soll nicht gesagt sein, daß sie das Leben so reproduzieren, wie es ein Fernsehbild kann, sondern daß sie buchstäblich lebendig sind, weil sie Information über ihre eigene Zusammensetzung enthalten und damit umgehen können. Die einfachste sich selbst reproduzierende Struktur von *Life* wäre in einem anderen Sinn lebendig als ein Virus.«[7]

John Conway versteigt sich sogar zu der Behauptung, hochentwickelte Lebensformen könnten Bewußtsein haben: »Wenn also der Raum für dieses Leben nur groß genug ist und die Anordnung zunächst zufällig ist, könnten also nach langer Zeit intelligente selbst-reproduzierende Tiere entstehen und einen Teil des Raums bevölkern.«[8] Solche Gedanken befremden uns natürlich. Die Welt von *Life* ist schließlich nur ein simuliertes Universum. Oder ist es wirklich? Die Gebilde, die sich auf dem Schirm bewegen, sind nur Nachahmungen von Gebilden aus dem wirklichen Leben. Ihr Verhalten ist nicht spontan, sondern in den Computer, der *Life* spielt, hineinprogrammiert. Aber, so entgegnet der Anhänger dieses Spiels, das Verhalten der Strukturen in unserem Universum ist auch durch die Gesetze der Physik und den Anfangszustand »programmiert«. Die Zufallsverteilung der Punkte, aus denen selbst-reproduzierende Strukturen entstehen könnten, ist direkt analog zu der zufälligen präbiotischen Suppe, aus der die ersten Lebewesen der Erde entstanden sein sollen.

Wie also können wir ein wirkliches Universum von einem simulierten unterscheiden? Das ist das Thema des nächsten Kapitels.

5. Wirkliche und virtuelle Welten

Wir sind alle von Träumen fasziniert. Menschen, die wie ich sehr lebhaft träumen, fühlen sich oft in einem Traum gefangen, den sie für real halten. Das Gefühl der Erleichterung beim Aufwachen ist stark und echt. Ich habe mich oft gefragt, warum wir, wenn doch der Traum während des Träumens wirklich *ist*, so deutlich zwischen den Erfahrungen im Schlaf- und Wachzustand unterscheiden. Können wir absolut sicher sein, daß die »Traumwelt« eine Illusion ist und die »Wachwelt« wirklich? Könnte es nicht gerade andersherum sein oder könnten nicht beide oder keine der beiden Welten wirklich sein? Anhand welcher Kriterien für Wirklichkeit ließe sich die Frage entscheiden?

Die übliche Antwort lautet, Träume seien private Erfahrungen, während die Welt, die wir im Wachzustand wahrnehmen, mit den Erfahrungen anderer Menschen übereinstimmt. Aber das ist keine Hilfe. Ich begegne oft Traumcharakteren, die mir versichern, daß sie wirklich sind und dieselben Traumerfahrungen haben wie ich. Im Wachzustand muß ich anderen Menschen glauben, daß sie wirklich eine Welt wahrnehmen, die der meinen ähnlich ist, weil ich ihre Erfahrungen ja nicht teilen kann. Wie kann ich eine wahre Behauptung von einer unterscheiden, die von einem illusionären Wesen oder von einem hinreichend komplizierten, aber unbewußten Automaten aufgestellt wird? Es nützt auch nicht, darauf hinzuweisen, daß Träume oft inkohärent, bruchstückhaft und absurd sind. Genauso erscheint uns die sogenannte wirkliche Welt gelegentlich nach einigen Gläsern Wein oder beim Erwachen aus der Narkose.

Die Simulation der Wirklichkeit

Diese Bemerkungen über Träume sollen auf das Nachdenken über Computersimulationen der Wirklichkeit einstimmen. Im vorigen Kapitel habe ich behauptet, ein Computer könne physikalische Vorgänge in der wirklichen Welt simulieren, im Prinzip sogar solche, die so kompliziert sind wie die biologischen.

Andererseits sahen wir, daß ein Computer im wesentlichen einfach ein Verfahren zur Umsetzung einer Menge von Symbolen in eine andere ist. Gewöhnlich denken wir uns diese Zeichen als Zahlen, genauer als Ketten von Nullen und Einsen, mit denen Maschinen ja so gut umgehen können. Jede Eins oder Null stellt ein Bit Information dar, deshalb ist ein Computer ein Gerät, das eine Reihe von Eingaben in eine Reihe von Ausgaben verwandelt. Wie kann diese scheinbar triviale Menge abstrakter Operationen das Wesen der *physikalischen* Wirklichkeit einfangen?

Man vergleicht die Tätigkeit eines Computers oft mit einem System, wie wir es aus der Natur kennen – zum Beispiel mit einem die Sonne umlaufenden Planeten. Der Zustand des Systems in einem bestimmten Augenblick läßt sich beschreiben, indem man Ort und Geschwindigkeit des Planeten angibt. Dies ist der Input. Diese Zahlen lassen sich binär, also als Reihe von Einsen und Nullen, darstellen. Etwas später wird der Planet mit einer anderen Geschwindigkeit an einem anderen Ort sein, was durch eine andere Zahlenreihe beschrieben wird: Dies ist der Output. Der Planet hat die eine Datenmenge erfolgreich in eine andere umgewandelt und ist deshalb in gewissem Sinn ein Computer. Das bei dieser Umwandlung benutzte »Programm« sind die zur Umwandlung benötigten physikalischen Gesetze (Newtons Bewegungs- und Gravitationsgesetze).

Die Naturwissenschaftler sind sich der Verbindung zwischen physikalischen Vorgängen und den Vorgängen im Computer immer stärker bewußt geworden; sie finden es vorteilhaft, die Welt aus dem Blickwinkel der Computerwissenschaften zu betrachten. »Wissenschaftliche Gesetzmäßigkeiten interpretiert man heute algorithmisch«, sagt Stephen Wolfram vom Institute of Advanced Study in Princeton. »Man untersucht viele naturwissenschaftliche Zusammenhänge mit Hilfe von Computerexperimenten.«[1] Man denke zum Beispiel an ein Gas. Der Zustand des Gases ist durch die Orte und Geschwindigkeiten aller Moleküle in einem Augenblick (im Rahmen einer bestimmten Genauigkeit) festgelegt. Das entspricht einer enorm langen Kette von Bits. Einen Augenblick später entspricht der Zustand des Gases einer anderen enorm langen solchen Kette. Die dynamischen Veränderungen des Gases bewirkten also eine Umwandlung der Eingaben in Ausgaben.

Die Verbindung zwischen Vorgängen in der Natur und im Computer wird weiter durch die Quantentheorie gestärkt, die zeigt, daß viele physikalische Größen, die normalerweise für stetig gehalten werden, diskret sind. So haben Atome unterschiedliche Energieniveaus. Wenn ein Atom seine Energie verändert, springt es von einem Niveau auf ein anderes. Wenn jeder solchen Ebene eine Zahl zugeschrieben wird, läßt sich ein Sprung als Übergang von einer Zahl zur anderen sehen.

Hiermit sind wir an dem für die Rolle des Computers in den modernen Naturwissenschaften entscheidenden Punkt. Weil Computer einander simulieren können, kann ein elektronischer Computer jedes System simulieren, das sich wie ein Computer verhält. Dies ist die Grundlage für die Computermodelle in der wirklichen Welt: Planeten und Gasbehälter und vieles andere verhalten sich wie Computer und lassen sich daher simulieren. Aber läßt sich jedes physikalische System so simulieren? Wolfram meint, das treffe zu: »Man vermutet, daß die Rechenfähigkeiten der Computer es mit jedem physikalisch realisierbaren System aufnehmen können, so daß Computer also jedes physikalische System simulieren können.«[2] Wenn das zutrifft, kann im Prinzip jedes System, das komplex genug ist, um als Computer zu dienen, *das Weltall* simulieren.

Im vorigen Kapitel habe ich erläutert, wie zelluläre Automaten wie etwa *Life* berechenbare Spielzeugwelten erzeugen. Wir scheinen zu dem Schluß gekommen zu sein, daß die Welt des »Spiels des Lebens« das wirkliche Weltall getreulich nachahmen kann. »Zelluläre Automaten mit universeller Rechenfähigkeit sind also in der Lage, jeden Rechner nachzuahmen«, erklärt Wolfram. »Da sich jeder physikalische Prozeß als rechnerischer Ablauf darstellen läßt, können sie jedes physikalische System simulieren.«[3] Könnte also eine Spielzeugwelt wie die von *Life* im Prinzip so »lebensecht« sein, daß sie ein vollkommenes Ebenbild des wirklichen Universums darstellt? Anscheinend ja. Aber das führt zu einer weiteren verblüffenden Frage. Was unterscheidet eigentlich die wirkliche Welt von einer Simulation, wenn alle physikalischen Systeme Computer sind und Computer alle physikalischen Systeme vollkommen nachahmen können?

Man ist versucht zu antworten, Simulationen seien nur unvollkommene Näherungen der Wirklichkeit. Wenn wir zum Beispiel die Bewegung eines Planeten berechnen, ist die Genauigkeit der Eingangsdaten durch die Beobachtung eingeschränkt. Außerdem vereinfachen wirkliche Computerprogramme die physikalischen Gegebenheiten, weil sie unter anderem die störenden Auswirkungen kleinerer Körper außer acht lassen. Aber man kann sich sicherlich immer raffiniertere Programme und immer gründlichere Datensammlungen *vorstellen*, bis sich die Simulation praktisch nicht mehr von der Wirklichkeit unterscheiden läßt.

Aber müßte die Simulation nicht unbedingt auf irgendeiner Ebene einmal versagen? Lange meinte man, die Antwort müsse Ja lauten, weil man annahm, es gebe einen grundlegenden Unterschied zwischen der wirklichen Physik und digitalen Simulationen. Dieser Unterschied hat mit der Frage der Umkehrbarkeit der Zeit zu tun. Wie in Kapitel 1 erklärt wurde, sind die Gesetze der Physik in dem Sinn umkehrbar, daß sie bei einer Vertauschung von Vergangenheit und Zukunft unverändert bleiben – sie haben also keine ausgezeichnete Zeitrichtung. Nun brauchen alle existierenden Computer zu ihrem Betrieb Energie. Diese vergeudete Energie erscheint in der Maschine als Wärme, die wieder abgegeben werden muß. Die Erwärmung setzt den Leistungen von Computern ganz praktische Grenzen, und ein großer Teil der Forschung widmet sich der Frage, wie sie möglichst klein gehalten werden kann. Die Schwierigkeit läßt sich auf die wesentlichen logischen Elemente des Computers zurückführen. Bei jeder Schaltung wird Wärme erzeugt. Dies kennen wir aus dem täglichen Leben. Das Klicken, das wir hören, wenn wir einen Lichtschalter drücken, ist ein Teil der in Schall umgewandelten Energie, die wir durch Betätigen des Schalters erzeugen. Der Rest erscheint im Inneren des Schalters als Wärme. Dieser Energieverbrauch ist absichtlich in den Schalter eingebaut worden, um sicherzustellen, daß er in einem von zwei stabilen Zuständen bleibt – an oder aus. Wenn das Schalten keine Energie verbrauchte, könnte der Schalter sich spontan umschalten.

Die Energieverteilung beim Schalten ist unumkehrbar. Die Wärme fließt in die Umgebung und ist verloren. Man kann vergeudete Wärmeenergie nicht aufsammeln und in etwas Nützliches verwandeln, ohne einen mindestens ebenso großen weiteren Wärmeverlust zu riskieren. Dies ist ein Beispiel für den Zweiten Hauptsatz der Thermodynamik, der die Umwandlung von Abfallwärme in nützliche Arbeit untersagt. Einige Computerwissenschaftler haben jedoch erkannt, daß der Zweite Hauptsatz der Thermodynamik ein statistisches Gesetz ist, das für Systeme mit vielen Freiheitsgraden gilt. Schon in die Begriffe Wärme und Entropie geht ja die chaotische Bewegung von Molekülen ein; sie sind überhaupt nur auf große Ansammlungen von Molekülen anwendbar. Ließe sich die Wärmeerzeugung vielleicht insgesamt vermeiden, wenn man Computer so weit verkleinern könnte, daß die Schaltprozesse auf molekularer Ebene ablaufen?

Anscheinend gibt es ein Prinzip, das diese Idealisierung verhindert. Man denke zum Beispiel an das im vorigen Kapitel beschriebene UND-Gitter. Der Eingang hat zwei Kanäle (Drähte), der Ausgang nur einen. Der ganze Zweck der Operation UND ist es, zwei ankommende Signale zu einem einzigen ausgehenden Signal zu verschmelzen. Offenbar ist das nicht umkehrbar. Man kann nicht sagen, ob die Abwesenheit eines Impulses im ausgehenden Draht daher rührt, daß es nur in einem Eingangsdraht einen Impuls gab oder im anderen oder weder noch. Diese elementare Grenze spiegelt die offensichtliche Tatsache, daß man in der gewöhnlichen Arithmetik Antworten aus Fragen ableiten kann, aber nicht umgekehrt: Man kann im allgemeinen aus der Antwort nicht die Frage herleiten. Wenn man mir sagt, die Summe zweier Zahlen sei vier, könnten die Summanden 2 und 2 oder 3 und 1 oder 4 und 0 sein. Es könnte also so aussehen, als ob Computer aus grundsätzlichen logischen Gründen nicht rückwärts laufen können.

In dieser Überlegung steckt jedoch ein Fehler, der kürzlich von Rolf Landauer und Charles Bennett von IBM aufgedeckt wurde. Sie verfolgten die Unumkehrbarkeit, die anscheinend zum Wesen des Computers gehört, zurück und zeigten, daß sie vom Verlust von Information herrührt. Wenn wir zum Beispiel die Summe 1 + 2 + 2 bilden, könnte man zuerst 2 und 2 addieren und zu ihrer Summe 4 dann 1, um die Antwort 5 zu erhalten. In dieser Folge von Operationen gibt es einen Zwischenschritt, bei dem nur die Zahl 4 auftritt: Der ursprüngliche Term 2 + 2 wird als für die verbleibende Rechnung nicht länger wichtig ignoriert. Aber wir brauchen diese Information nicht wegzuwerfen, sondern wir können sie auch behalten. Natürlich muß der Gedächtnisspeicher groß genug sein, um diese Information aufbewahren zu können; dann aber würden wir jede Rechnung von jeder Stufe zu ihrem Anfang zurückverfolgen können und so von der Antwort zur Frage gelangen.

Lassen sich aber auch geeignete Schalter entwerfen, die diese umkehrbare Logik verwirklichen können? Wie Ed Fredkin vom MIT entdeckte, ist das möglich. Das Fredkin-Gitter hat zwei Eingänge und zwei Ausgänge und einen dritten »Kontroll-Kanal«. Das Schalten geschieht wie üblich, aber auf eine Weise, die die in der Eingabe steckende Information in den Ausgängen bewahrt. Eine Rechnung läßt sich dann selbst auf einer dissipativen Maschine – also auf einer, die Energie unweigerlich unumkehrbar vergeudet – umkehrbar durchführen. (Keine praktisch durchführbare umkehrbare Berechnung kann die unumkehrbare Wärmedissipation vermeiden.) Theoretisch läßt sich ein idealisiertes System denken, in dem sowohl die Computation als auch die Physik umkehrbar sind. Fredkin hat eine imaginäre Anordnung von starren Bällen erdacht, die in sorgfältig kontrollierter Weise von einer unbeweglichen Wand abprallen. Dieses System kann logische Operationen tatsächlich umkehren. Auch andere solche Computer sind erdacht worden.

Eine interessante Frage betrifft die Beziehung zwischen zellulären Automaten und Computern. Die *Life*-Computer sind nicht umkehrbar, weil die zugrundeliegenden Regeln für das Spiel nicht umkehrbar sind (die Folge der Strukturen läßt sich nicht rückwärts abspulen). Norman Margolus entwickelte jedoch einen anderen zellulären Automaten, der das umkehrbare Fredkinsche System von Ball und Prallwand nachahmen kann. Als Automaten-Universum ist es sowohl computertechnisch als auch »physikalisch« ein richtiger umkehrbarer Computer (obwohl es auf der Ebene der elektronischen Computer, die diesen zellulären Automaten »verkörpern«, immer noch unumkehrbare Dissipation gibt).

Die Umkehrbarkeit dieser Rechnungen beschreibt einen entscheidenden Unterschied zwischen einer Computersimulation und der Welt, die die Physik beschreibt. Man kann die Überlegung umkehren und fragen, in welchem Maß physikalische Vorgänge in der wirklichen Welt berechenbare Vorgänge sind. Läßt sich die Bewegung gewöhnlicher Körper als Teil einer digitalen Rechnung sehen, wenn unumkehrbare Schalter nicht notwendig sind? Vor einigen Jahren wurde bewiesen, daß gewisse unumkehrbare Systeme wie Turingmaschinen und zelluläre Automaten mit nichtumkehrbaren Regeln, wie sie für *Life* gelten, sich so programmieren lassen, daß sie jede digitale Berechnung durchführen können, wenn nur der Anfangszustand geeignet gewählt wird. Sie sind also »Universalcomputer«. Im Fall von *Life* muß ein Ausgangszustand gewählt werden, bei dem eine Spielmarke dann an einem bestimmten Ort ist, wenn zum Beispiel eine bestimmte Zahl eine Primzahl ist, oder wenn, unter anderen Umständen, eine bestimmte Gleichung eine Lösung hat und so weiter. Auf diese Weise ließe sich *Life* zur Untersuchung ungelöster mathematischer Probleme verwenden.

Neuerdings wurde gezeigt, daß gewisse umkehrbare deterministische Systeme wie das aus Ball und Prallwand bestehende, von Fredkin erdachte, ebenfalls Universalcomputer sind und selbst einige nichtdeterministische Systeme diese Eigenschaft haben. Es scheint deshalb so, als ob physikalische Systeme ziemlich oft Universalcomputer sind. Wenn ein System diese Eigenschaft hat, kann sein Verhalten nach Definition so komplex sein wie jedes, das sich digital simulieren läßt. Es gibt Hinweise darauf, daß selbst ein so einfaches System wie das von drei Körpern, die sich unter ihrer gegenseitigen Anziehung bewegen (zum Beispiel zwei Planeten, die einen Stern umlaufen), ein Universalcomputer ist. Wenn das so ist, könnte das System durch geeignete Wahl der Orte und Geschwindigkeiten der Planeten in einem bestimmten Zeitpunkt dazu gebracht werden, etwa die Ziffern von π oder die billionste Primzahl zu berechnen oder herauszufinden, was passiert, wenn eine Million Gleiter in *Life* zusammenstoßen. Diese scheinbar triviale Dreiheit könnte sogar das Weltall simulieren, falls dieses sich, wie manche Befürworter dieses Gedankens behaupten, digital simulieren läßt.

Wir sind daran gewöhnt, Computer als ganz spezielle Systeme zu sehen, die geradezu genial erdacht wurden. Gewiß sind elektronische Computer kompliziert, aber das ist nur so, weil sie sehr vielseitig sind. Ein großer Teil der Programmierarbeit steckt schon im Entwurf der Maschine: Wir müssen sie nicht jedesmal wieder bis zu den Anfangsbedingungen zurückverfolgen. Aber anscheinend besitzen viele physikalische Systeme, darunter sehr einfache, die Fähigkeit zur Berechnung. Dies führt zu der Frage, ob Atome oder auch subatomare Teilchen rechnen können. Über diese Frage hat der Physiker Richard Feynman nachgedacht, der zeigte, daß ein reversibler Computer möglich ist, der auf subatomarer Ebene nach den Gesetzen der Quantenmechanik arbeitet. Können wir also die zahllosen atomaren Prozesse, die sich ganz natürlich immerzu abspielen – Vorgänge in Ihrem und meinem Inneren, in den Sternen, im interstellaren Gas, in fernen Galaxien –, als Teil seines gigantischen kosmischen Computers sehen? Wenn ja, dann wären Physik und Berechnung identisch und wir kämen zu einem überraschenden Schluß: Die Welt wäre ihre eigene Simulation.

Ist das Weltall ein Computer?

Einer, der diese Frage emphatisch mit Ja beantwortet, ist Ed Fredkin. Er meint, die physikalische Welt sei ein gigantischer zellulärer Automat, und behauptet, die Untersuchung von zellulären Automaten zeige, daß realistisches physikalisches Verhalten, auch unter Berücksichtigung solcher Raffinesen wie der Relativitätstheorie, sich simulieren lasse. Sein Kollege Tom Toffoli teilt diese Überzeugung. Er sagte einmal, natürlich sei das Universum ein Computer, das Problem sei nur, daß jemand anders ihn benutze. Und wir sind eben einfach nur ein Teil der großen kosmischen Maschine! »Wir müssen uns«, behauptete er, »nur an diese gewaltige Computation anhängen und versuchen zu entdecken, welche Teile zufällig dorthin führen, wohin wir wollen.«[4]

Fredkin und Toffoli sind nicht die einzigen Vertreter dieser überraschenden – sogar bizarren – Sichtweise. Auch der Physiker Frank Tipler hat sich stark für den Gedanken eingesetzt, das Universum mit seiner eigenen Simulation gleichzusetzen. Zudem, behauptet Tipler, braucht die Simulation nicht auf einen wirklichen Computer durchgeführt zu werden. Ein Computerprogramm ist schließlich nur eine Umwandlung (oder Abbildung) einer Menge abstrakter Symbole in eine andere, die nach einer bestimmten Regel abläuft: Aus Input wird Output. Ein Computer stellt eine konkrete Darstellung einer solchen Abbildung dar, genau wie die römische Zahl III eine Darstellung der abstrakten Zahl drei darstellt. Die reine Existenz einer solchen Abbildung – auch abstrakt, im Reich der mathematischen Regeln – genügt Tipler.

Nun sind unsere heutigen physikalischen Theorien im allgemeinen nicht genauso formuliert wie Computeralgorithmen, weil sie von Größen Gebrauch machen, die sich stetig verändern. Insbesondere hält man Raum und Zeit für stetig veränderlich. »Wenn es eine exakte Simulation geben soll und der Computer genau dasselbe tut wie die Natur«, erklärt Richard Feynman, »dann muß sich alles, was in einem endlichen Volumen von Raum und Zeit passiert, mit endlich vielen logischen Operationen genau analysieren lassen. Die uns heute bekannte Theorie der Physik ist offenbar nicht so beschaffen. Sie erlaubt es dem Raum, infinitesimal klein zu sein.«[5] Andererseits sind die Stetigkeit von Raum und Zeit nur Annahmen über die Welt. Sie sind nicht beweisbar, weil wir niemals sicher sein können, daß auf einer ganz kleinen Skala, weit unter dem, was sich beobachten läßt, Raum und Zeit nicht doch diskret sein könnten. Was würde das bedeuten? Einerseits würde es bedeuten, daß die Zeit in kleinen Sprüngen fortschreitet, wie in einem zellulären Automaten, und nicht stetig. Das ist sie in einem Film, in dem ja jeweils nur ein Bild zur Zeit vorrückt. Der Film scheint uns einen stetigen Ablauf zu zeigen, weil wir die kurze Zeit zwischen den einzelnen Bildern nicht auflösen können. Ähnlich können unsere heutigen Experimente Zeitintervalle messen, die nur 10^{-26} Sekunden betragen; in diesem Maßstab gibt es keine Anzeichen für Sprünge. Aber auch wenn die Auflösung sehr gut ist, gibt es doch immer die Möglichkeit, daß die kleinen Sprünge noch kleiner sind. Ähnliche Aussagen gelten für die mutmaßliche Stetigkeit des Raums. Dieser Einwand gegen eine genaue Simulation der Wirklichkeit versetzt der Überlegung also vielleicht noch nicht den Todesstoß.

Man ist trotzdem versucht einzuwenden, eine Landkarte sei etwas anderes als das Land, das sie beschreibt. Nehmen wir an, es gäbe einen kosmischen Computer, der das Verhalten eines Atoms im Universum simulieren könnte. Er enthielte doch sicherlich nicht wirklich einen Planeten Erde, der sich im Raum bewegt, wie ja auch die Bibel nicht Adam und Eva enthält? Eine Computersimulation wird gewöhnlich lediglich als Darstellung oder Bild der Wirklichkeit gesehen. Wie könnte jemand behaupten, das, was sich im Inneren eines elektronischen Computers abspielt, könne je eine wirkliche Welt erschaffen?

Tipler entgegnet auf diesen Einwand, er sei nur gültig, wenn er von außerhalb des Computers gemacht werde. Wenn der Computer sogar Bewußtsein – und dann schließlich auch alle bewußten Wesen simulieren könnte –, wäre die simulierte Welt aus Sicht der Wesen im *Inneren* des Computers *wirklich*:

> Die entscheidende Frage ist diese: Gibt es simulierte Menschen? So weit die simulierten Menschen es sagen können, gibt es sie. Nach Voraussetzung können simulierte Menschen jede Handlung nachvollziehen, die wirkliche Menschen vornehmen können, um zu bestimmen, ob es sie gibt – wenn sie über die Tatsache nachdenken, daß sie denken und mit der Umwelt wechselwirken – und sie tun es auch. Es gibt einfach keine Möglichkeit, wie simulierte Menschen herausfinden können, daß sie »eigentlich« im Computer sind, also lediglich simuliert und nicht wirklich. Sie können von dort aus, wo sie sind, im Inneren des Programms, nicht an das Wahre, den Computer als Gegenstand, gelangen ... Es gibt für die Menschen im Inneren dieses simulierten Universums keine Möglichkeit zu sagen, daß sie lediglich simuliert sind, daß sie nur eine Reihe von Zahlen sind, die in einem Computer herumgeworfen werden, also nicht wirklich sind.[6]

Natürlich hängen die Überlegungen Tiplers von der Möglichkeit ab, daß ein Computer Bewußtsein simulieren kann. Ist das vernünftig?
Man stelle sich vor, der Computer simuliere einen Menschen. Wenn die Simulation wirklich genau wäre, würde ein menschlicher Beobachter, der die Umstände nicht kennt und die Sache von außen betrachtet, allein im Umgang mit der Simulation nicht in der Lage sein herauszufinden, ob der simulierte Mensch im Computer steckt oder ein Mensch in unserer Welt ist. Der Beobachter könnte die Simulation befragen und völlig vernünftige, menschliche Antworten erhalten. Der Beobachter wäre dann versucht zu schließen, daß die Simulation über Bewußtsein verfügt. Genau dieses Thema hat Alan Turing in einer berühmten Arbeit mit dem Titel »Können Maschinen denken?« erörtert, in der er sich eben eine solche Überprüfung durch Befragung vorstellte. Obwohl die meisten Menschen den Gedanken, es könne eine bewußte Maschine geben, ausgefallen oder sogar absurd finden, haben viele angesehene Wissenschaftler und Philosophen der sogenannten starken Richtung der Künstlichen Intelligenz aufgrund dieser Überlegungen behauptet, simulierter Geist müsse Bewußtsein haben.

Für den, der bereit ist zu denken, ein hinreichend mächtiger Computer könne Bewußtsein haben, ist es nur ein kleiner Schritt zu der Annahme, ein Computer könne im Prinzip eine ganze Gemeinschaft bewußter Wesen erzeugen. Diese Wesen könnten dann wahrscheinlich in ihrer simulierten Welt denken, fühlen, leben und sterben und völlig vergessen, daß sie nur dank der Tätigkeit eines Computerbetreibers existieren, der jeden Augenblick den Stecker ziehen könnte! Dies wäre genau die Position der intelligenten Wesen in der Welt von Conways *Life*.

Aber diese ganze Diskussion fordert offensichtlich die Frage heraus: Wie wissen wir, daß wir selbst »wirklich« sind und nicht nur eine Simulation im Inneren eines gigantischen Computers? »Das können wir offenbar nicht wissen«, sagt Tipler. Aber kommt es darauf an? Tipler behauptet, es sei unwichtig, ob es diesen Computer tatsächlich gibt, da die bewußten Wesen in seinem Inneren seine Existenz sowieso nicht verifizieren können. Es kommt ihm nur auf die Existenz eines geeigneten abstrakten

Programms an (selbst eine abstrakte Tabelle würde genügen), das ein Universum simulieren kann. Entsprechend ist die wirkliche Existenz eines physikalischen Universums unwichtig: »Ein solches physikalisch wirkliches Universum wäre äquivalent zu einem Kantschen Ding an sich. Als Empiristen sind wir dazu gezwungen, auf inhärent Unerfahrbares zu verzichten: Das Universum muß ein abstraktes Programm sein.«[7]

Diese Überlegung hat (abgesehen von ihrer Ähnlichkeit mit einem Beweis durch Widerspruch) den Nachteil, daß die Anzahl möglicher abstrakter Programme unendlich ist. Warum erfahren wir gerade dieses Universum? Tipler meint, alle möglichen Welten, in denen es Bewußtsein geben kann, würden auch wirklich erfahren. Unseres ist nicht das einzige. Offensichtlich sehen wir dieses, nach Definition. Aber es gibt andere Universen, von denen viele unserem ähneln, die ihre eigenen Bewohner haben, für die ihr Universum genauso wirklich ist wie das unsere für uns. (Dies ist eine Variante der »Viele-Welten-Deutung« der Quantenmechanik, die bei vielen angesehenen Physikern beliebt ist und die im einzelnen in meinem Buch *Mehrfachwelten* beschrieben wird. Ich komme in Kapitel 8 darauf zurück.) Die Programme, die Universen kodieren, in denen es keine bewußten Wesen geben kann, bleiben unbeobachtet und lassen sich deswegen in gewissem Sinn als weniger wirklich ansehen. Die Menge der Programme, die erfahrbare Universen erzeugen können, ist ein kleiner Teil der Menge aller möglichen Programme. Unseres läßt sich als typisch ansehen.

Das Unerreichbare

Wenn das Universum das »Ergebnis« von Rechenprozessen ist, muß es nach Definition auch berechenbar sein. Es muß genauer gesagt ein Programm oder einen Algorithmus geben, aus dem sich in endlich vielen Schritten eine richtige Beschreibung der Welt herleiten läßt. Wenn wir diesen Algorithmus kennen würden, hätten wir eine vollständige Theorie des Universums, einschließlich der numerischen Werte für alle meßbaren physikalischen Größen. Was läßt sich über diese Zahlen aussagen? Wenn sie sich durch Berechnung ergeben sollen, müssen sie *berechenbare* Zahlen sein. Man hat im allgemeinen angenommen, die Werte aller von der physikalischen Theorie vorhergesagten meßbaren Größen seien berechenbare Zahlen. Aber diese Annahme ist vor kurzem von den Physikern Robert Geroch und James Hartle in Frage gestellt worden. Danach machen bestehende physikalische Theorien Vorhersagen über meßbare Größen, die nicht berechenbar sind. Obwohl diese Theorien mit dem recht technischen Thema der Quanteneigenschaften der Raumzeit zu tun haben, rühren sie doch auch einen grundsätzlichen Punkt an.

Nehmen wir an, eine anerkannte Theorie sage für eine Größe – zum Beispiel für das Verhältnis der Massen von zwei subatomaren Teilchen – eine nichtberechenbare Zahl x vorher. Läßt sich die Theorie überprüfen? Zur Überprüfung einer Vorhersage gehört ein Vergleich des theoretischen mit dem experimentellen Wert. Offensichtlich läßt sich dies nur bis zu einer gewissen Genauigkeit durchführen. Nehmen wir an, der experimentelle Wert sei bis auf einen erwarteten Fehler von 10 Prozent bestimmt. Man müßte x dann auf 10 Prozent genau kennen. Nun kann x, obwohl es vielleicht existiert, von keinem endlichen Algorithmus, keinem systematischen Verfahren gefunden werden; genau das ist ja mit nichtberechenbar gemeint. Andererseits braucht man x nur bis auf 10 Prozent genau zu kennen. Es ist sicherlich möglich, einen Algorithmus zu finden, der zu immer besseren Approximationen für x führt, die schließlich innerhalb von 10 Prozent liegen. Das Problem ist, daß wir, da wir x nicht kennen, auch nicht wissen können, wann wir das 10 Prozent-Niveau erreicht haben.

Trotz dieser Schwierigkeiten könnte es möglich sein, eine 10 Prozent-Näherung durch ein nichtalgorithmisches Verfahren zu finden. An einer algorithmischen Konstruktion ist entscheidend, daß man von Anfang an eine endliche Menge von Standard-Anweisungen festlegt. Dann lassen sich rein mechanisch die Instruktionen erarbeiten, die zum gewünschten Ergebnis führen. Im Fall einer berechenbaren Zahl wie etwa π kann man sich vorstellen, daß ein Computer eine Folge von immer besseren Näherungen erzeugt und als Ergebnis bei jedem

Schritt genau angibt, wie gut diese spezielle Näherung ist. Aber wie wir sahen, bewährt sich dieses Verfahren nicht bei nichtberechenbaren Zahlen. Vielmehr müßte der Theoretiker jeden Grad an Genauigkeit als neues Problem angehen und neu behandeln. Vielleicht gibt es einen Trick, wie sich eine 10 Prozent-Näherung für *x* finden ließe. Aber derselbe Trick brauchte auf der 1 Prozent-Ebene nicht mehr zu funktionieren. Der Theoretiker müßte dann ein ganz anderes Verfahren anwenden. Mit jeder Verbesserung der Experimentiergenauigkeit hätte der arme Theoretiker mehr zu tun, um eine entsprechende Näherung für den vorhergesagten Wert zu finden.

Wie Geroch und Hartle betonen, ist es gewöhnlich schwerer, eine Theorie aufzustellen als sie anzuwenden, weil die Durchführung gewöhnlich rein mechanisch abläuft. Es brauchte den Genius Newtons, um die Bewegungsgesetze und das Gravitationsgesetz zu formulieren; jetzt läßt sich ein Computer so programmieren, daß er die Theorie »blind« anwenden und die Daten für die nächste Sonnenfinsternis berechnen kann. Im Fall einer Theorie zur Vorhersage nichtberechenbarer Zahlen ist die Anwendung der Theorie genauso schwierig wie die Formulierung. Tatsächlich lassen sich diese beiden Tätigkeiten nicht klar unterscheiden.

Für die Theoretiker wäre es offensichtlich besser, wenn unsere physikalischen Theorien niemals von dieser Art wären. Das aber können wir aber nicht sicher wissen. Es könnten zwingende Gründe für eine bestimmte Theorie sprechen, von der sich dann herausstellt, daß sie zu unberechenbaren Vorhersagen führt, wie es nach Meinung von Geroch und Hartle bei der Quantenbeschreibung der Raumzeit der Fall sein könnte. Sollte die Theorie allein deswegen verworfen werden? Gibt es einen Grund, warum das Universum »algorithmisch erschließbar« sein sollte? Wir wissen es nicht, aber eines ist sicher: Wenn das Universum nicht berechenbar ist, versagt die sonst sehr enge Analogie zwischen Natur und Computer.

Wenn Gott, wie Einstein sagte, raffiniert ist, aber nicht bösartig, können wir davon ausgehen, daß wir wirklich in einer »berechenbaren« Welt leben. Was können wir dann über das Wesen des Programms herausfinden, von dem Physiker wie

Fredkin und Tipler uns glauben machen wollen, es sei die Quelle unserer Wirklichkeit?

Was man nicht wissen kann

Stellen wir uns ein Programm vor, das in einem elektronischen Computer verwendet wird – zum Beispiel zur Multiplikation von Zahlen. Für ein Programm ist wesentlich, daß es in einem gewissen Sinn einfacher zu konstruieren sein sollte als die Operationen, für die es entworfen wurde. Wenn das nicht so wäre, würde man sich gar nicht erst mit dem Computer abgeben, sondern die arithmetischen Operationen direkt ausführen. Man kann also sagen, ein nützliches Computerprogramm sollte mehr Information erzeugen (in unserem Beispiel die Ergebnisse vieler Multiplikationen), als es selbst enthält. Dies ist lediglich eine etwas vornehme Art zu sagen, daß wir in der Mathematik nach einfachen Regeln suchen, die sich immer wieder, auch bei sehr komplizierten Rechnungen, anwenden lassen. Aber nicht alle mathematischen Operationen lassen sich durch ein Programm ausführen, das wesentlich weniger kompliziert ist als die Operation selbst. Die Existenz nichtberechenbarer Zahlen impliziert sogar, daß es für einige Operationen *kein* Programm gibt. Einige mathematische Prozesse sind so kompliziert, daß sie sich überhaupt nicht in einem kompakten Programm erfassen lassen.

In der Natur sehen wir uns einer enormen Komplexität gegenüber; es stellt sich die Frage, ob eine Beschreibung dieser Komplexität in einer kompakten Beschreibung eingefangen werden kann. Anders gesagt fragen wir, ob das »Programm für das Universum« wesentlich einfacher ist als das Universum selbst. Dies ist eine sehr tiefliegende Frage nach dem Wesen der physikalischen Welt. Ein Computerprogramm oder ein Algorithmus werden, wenn sie einfacher sind als das von ihnen beschriebene System, »algorithmisch kompressibel« genannt. Wir stehen also vor der Frage, ob das Universum algorithmisch kompressibel ist.

Bevor wir uns dieser Frage zuwenden, wird es hilfreich sein, den Begriff der algorithmischen Kompressibilität etwas genauer zu bedenken. Die algorithmische Informationstheorie wurde in den sechziger Jahren dieses Jahrhunderts in der damaligen Sowjetunion von Andrei Kolmogorow und in den USA von Gregory Chaitin am IBM begründet. Im wesentlichen ist die Fragestellung sehr einfach: Welches ist die kürzeste Möglichkeit, ein System bis zu einer bestimmten Auflösung zu beschreiben? Offensichtlich läßt sich ein einfaches System leicht beschreiben, ein komplexes nicht. (Versuchen Sie einmal, ein Korallenriff mit so wenigen Worten zu beschreiben wie einen Eiswürfel.) Chaitin und Kolmogorow schlugen vor, die Komplexität einer Sache als die Länge ihrer kürzestmöglichen Beschreibung zu definieren.

Wir erörtern das am Beispiel der Zahlen. Es gibt einfache Zahlen wie etwa 2 oder π und komplizierte Zahlenreihen wie eine Kette von Einsen und Nullen, die durch das Werfen einer Münze entstehen. (Das Bild soll einer Eins entsprechen, die Zahl einer Null.) Wie lassen sich solche Zahlen eindeutig beschreiben? Ein Verfahren besteht darin, sie einfach als Dezimal- oder Binärzahlen zu schreiben (π kann nur genähert angegeben werden, weil seine Dezimalentwicklung unendlich und nicht periodisch ist). Aber das ist sicherlich nicht die sparsamste Darstellung. Die Zahl π zum Beispiel ließe sich besser durch eine Formel beschreiben, mit der sie sich beliebig genau berechnen läßt. Wenn die betreffenden Zahlen als Output eines Computers gesehen werden, ist die kürzeste Beschreibung einer Zahl das kürzeste Programm, das es dem Computer erlaubt, diese Zahl anzugeben. Einfache Zahlen entsprechen dann kurzen Programmen, komplexe Zahlen langen.

Der nächste Schritt besteht in einem Vergleich der Länge der Zahl mit der Länge des Programms, das sie erzeugt. Ist es kürzer? Wurde Kompression erreicht? Um das zu präzisieren, nehmen wir an, das vom Computer ausgegebene Ergebnis werde als eine Folge von Einsen und Nullen ausgedruckt, also etwa als

1011010111000101001101010 01 ...

(wobei »...« für »und so weiter, vielleicht endlos« steht). Diese Reihe hat einen gewissen Informationsgehalt, der in »Bits« gemessen wird. Wir möchten die im Ergebnis enthaltene Menge an Information mit dem Informationsgehalt des Programms selbst vergleichen. Nehmen wir als einfaches Beispiel an, die Ausgabe sei

101010101010101010101010101010.

Dies ließe sich durch den einfachen Algorithmus »Drucke 10 fünfzehnmal« erzeugen. Eine sehr viel längere Ergebniskette ließe sich durch das Programm »Drucke 01 eine Million mal« erzeugen. Das zweite Programm ist kaum komplizierter als das erste, erzeugte aber ungeheuer viel mehr Information. Wenn das Ergebnis eine Struktur hat, läßt sich diese möglicherweise in einem einfachen Algorithmus verschlüsseln, der viel kürzer sein kann (in Informationsbits gemessen) als das Ergebnis selbst. In diesem Fall wird die Kette algorithmisch kompressibel genannt. Wenn eine Kette umgekehrt nicht durch einen Algorithmus erzeugt werden kann, der wesentlich kürzer ist als sie selbst, ist sie algorithmisch nicht kompressibel. In diesem Fall weist die Kette keinerlei Regelmäßigkeit oder Ordnung auf, sondern ist lediglich eine zufällige Folge von Einsen und Nullen. So also wird die mögliche algorithmische Kompression zu einem nützlichen Maß für die Einfachheit oder Struktur der Ausgabe, wobei geringe Kompressibilität ein Zeichen für hohe Komplexität ist. Einfache, regelmäßige Ketten sind in hohem Maße kompressibel, komplexe, strukturlose dagegen weniger.

Mit Hilfe des Begriffs der algorithmischen Kompressibilität läßt sich der Begriff der Zufälligkeit definieren: Eine Folge ist eine Zufallsfolge, wenn sie nicht algorithmisch komprimiert werden kann. Es ist vielleicht nicht leicht zu sehen, ob eine vorgegebene Folge kompressibel ist. Sie könnte ja eine höchst raffinierte Struktur haben, die auf kryptische Weise in sie eingebaut ist. Jeder Code-Knacker weiß, daß das, was auf den ersten Blick wie ein zufälliges Durcheinander von Buchstaben aussieht, doch eine strukturierte Botschaft sein kann, die man kennt, sobald man den Code kennt. Die unendliche Dezimalentwicklung (und ihr binäres Gegenstück) der Zahl π läßt in über Tausenden von Ziffern keine Struktur erkennen. Die Verteilung der Ziffern besteht alle bekannten Tests auf Zufälligkeit. Aus einer Kenntnis der ersten tausend Ziffern allein läßt sich auf keine Art vorhersagen, wie die tausend und erste heißen wird.

Aber trotzdem ist π *nicht* algorithmisch zufällig, weil sich ein sehr kompakter Algorithmus angeben läßt, der die Zahl erzeugt.

Chaitin weist darauf hin, daß diese Gedanken mathematischer Komplexität sich überzeugend auf physikalische Systeme ausdehnen lassen: Die Komplexität eines physikalischen Systems ist die Länge des minimalen Algorithmus, der es simulieren oder beschreiben kann. Auf den ersten Blick mag diese Näherung recht willkürlich erscheinen, weil wir noch nicht angegeben haben, welcher Computer dazu benutzt werden soll. Es stellt sich jedoch heraus, daß es darauf nicht wirklich ankommt, weil alle universalen Computer einander simulieren können. Ähnlich kommt es nicht darauf an, mit welcher Computersprache – LISP, BASIC, FORTRAN – wir arbeiten wollen. Instruktionen, die eine Computersprache in eine andere übersetzen, lassen sich einfach hinschreiben. Gewöhnlich ist das Zusatzprogramm, das zur Umwandlung der Sprache nötig ist, damit das Programm auf einer anderen Maschine ablaufen kann, nur eine sehr kleine Korrektur des Gesamtprogramms. Man braucht sich also nicht darum zu sorgen, wie der benutzte Computer eigentlich gemacht ist. Das ist ein wichtiger Punkt. Die Tatsache, daß die Definition der Komplexität unabhängig ist vom benutzten Gerät, legt nahe, daß sie eine wirklich existierende Eigenschaft des Systems beschreibt und nicht lediglich eine Funktion des Weges ist, den wir zur Beschreibung wählen.

Begründeter ist die Sorge darüber, wie man herausfinden kann, ob ein bestimmter Algorithmus wirklich der kürzeste ist. Wenn man einen kürzeren findet, war er es sicher nicht. Aber im allgemeinen stellt es sich als unmöglich heraus, die Frage mit Sicherheit zu bejahen. Der Grund ist wieder in Gödels Unentscheidbarkeitssatz zu suchen. Man erinnere sich, daß dieser Satz auf einer mathematischen Fassung des Paradoxons vom »Lügner« beruht. (»Diese Aussage ist falsch«). Chaitin wandte diesen Gedanken auf Aussagen über Computerprogramme an. Nehmen wir an, ein Computer erhielte den folgenden Befehl: »Suche nach einer Reihe von Ziffern, die sich nur durch ein Programm erzeugen läßt, das länger ist als dieses.« Wenn die Suche Erfolg hat, wird das Suchprogramm selbst die Ziffernfolge erzeugt haben. Aber dann kann diese Reihe von Ziffern keine sein, »die sich nur durch ein Programm erzeugen läßt, das länger ist als dieses.« Also ist der Schluß, daß die Suche erfolglos bleiben muß, selbst wenn sie endlos weitergeht. Was sagt uns das? Die Suche sollte zu einer Ziffernfolge führen, die ein erzeugendes Programm brauchte, das mindestens so lang war wie das Suchprogramm, was bedeutet, daß jedes kürzere Programm ausgeschlossen wird. Wenn die Suche jedoch ergebnislos bleibt, können wir nicht ausschließen, daß es ein kürzeres Programm gibt. Wir wissen einfach im allgemeinen nicht, ob eine gewisse Ziffernfolge sich in einem Programm verschlüsseln läßt, das kürzer ist als das zufällig von uns entdeckte.

Chaitins Satz hat eine interessante Folgerung für Folgen von Zufallszahlen – also zufällige Ziffernfolgen. Wie schon gesagt, ist eine Zufallsfolge eine Folge, die sich nicht algorithmisch komprimieren läßt. Aber wie wir gerade gesehen haben, kann man nicht wissen, ob es ein kürzeres Programm zur Erzeugung dieser Folge gibt oder nicht. Man kann niemals sagen, ob man alle Tricks entdeckt hat, mit denen sich die Beschreibung abkürzen läßt. So kann man im allgemeinen nicht beweisen, daß eine Folge zufällig ist, obwohl man die Zufälligkeit widerlegen könnte, indem man tatsächlich eine Kompression angibt. Dieses Ergebnis ist um so merkwürdiger, als sich beweisen läßt, daß fast alle Ziffernfolgen zufällig sind. Man kann nur nicht genau wissen, welche es sind!

Es ist eine faszinierende Vorstellung, daß nach dieser Definition Zufallsereignisse in der Natur vielleicht überhaupt nicht zufällig sind. Wir können zum Beispiel nicht sicher sein, daß der Indeterminismus der Quantenmechanik nicht von dieser Art ist. Wir können schließlich, so stellt der Satz von Chaitin sicher, niemals beweisen, daß das Ergebnis einer Reihe von quantenmechanischen Messungen tatsächlich zufällig ist. Es *scheint* sicherlich zufällig zu sein, aber das gilt auch für die Ziffern von π. Bis man den »Code« oder Algorithmus kennt, der die zugrundeliegende Ordnung verrät, könnte man auch etwas vor sich haben, das wirklich zufällig ist. Könnte es eine raffiniertere Form eines »kosmischen Code« geben, einen Algorithmus, der die Ergebnisse von Quantenereignissen in der physikalischen Welt erzeugen und damit Quantenindeterminismus als eine Illusion aufdecken würde? Könnte es in diesem Code eine »Botschaft« geben, die einige tiefe Geheimnisse des Weltalls enthält? Dieser Gedanke wurde von einigen Theologen vertreten, die bemerkten, daß der Quantenindeterminismus Gott eine Möglichkeit läßt, im Universum zu wirken und auf atomarer Ebene durch »Gewichtung des Quantenwürfels« zu manipulieren, ohne die Gesetze der klassischen (also nicht-quantalen) Physik zu verletzen. Auf diese Weise ließen sich Gottes Ziele einem formbaren Kosmos auferlegen, ohne die Physiker zu sehr zu stören. In Kapitel 9 werde ich einen Vorschlag dieser Art erörtern.

Ausgerüstet mit dieser algorithmischen Definition konnte Chaitin beweisen, daß die Zufälligkeit die ganze Mathematik durchdringt, auch die Arithmetik. Dazu entwickelte er eine monströse Gleichung mit siebzehntausend Veränderlichen. Diese, eine sogenannte diophantische Gleichung enthält einen Parameter *K*, der ganzzahlige Werte 1,2,3 und so weiter annehmen kann. Chaitin fragt nun, ob seine Riesengleichung für einen bestimmten Wert von *K* endlich oder unendlich viele Lösungen hat. Man kann sich vorstellen, wie jeder Wert von *K* untersucht wird, und die Antworten »endlich«, »endlich«, »unendlich«, »endlich«, »unendlich«, »unendlich«, ... lauten werden. Weist die Folge dieser Antworten eine Struktur auf? Chaitin bewies, daß diese Frage verneint werden muß. Wenn wir »endlich« durch O und »unendlich« mit 1 wiedergeben, lautet die sich so ergebende Ziffernfolge 001011 ..., und sie läßt sich nicht algorithmisch komprimieren. Sie ist zufällig.

Die Folgerungen aus diesem Satz sind verblüffend. Im allgemeinen hat man, wenn ein Wert für *K* gewählt wurde, keine andere Möglichkeit als direkt nachzuprüfen, ob diese bestimmte diophantische Gleichung endlich oder unendlich viele Lösungen hat. Es gibt, anders gesagt, kein systematisches Verfahren, das die Antworten auf wohldefinierte mathematische Fragen im voraus zu kennen erlaubt: Die Antworten sind zufällig. Es findet sich auch kein Trost in der Tatsache, daß eine diophantische Gleichung mit siebzehntausend Variablen ein ziemlich seltenes mathematisches Gebilde ist. Wenn einmal die Zufälligkeit in die Mathematik hineinkommt, verseucht sie sie überall. Das verbreitete Bild der Mathematik als einer Sammlung genauer Tatsachen, die durch wohldefinierte logische Bahnen verknüpft sind, wird damit als falsch entlarvt. Es gibt in der Mathematik genau wie in der Physik Zufälligkeit und damit Ungewißheit. Nach Chaitin würfelt Gott nicht nur in der Quantenmechanik, sondern sogar mit den ganzen Zahlen. Chaitin glaubt, die Mathematik solle mehr wie eine Naturwissenschaft behandelt werden, in der Ergebnisse von einer Mischung aus Logik und empirischer Entdeckung abhängen. Man könnte sich an Universitäten sogar einen Fachbereich »Experimentelle Mathematik« vorstellen.

Eine vergnügliche Anwendung der algorithmischen Informationstheorie betrifft eine nichtberechenbare Zahl, die gewöhnlich Ω genannt wird, und die Chaitin als die Wahrscheinlichkeit definiert, daß ein Computerprogramm zum Stillstand kommt, wenn ihm lediglich eine Zufallsfolge binärer Zahlen eingegeben wird. Die Wahrscheinlichkeit eines Ereignisses ist eine Zahl zwischen 0 und 1: Der Wert 0 entspricht der Unmöglichkeit, der Wert 1 der Unvermeidlichkeit. Offensichtlich liegt Omega nahe an 1, weil die meisten zufälligen Eingaben dem Computer wie Kraut und Rüben erscheinen. Er teilt dann bald mit, er habe eine fehlerhafte Botschaft erhalten. Es läßt sich jedoch zeigen, daß Omega algorithmisch nicht kompressibel ist; seine binäre oder dezimale Entwicklung wird nach den ersten Ziffern vollständig zufällig. Weil für Omega wichtig ist, ob das Verfahren aufhört oder in eine Schleife mündet, verschlüsselt die Folge seiner Ziffern eine Lösung dieses Problems. So enthalten die ersten *n* Ziffern in der binären Entwicklung von Omega die Antwort auf das Problem, welche *n*-Ziffern-Programme zu einem Halt kommen und welche immer weiterlaufen werden.

Charles Bennett hat gezeigt, daß viele der großen ungelösten Probleme der Mathematik wie etwa Fermats letzter Satz sich als ein Halteproblem formulieren lassen, weil sie aus der Vermutung bestehen, daß es etwas nicht gibt (in diesem Fall eine Zahlenmenge, die Fermats Satz erfüllt). Der Computer braucht nur nach einem Gegenbeispiel zu suchen. Wenn er eines findet, hält er an, wenn nicht, sucht er immer weiter. Außerdem könnten sich die meisten interessanten Probleme als Programme verschlüsseln lassen, die nur wenige Tausend Ziffern lang sind.

Wenn wir also auch nur die ersten tausend Ziffern von Omega kennen, hätten wir damit Zugang zu einer Lösung aller mathematischen Probleme dieser Art und auch zu allen anderen Problemen ähnlicher Komplexität, die sich in Zukunft formulieren ließen! Omega »enthält ungeheuer viel Weisheit auf sehr kleinem Raum. Die ersten paar tausend Stellen könnte man auf einem kleinen Blatt Papier unterbringen«, schreibt Bennett, »und sie gäben die Antwort auf mehr mathematische Fragen, als man im ganzen Universum aufschreiben kann.«[8]

Leider läßt sich Omega als nichtberechenbare Zahl niemals durch konstruktive Mittel enthüllen, auch wenn wir noch solange daran arbeiten. Solange uns mystische Eingebung versagt ist, können wir Omega niemals kennen. Und selbst wenn uns Omega durch göttlichen Eingriff vermittelt würde, hätten wir keine Ahnung davon, was es ist, denn als Zufallszahl würde es sich durch nichts verraten. Es wäre einfach ein Durcheinander von Ziffern. Ein wesentlicher Teil von Omega könnte sehr wohl irgendwo in einem Lehrbuch aufgeschrieben sein.

Das in Omega enthaltene Wissen gibt es wirklich, aber es bleibt uns durch die Vorschriften der Logik und die Paradoxa der Rückbezüglichkeit auf immer verborgen. Das unerfahrbare Omega ist vielleicht das heutige Gegenstück zu den »magischen Zahlen« der alten Griechen. Bennett spricht geradezu poetisch von seiner mystischen Bedeutung:

> Zu allen Zeiten haben Mystiker und Philosophen nach einem Schlüssel zur allumfassenden Weisheit gesucht, nach einer Formel oder einem Text, der die Antwort auf alle Fragen enthielte. Ihre Studien der Bibel, des Korans, des I-Ching, der geheimen Bücher des Hermes Trismegistos und der mittelalterlichen jüdischen Kabbala belegen das. In gewissem Sinn sucht auch die Wissenschaft nach ihrer Kabbala: nach einer kleinen Anzahl von Naturgesetzen, die alle Erscheinungen erklären. Ω ist in vieler Hinsicht eine kabbalistische Zahl … Aber die Weisheit von Ω ist nutzlos, gerade weil sie universell ist. Es wirkt wie eine Ironie des Schicksals, daß sich Ω zwar nicht berechnen läßt, die Ziffernfolge dieser Zahl sich aber zufällig ergeben könnte, etwa aus einer Serie von Münzwürfen oder durch eine Lawine, die die Ziffern als ein Muster aus Geröllbrocken im Gebirge hinterläßt. Kein sterblicher Entdecker

aber könnte die Echtheit dieses Schatzes nachweisen oder Gebrauch davon machen.[9]

Das kosmische Programm

Die algorithmische Informationstheorie liefert eine strenge Definition der Komplexität, die auf dem Gedanken der Berechenbarkeit beruht. Wenn wir unser Problem, ob das Weltall ein Computer ist – oder, genauer, ob es berechenbar ist –, weiter verfolgen, stellt sich die Frage, ob die ungeheure Komplexität des Universums algorithmisch kompressibel ist. Gibt es ein kompaktes Programm, das das Universum in all seinen komplizierten Einzelheiten »erzeugen« kann?

Obwohl das Universum komplex ist, ist es sicherlich nicht zufällig. Wir beobachten Regelmäßigkeiten. Die Sonne geht jeden Tag pünktlich auf, Licht bewegt sich im Vakuum immer mit derselben Geschwindigkeit, Myonen zerfallen immer mit einer Halbwertzeit von zwei Millionstel Sekunden und so weiter. Diese Regelmäßigkeiten sind in den sogenannten Naturgesetzen erfaßt. Wie ich schon sagte, entsprechen die physikalischen Gesetze Computerprogrammen. Wenn der Anfangszustand eines Systems gegeben ist (Input), können wir mit Hilfe der Gesetze einen späteren Zustand berechnen (Output).

Der Informationsgehalt der Gesetze und der Anfangsbedingungen ist im allgemeinen viel geringer als der der möglichen Ausgabe. Ein Naturgesetz kann einfach aussehen, wenn es auf Papier geschrieben ist, aber es wird gewöhnlich als ein abstrakter mathematischer Ausdruck formuliert, der selbst entschlüsselt werden muß. Trotzdem steckt die Information, die zum Verständnis der mathematischen Symbole nötig ist, in wenigen Lehrbüchern, während die Anzahl der Tatsachen, die von diesen Theorien beschrieben werden, unbegrenzt ist. Ein klassisches Beispiel ist die Vorhersage von Finsternissen. Wenn die Position und die Bewegung von Erde, Sonne und Mond zu einem bestimmten Zeitpunkt bekannt sind, können wir sagen, wann es in der Zukunft und in der Vergangenheit Finsternisse geben wird oder gab. Eine Datenmenge führt also zu vielen Ergebnissen. In der Computersprache ausgedrückt wurden also die Daten für die Finsternisse algorithmisch auf die Gesetze und ihre Anfangsbedingungen komprimiert. Die beobachteten Regelmäßigkeiten des Universums sind ein Beispiel für seine algorithmische Kompressibilität. Der Komplexität der Natur liegt die Einfachheit der Physik zugrunde.

Interessanterweise beschäftigte sich einer der Gründer der algorithmischen Informationstheorie, Ray Solomonoff, mit genau dieser Art Fragen. Solomonoff suchte nach einer Möglichkeit, die relative Plausibilität rivalisierender wissenschaftlicher Hypothesen zu messen. Wie sollen wir uns, wenn sich vorgegebene Daten durch mehr als eine Theorie erklären lassen, zwischen ihnen entscheiden? Können wir den Rivalen einen quantitativen »Wert« zuschreiben? Die kurze Antwort verweist auf Ockhams Rasiermesser: Man nimmt die Theorie mit den wenigsten voneinander unabhängigen Annahmen. Wenn man sich eine Theorie als ein Computerprogramm vorstellt und die Tatsachen als das Ergebnis dieses Programms, dann zwingt uns Ockhams Messer, das kürzeste Programm herauszusuchen, das dieses bestimmte Ergebnis erzeugen kann. Wir sollten also derjenigen Theorie oder dem Programm den Vorzug geben, das die größte algorithmische Kompression der Tatsachen ermöglicht.

So gesehen läßt sich die ganze Naturwissenschaft als Suche nach algorithmischen Kompressionen von Beobachtungsdaten sehen. Das Ziel der Naturwissenschaft ist schließlich die Erzeugung einer kurzen Beschreibung der Welt, die auf bestimmten vereinheitlichenden Grundsätzen beruht, die wir Gesetze nennen. »Wären Daten nicht algorithmisch kompressibel, wäre alle Naturwissenschaft eine Art stumpfsinniges Briefmarkensammeln«, schreibt Barrow, »einfach die Anhäufung aller verfügbaren Daten. Die Naturwissenschaft beruht auf der Überzeugung, daß das Universum algorithmisch kompressibel ist. Die moderne Suche nach einer Theorie für Alles beruht letztlich auf dieser Überzeugung, einer Überzeugung also, daß es für die Logik hinter den Eigenschaften des Weltalls eine verkürzte Darstellung gibt, die sich in endlicher Form von Menschen niederschreiben läßt.«[10]

Können wir also schließen, daß kosmische Komplexität sich in ein sehr kurzes »kosmisches Programm« komprimieren läßt, etwa so wie die Komplexität bei *Life* auf einfache Regeln hinausläuft, die immer wieder angewendet werden? Obwohl es in der Natur viele deutliche Anzeichen für algorithmische Kompression gibt, läßt sich nicht jedes System so komprimieren. Es gibt eine Klasse von Vorgängen, die wir »chaotisch« nennen und deren Bedeutung erst vor kurzem erkannt wurde. Dieses sind Prozesse, die keinerlei Regelmäßigkeiten aufweisen. Ihr Verhalten scheint völlig zufällig zu sein. Folglich sind sie nicht algorithmisch kompressibel. Früher wurde Chaos für die Ausnahme gehalten, aber Naturwissenschaftler neigen jetzt zu der Annahme, daß sehr viele natürliche Systeme chaotisch sind oder es unter gewissen Umständen werden können. Zu den vertrauten Beispielen gehören Wirbel in Flüssigkeiten, tropfende Wasserhähne, Herzarhythmien und Doppelpendel.

Obwohl Chaos recht verbreitet ist, ist es klar, daß das Universum insgesamt weit davon entfernt ist, zufällig zu sein. Wir finden überall Strukturen und erfassen sie in Gesetzen, die zutreffende Vorhersagen machen können. Aber das Universum ist auch alles andere als einfach. Es besitzt eine subtile Art von Komplexität und befindet sich dadurch halbwegs zwischen Einfachheit einerseits und Zufälligkeit andererseits. Man könnte sagen, das Universum enthalte eine »organisierte Komplexität«, ein Thema, das ich in meinem Buch *Prinzip Chaos* ausführlich untersucht habe. Es hat viele Versuche gegeben, dieses flüchtige Element, das wir Organisation nennen, mathematisch zu fassen. Einen verdanken wir Charles Bennett; er spricht von »logischer Tiefe«, einem Begriff, der weniger mit der Menge an Komplexität oder Information zu tun hat, die zur Kennzeichnung eines Systems nötig sind, und mehr mit seiner Qualität oder seinem »Wert«. Bennett erklärt:

Wenn wir oft nacheinander eine Münze werfen, vermittelt die Folge der Ergebnisse viel Information, aber sie hat als Botschaft kaum einen Wert. Eine Ephemeridentafel, die den Ort des Mondes und der Planeten für jeden Tag eines Jahrhunderts angibt, enthält nicht mehr Information als die Bewegungsgleichungen und die Anfangsbedingungen, aus denen sie berechnet wurde, aber sie erspart ihrem Besitzer die Arbeit, diese Positionen selbst zu berechnen. Der Wert einer Botschaft steckt also anscheinend in dem, was man seine verborgene Redundanz nennen könnte – in dem, was nur schwer vorherzusagen ist, in dem, was die Empfänger im Prinzip selbst herausgefunden haben könnten, ohne daß man es ihnen gesagt hätte, was sie aber nur mit beträchtlichem Aufwand an Zeit, Geld und Berechnung erfahren hätten. Der Wert einer Botschaft liegt, mit anderen Worten, in der mathematischen oder anderen Arbeit, die von ihrem Urheber verrichtet wird und deren Wiederholung dem Empfänger dadurch erspart wird.[11]

Bennett fordert uns auf, uns den Zustand der Welt so vorzustellen, als ob kodierte Information darin versteckt sei, Information darüber, wie dieser Zustand überhaupt je erreicht wurde. Die Frage ist dann, wieviel »Arbeit« das System zu bewältigen hatte – also wieviel Information verarbeitet wurde –, um diesen Zustand zu erreichen. Das also ist mit »logischer Tiefe« gemeint. Die Menge an Arbeit wird präzisiert, indem sie als die Zeitspanne definiert wird, die nötig ist, um die Botschaft mit Hilfe des kürzestens Programms zu berechnen, das es erzeugen kann. Während algorithmische Komplexität sich auf die Länge des minimalen Programms konzentriert, das ein bestimmtes Ergebnis liefert, hat logische Tiefe mit der Laufzeit des Minimalprogramms zu tun, das dieses Ergebnis erzeugt.

Natürlich kann man einem von einem Computer berechneten Ergebnis nicht einfach ansehen, wie es zustande kam. Selbst eine sehr detaillierte und sinnvolle Botschaft könnte durch Zufallsprozesse zustande gekommen sein. Einem beliebten Beispiel zufolge kann ein Affe die Werke Shakespeares nachschaffen, wenn er nur lange genug auf eine Schreibmaschine einhämmert. Aber nach der algorithmischen Informationstheorie (und Ockhams Rasiermesser) ist die plausibelste Erklärung für das Ergebnis die Gleichsetzung seiner Ursache mit dem Minimalprogramm, weil dazu die kleinste Menge von *ad hoc*-Annahmen nötig ist.

Man denke sich in die Lage eines Radioastronomen hinein, der ein geheimnisvolles Signal auffängt. Die Pulse ergeben aneinandergereiht die erste Million Ziffern von π. Was soll man daraus schließen? Die Annahme, das Signal sei zufällig, entspricht einer Million Bits von *ad hoc*-Annahmen, während die andere Erklärung – wonach die Botschaft durch einen Mechanismus erzeugt wurde, der π programmieren sollte – viel glaubwürdiger ist. Eine Episode dieser Art spielte sich in den sechziger Jahren ab, als Jocelyn Bell, die damals in Cambridge bei Anthony Hewish über Radioastronomie promovierte, regelmäßige Pulse von einer unbekannten Quelle empfing. Bell und Hewish gaben die Hypothese, die Pulse würden zufällig erzeugt, jedoch bald auf. Anders als die Ziffern von π hat eine Reihe von Pulsen, die sehr genau gleichen Abstand haben, wenig logische Tiefe – sie ist logisch flach. Es gibt viele plausible Erklärungen mit wenigen *ad hoc*-Annahmen für ein solches regelmäßiges Muster, weil viele natürliche Erscheinungen periodisch sind. In diesem Fall wurde die Quelle bald als rotierender Neutronenstern, also als ein Pulsar, identifiziert.

Einfache Strukturen sind logisch flach, weil sie rasch durch kurze und einfache Programme erzeugt werden können. Auch Zufallsmuster sind flach, weil ihr Minimalprogramm nach Definition nicht viel kürzer ist als das Muster selbst, so daß das Programm wiederum sehr kurz und einfach ist. Es braucht etwa nur »Drucke das Muster« zu lauten. Hochorganisierte Muster sind jedoch logisch tiefgehend, weil ihre Erzeugung die Ausführung vieler komplizierter Schritte erforderlich macht.

Der Begriff »logische Tiefe« trifft offenbar auf biologische Systeme zu, denn sie sind gute Beispiele für organisierte Komplexität. Ein Lebewesen hat große logische Tiefe, weil es keine andere plausible Erklärung für seine Existenz gibt als eine sehr lange und komplizierte Kette von Evolutionsprozessen. Ein anderes Beispiel für ein logisch tiefes System sind die komplexen Strukturen, die von solchen zellulären Automaten wie *Life* erzeugt werden. In allen Fällen ist die benutzte Regel sehr einfach, deshalb haben diese Muster, algorithmisch gesehen, eigentlich niedrige Komplexität. Das Wesen der Komplexität liegt bei *Life* nicht in den Regeln, sondern in ihrer wiederholten Anwendung. Der Computer muß lange arbeiten und die Regel immer wieder anwenden, bevor er aus einfachen Anfangszuständen äußerst komplizierte Muster erzeugt hat.

Die Welt ist voller Systeme mit logischer Tiefe, die erkennen lassen, wieviel »Arbeit« zu ihrer Herstellung nötig war. Murray Gell-Mann äußerte mir gegenüber einmal, tiefe Systeme ließen sich daran erkennen, daß sie die einzigen sind, die wir gern bewahren möchten. Flache Dinge lassen sich leicht rekonstruieren. Wir schätzen Gemälde, wissenschaftliche Theorien, Skulpturen und musikalische Werke, seltene Vögel und Diamanten, weil sie alle so schwer herzustellen sind. Autos, Salzkristalle und Blechdosen sind uns weniger wert; sie sind relativ flach.

Was also können wir über das kosmische Programm schließen? Jahrhundertelang haben Wissenschaftler das Universum »geordnet« genannt, ohne deutlich zwischen »einfach« und »komplex«, den verschiedenen Formen der Ordnung, unterscheiden zu können. Die Beschäftigung mit der Berechenbarkeit hat uns die Erkenntnis ermöglicht, daß die Welt geordnet ist, weil sie sowohl algorithmisch kompressibel ist als auch logische Tiefe hat. Die Ordnung des Kosmos ist mehr als verordnete Regelhaftigkeit, denn sie ist zugleich auch organisierte Komplexität. Deswegen ist das Universum offen und kann Menschen mit freiem Willen zulassen. Dreihundert Jahre lang wurde die Naturwissenschaft allein von der Suche nach Einfachheit in der Natur beherrscht. In den letzten Jahren, mit der Entwicklung schneller elektronischer Computer, haben wir das wirklich grundlegende Wesen der Komplexität schätzen gelernt. Wir sehen also, daß die Gesetze der Physik eine doppelte Aufgabe erfüllen. Sie müssen die einfachen Muster liefern, die allen physikalischen Erscheinungen zugrunde liegen, und sie müssen auch eine Form haben, die die Entstehung von Tiefe – von organisierter Komplexität – ermöglicht. Daß die Gesetze unseres Weltalls diese entscheidende doppelte Eigenschaft haben, ist eine Tatsache, der buchstäblich kosmische Bedeutung zukommt.

6. Das mathematische Geheimnis

Der Astronom James Jeans schrieb einmal, Gott sei ein Mathematiker. Dieser prägnante Satz ist Ausdruck einer Überzeugung, zu der sich heute fast alle Naturwissenschaftler bekennen. Die Überzeugung, daß sich die Grundordnung der Welt mathematisch formulieren läßt, bildet den Kern aller Naturwissenschaft und wird selten in Frage gestellt. Die Meinung ist so tief verwurzelt, daß wir einen Zweig der Naturwissenschaft erst dann für richtig verstanden halten, wenn er in der unpersönlichen Sprache der Mathematik formuliert wurde.

Wie wir sahen, läßt sich der Gedanke, in der uns umgebenden Welt offenbare sich mathematische Ordnung und Harmonie, bis ins alte Griechenland zurückverfolgen. Er fand im Europa der Renaissance durch Galilei, Newton, Descartes und einige ihrer Zeitgenossen Verbreitung. »Das Buch der Natur«, so meinte Galilei, »ist in der Sprache der Mathematik geschrieben«. Warum das so sein sollte, ist eines der großen Geheimnisse der Welt. Der Physiker Eugene Wigner hat über die »unvernünftige Wirksamkeit der Mathematik in den Naturwissenschaften« nachgedacht und in diesem Zusammenhang C. S. Peirce zitiert, wonach »es hier möglicherweise ein Geheimnis gibt, das noch zu entdecken bleibt«.[1] Ein kürzlich veröffentlichtes diesem Thema gewidmetes Buch[2] mit Aufsätzen von neunzehn Wissenschaftlern (darunter auch der Verfasser dieses Buchs) konnte das Geheimnis nicht lüften und nicht einmal Übereinstimmung erreichen. Die Meinungen reichten von der Behauptung, Menschen hätten die Mathematik lediglich erfunden, um die Erfahrungstatsachen erklären zu können, bis zu der Überzeugung, hinter der mathematischen Beschreibung der Natur stecke ein tiefer Sinn.

Gibt es »dort draußen« schon Mathematik?

Bevor wir uns mit der »unvernünftigen Wirksamkeit« der Mathematik beschäftigen, sollten wir wissen, was Mathematik ist. Es stehen sich zwei Meinungen gegenüber. Die erste behauptet, die Mathematik sei ausschließlich eine Erfindung der Menschen, die zweite, sie habe eine unabhängige Existenz. Wir sind einer Fassung der »inventionistischen« oder formalistischen Deutung schon in Kapitel 4 begegnet, als wir über Hilberts Programm der Formalisierung der Beweisverfahren sprachen. Vor Gödel konnte man glauben, die Mathematik sei eine rein formale Übung und bestehe aus nichts anderem als ungeheuer vielen logischen Regeln, die eine Zeichenmenge mit einer anderen verknüpfen. Dieses Gedankengebäude wurde für ein völlig abgeschlossenes System gehalten. Jede Verbindung mit der natürlichen Welt galt als zufällig und für die eigentliche Mathematik bedeutungslos, denn sie beschäftigte sich nur mit der Erarbeitung und Untersuchung der Folgerungen aus den formalen Regeln. Wie in den vorstehenden Kapiteln erörtert, setzte Gödels Unvollständigkeitssatz dieser streng formalistischen Haltung ein Ende. Trotzdem halten viele Mathematiker an der Überzeugung fest, daß die Mathematik nur eine Erfindung des menschlichen Geistes ist und über die Bedeutung hinaus, die Mathematiker ihr geben, keinen Sinn habe.

Die entgegengesetzte Schule ist als Platonismus bekannt. Platon sah, wie man sich erinnern wird, die Wirklichkeit dualistisch. Einerseits gab es die gegenständliche, vom Demiurgen erschaffene, flüchtige und unbeständige Welt. Andererseits gab es das ewige und unveränderliche Reich der Ideen, das der gegenständlichen Welt als eine Art abstraktes Vorbild dient. Nach Meinung der Platoniker erfinden wir die Mathematik nicht, sondern wir *entdecken* sie. Mathematische Objekte und Regeln erfreuen sich einer unabhängigen Existenz: Sie reichen über die physikalische Wirklichkeit hinaus, die sich unseren Sinnen darbietet.

Um diesen Unterschied weiter zu verdeutlichen, betrachten wir ein Beispiel. Denken wir an den Satz: »23 ist die kleinste Primzahl, die größer ist als 20.« Die Aussage ist entweder wahr oder falsch, und in diesem Fall ist sie wahr. Es stellt sich die Frage, ob die Aussage in einem zeitlosen, absoluten Sinn wahr ist. War die Aussage wahr, bevor die Primzahlen entdeckt oder erfunden wurden? Der Platoniker würde die Frage bejahen, weil es Primzahlen gibt, ob Menschen von ihnen wissen oder nicht. Der Formalist würde die Frage als sinnlos abtun.

Was denken die Berufsmathematiker? Man sagt oft, Mathematiker seien während der Woche Platoniker und am Wochenende Formalisten. Während man wirklich Mathematik betreibt, kann man sich nur schwer des Eindrucks erwehren, man habe teil an dem Vorgang der Entdeckung, ähnlich wie bei einer Experimentalwissenschaft. Die Objekte der Mathematik haben ein Eigenleben und zeigen oft völlig unerwartete Eigenschaften. Andererseits scheint der Gedanke eines transzendenten Reichs mathematischer Ideen vielen Mathematikern zu mystisch zu sein, als daß sie ihn zulassen könnten, und auf Befragung behaupten sie gewöhnlich, sie spielten nur Spiele mit Symbolen und Regeln, wenn sie Mathematik betreiben.

Immerhin haben sich einige hervorragende Mathematiker ausdrücklich zum Platonismus bekannt. Einer von ihnen war Kurt Gödel. Wie zu erwarten, gründete Gödel seine Philosophie der Mathematik auf seine Arbeit zur Unentscheidbarkeit. Er behauptete, es werde immer wahre mathematische Aussagen geben, deren Wahrheit sich aber aus den existierenden Axiomen nicht herleiten läßt. Er stellte sich deshalb vor, es gebe diese wahren Aussagen schon »dort draußen« in einem platonischen Reich, jenseits unseres eigenen. Ein anderer Platoniker ist der Mathematiker Roger Penrose in Oxford. »Mathematische Wahrheit ist etwas, das über bloßen Formalismus hinausgeht«, schreibt er.[3] Diese mathematischen Begriffe scheinen ihm oft etwas zutiefst Wirkliches an sich zu haben, das weit über die Gedanken jedes einzelnen Mathematikers hinausgeht. Es ist, als würde das menschliche Denken vielmehr an eine ewige, nicht in ihm selbst liegende Wahrheit herangeführt und als besäße diese Wahrheit, die sich jedem von uns nur teilweise enthüllt, eine eigene Wirklichkeit. Die komplexen Zahlen zum Beispiel vermitteln Penrose das Gefühl, sie hätten eine »tiefe und zeitlose Wirklichkeit«.[4]

Ein anderes Beispiel, das Penrose zu einer platonischen Haltung anregt, ist die nach dem Computerwissenschaftler Benoit Mandelbrot benannte »Mandelbrotmenge«. Diese Menge wird oft als geometrische Form dargestellt, als sogenanntes »Fraktal«, und mit der Chaostheorie verknüpft. Sie liefert ein weiteres hervorragendes Beispiel dafür, wie eine einfache rekursive Operation zu einer fabelhaft reichen Fülle und Komplexität führen kann. Die Menge wird durch sukzessive Anwendungen der Regel (oder Abbildung) $z \rightarrow z^2 + c$ erzeugt, wobei z irgendeine und c eine feste komplexe Zahl ist. Die Regel ist einfach: Wähle eine komplexe Zahl z und ersetze sie durch $z^2 + c$, wähle dann diese Zahl als z und mache dieselbe Ersetzung und so weiter, immer wieder. Die Folge dieser komplexen Zahlen läßt sich dann auf einem Blatt Papier (oder einem Computerschirm) abbilden. Jede Zahl entspricht also einem Punkt; bei einigen Werten von c verläßt dieser Punkt den Schirm schon bald, bei anderen jedoch bleibt er in einem begrenzten Bereich. Auch die Wahl von c selbst entspricht einem Punkt auf dem Schirm, und die Menge aller solcher Punkte c bildet die Mandelbrotmenge. Diese Menge hat eine außerordentlich komplizierte Struktur, deren Schönheit Ehrfurcht gebietet und sich nicht in Worten beschreiben läßt. Schon oft ist sie als Kunstwerk gesehen worden. Ein wichtiges Kennzeichen der Mandelbrotmenge ist, daß jeder ihrer Teile immer wieder und unaufhörlich vergrößert werden kann und jede Vergrößerung neue Reichtümer und Augenfreuden bringt.

Penrose bemerkt, daß Mandelbrot noch keine Ahnung von der phantastischen Gestalt hatte, als er mit der Untersuchung der Menge begann:

> Kein Mensch [vermag] die komplizierte Struktur der Mandelbrot-Menge wirklich in allen Details zu verstehen, und kein Computer kann sie vollständig enthüllen. Es hat den Anschein, daß diese Struktur nicht einfach komplett in unserem Geist vorhanden ist, sondern eine eigene Realität besitzt ... Im wesentlichen benützt man den Computer genau wie ein Experimentalphysiker seinen Versuchsapparat verwendet, um die Struktur der physikalischen Welt zu erforschen. Die Mandelbrot-Menge ist keine Erfindung

des menschlichen Geistes: Sie war eine Entdeckung. Wie der Mount Everest ist die Mandelbrot-Menge einfach *da*![5]

Der Mathematiker Martin Gardner, der soviel für die Popularisierung der Mathematik tat, vertritt dieselbe Meinung: »Penrose hält es (wie ich) für unbegreiflich, daß jemand annehmen könnte, diese exotische Struktur sei nicht ebensosehr »da draußen« wie der Mount Everest oder wie ein Dschungel, in den man nach und nach vordringt.«[6]

»Ist die Mathematik eine Erfindung oder eine Entdeckung?« fragt Penrose. Finden Mathematiker ihre Erfindungen so hinreißend, daß sie ihnen eine falsche Wirklichkeit zuschreiben? »Oder entdecken die Mathematiker wirklich Wahrheiten, die tatsächlich schon ›da‹ sind – das heißt Wahrheiten, die völlig unabhängig von der Tätigkeit der Mathematiker existieren?« Während Penrose sich zu diesem zweiten Gesichtspunkt bekennt, weist er darauf hin, daß in solchen Fällen wie der Mandelbrot-Menge »aus der mathematischen Konstruktion viel mehr herauskommt, als ursprünglich explizit hineingesteckt worden ist. Man kann den Standpunkt einnehmen, in solchen Fällen seien die Mathematiker auf ›Werke Gottes‹ gestoßen.« Er sieht tatsächlich in dieser Hinsicht eine Analogie zwischen der Mathematik und Kunstwerken: »Künstlern ist das Gefühl nicht fremd, sie würden in ihren größten Werken ewige Wahrheiten enthüllen, die schon zuvor eine Art ätherisches Dasein geführt hätten ... Ich [werde] das Gefühl nicht los, daß es zumindest bei den tieferen mathematischen Gesetzen viel stärkere Gründe gibt, an ihre gewissermaßen ätherische, ewige Existenz zu glauben.«[7]

Man kann leicht den Eindruck gewinnen, mathematische Strukturen glichen einer großartigen Landschaft und Mathematiker erkundeten diese seltsame, aber faszinierende Gegend, wobei ihnen vielleicht frühere Erfahrungen den Weg zu neuen Entdeckungen weisen. Entlang des Weges begegnen diese Mathematiker neuen Formen und Sätzen, die es dort schon gibt. Der Mathematiker Rudy Rucker stellt sich vor, mathematische Objekte bewohnten eine Art geistigen Raum, eine Gedankenwelt, genau wie physikalische Dinge einen physikalischen Raum einnehmen. »Ein Mensch, der Mathematik treibt, Geschichten schreibt oder meditiert«, schreibt er, »ist ein Forschungsreisender in der Landschaft des Geistes – in genau derselben Weise, wie Armstrong, Livingstone oder Cousteau Erforscher der physikalischen Eigenschaften unseres Universums waren.« Gelegentlich durchqueren Forscher dasselbe Gebiet und berichten unabhängig voneinander von ihren Funden. »Unsere physischen Körper bewegen sich in dem physikalischen Raum, der sich Universum nennt; unser Bewußtsein wandert in einem geistigen Raum«, meint Rucker.[8] Auch John Barrow erwähnt das Phänomen der unabhängigen Entdeckung in der Mathematik als ein Beispiel für ein »objektives Element«, das unabhängig ist von der Psyche des Forschers.

Penrose vermutet, die Art, wie Mathematiker Entdeckungen machen und einander mathematische Ergebnisse mitteilen, könne einen Hinweis auf ein platonisches Reich oder eine »Gedankenwelt« geben:

> Ich stelle mir vor, daß der Geist jedesmal, wenn er eine mathematische Idee wahrnimmt, mit der Platonischen Welt der mathematischen Begriffe in Kontakt tritt ... Wenn man eine mathematische Wahrheit »einsieht«, dringt das Bewußtsein in diese Welt der Ideen ein und tritt mit ihr in direkten Kontakt (sie ist »über den Intellekt zugänglich«) ... Wenn zwei Mathematiker kommunizieren, dann gelingt ihnen das, weil jeder der beiden *einen direkten Zugang zur Wahrheit* besitzt und weil ihr jeweiliges Bewußtsein mathematische Wahrheiten durch diesen Prozeß des ›Einsehens‹ direkt wahrzunehmen vermag. ... Da jeder von beiden mit der Platonischen Welt in direkten Kontakt treten kann, können sie miteinander leichter kommunizieren, als man eigentlich erwarten würde. Die Vorstellungen, die jeder der beiden bei seinem Platonischen Kontakt hat, mögen jeweils ziemlich verschieden sein, aber die Kommunikation ist möglich, weil jeder in direktem Kontakt mit *derselben*, außerhalb seines Bewußtseins existierenden Platonischen Welt steht![9]

Manchmal ist dieser »Durchbruch« plötzlich und dramatisch und führt zu dem, was gewöhnlich eine mathematische Eingebung genannt wird. Der französische Mathematiker Jacques Hadamard untersuchte diese Erscheinung und zitiert Carl Friedrich Gauß, der sich jahrelang mit einem die ganzen Zahlen betreffenden Problem abgegeben hatte. »Wie der Blitz einschlägt, hat sich das Rätsel gelöst; ich selbst wäre nicht im Stande, den roten Faden zwischen dem, was ich vorher wußte, dem, womit ich die letzten Versuche gemacht hatte, und dem, wodurch es gelang, nachzuweisen.«[10] Hadamard schildert auch den berühmten Fall von Henri Poincaré, der ebenfalls viel Zeit mit einem ergebnislosen Versuch verbracht hatte, der gewisse mathematische Funktionen betraf. Eines Tages unternahm er eine geologische Exkursion, die zu einem Teil mit einem Omnibus unternommen wurde. »Im Augenblick, als ich meinen Fuß auf das Trittbrett setzte, kam mir, anscheinend ohne Vorbereitung unmittelbare und vollständige Gewißheit.«[11] Er war sich so sicher, die Lösung des Problems gefunden zu haben, daß er seine Unterhaltung fortsetzte. Als er von dem Ausflug zurückkam, konnte er sich in aller Ruhe von der Richtigkeit des Beweises überzeugen.

Penrose berichtet von einem ähnlichen Ergebnis bei seiner Arbeit zu schwarzen Löchern und Raum-Zeit-Singularitäten.[12] Er war in eine Unterhaltung verwickelt, als ihm beim Überqueren einer belebten Straße flüchtig der entscheidende Gedanke kam, der ihm auf der anderen Straßenseite schon nicht mehr gegenwärtig war. Erst später wurde er sich einer seltsamen Hochstimmung wieder bewußt und ließ deswegen die Ereignisse des Tages Revue passieren. Schließlich erinnerte er sich an die kurze Eingebung und war sich sicher, damit den Schlüssel zu einem Problem gefunden zu haben, das seine Aufmerksamkeit schon lange in Anspruch genommen hatte. Erst einige Zeit später konnte der strenge Beweis geführt werden.

Viele Physiker teilen diese platonische Sicht der Mathematik. So sagte zum Beispiel Heinrich Hertz, der die Radiowellen entdeckte und als erster im Labor erzeugte: »Man kann sich des Gefühls nicht erwehren, daß diese mathematischen Formeln eine eigene, unabhängige Existenz haben, und klüger sind selbst als ihre Entdecker, daß wir aus ihnen mehr gewinnen können, als ursprünglich in sie hineingesteckt wurde.«[13]

Ich fragte einmal Richard Feynman, ob er meine, die Mathematik und darüber hinaus die Gesetze der Physik hätten eine unabhängige Existenz. Er erwiderte:

Das Problem der Existenz ist ein sehr interessantes und schwieriges Thema. Nehmen wir einmal die Mathematik, die ja im Grunde nichts anderes tut, als die Folgerungen aus bestimmten Annahmen zu berechnen, und betrachten wir ein ganz einfaches Beispiel. Addiert man die Kuben aufeinanderfolgender ganzer Zahlen, so stößt man auf eine merkwürdige Tatsache. Eins hoch drei ist eins, zwei hoch drei ist acht und drei hoch drei ist siebenundzwanzig. Wenn man diese Kuben addiert – eins plus acht plus siebenundzwanzig – erhält man sechsunddreißig, das Quadrat einer anderen Zahl, nämlich sechs, und diese Zahl ist gleich der Summe der vorherigen drei Zahlen eins plus zwei plus drei ... Nun könnte es sein, daß Sie von diesem Gesetz zuvor nichts wußten. Könnten Sie dann sagen, wo es vorher war und was es ist – mit anderen Worten, wo es lokalisiert ist und welchen Realitätsstatus es besitzt? Obwohl Sie es nicht sagen können, sind Sie darauf gestoßen. Wenn man solche Dinge entdeckt, hat man das Gefühl, daß sie da waren, bevor man sie gefunden hat, daß sie irgendwie und irgendwo vorher gewesen sind, aber offensichtlich gibt es kein »Irgendwo« für solche Dinge. Man hat nur das Gefühl, es sei so ... Im Fall der Physik kommen wir in doppelte Schwierigkeiten. Wir finden mathematische Beziehungen, die aber nur für das Universum gelten; das Problem ihrer Herkunft ist daher doppelt verwirrend ... Das alles sind philosophische Fragen, auf die ich keine Antwort weiß.[14]

Der kosmische Computer

In den letzten Jahren ist das Nachdenken über das Wesen der Mathematik immer stärker unter den Einfluß von Computerwissenschaftlern geraten, die ihre eigene Sichtweise haben. Es überrascht vielleicht nicht, wenn Computerwissenschaftler den Computer als einen wesentlichen Bestandteil eines jeden Gedankensystems sehen, das versucht, der Mathematik einen Sinn zu geben. In seiner extremsten Form behauptet diese Philosophie: »Was sich nicht berechnen läßt, das ist sinnlos.« Insbesondere muß jede Beschreibung des Universums eine Mathematik verwenden, die sich jedenfalls im Prinzip auch von einem Computer durchführen läßt. Das schließt also solche Theorien aus, wie wir sie in Kapitel 5 erörterten, bei denen für physikalische Größen unberechenbare Zahlen vorhergesagt wurden. Mathematische Operationen, zu denen eine unendliche Anzahl von Schritten gehört, sind nicht erlaubt. Dies schließt einen großen Bereich der Mathematik aus, von dem wiederum ein großer Teil auf physikalische Systeme angewendet wurde. Schwerer noch wiegt, daß selbst jene mathematischen Ergebnisse, die eine endliche, aber sehr große Anzahl von Schritten erfordern, verdächtig sind, wenn man annimmt, daß die rechnerische Leistungsfähigkeit des Universums begrenzt ist. Rolf Landauer sagt als ein Vertreter dieses Gesichtspunkts: »Nicht nur bestimmt die Physik, was Computer können, sondern was Computer können, definiert umgekehrt letztlich, wie die physikalischen Gesetze aussehen. Schließlich sind die physikalischen Gesetze Algorithmen für die Informationsverarbeitung und werden nutzlos, wenn diese Algorithmen in unserem Universum mit seinen Gesetzen und Möglichkeiten nicht durchführbar sind.«[15]

Es hat weitreichende Folgerungen, wenn sinnvolle Mathematik davon abhängt, welche Möglichkeiten das Weltall bietet. Nach der herkömmlichen kosmologischen Theorie kann Licht seit dem Anfang des Universums nur eine endliche Entfernung zurückgelegt haben (im wesentlichen, weil das Universum nur ein endliches Alter hat). Aber kein physikalisches Objekt und kein Einfluß und insbesondere keine Information kann schneller sein als das Licht. Der Bereich des Weltalls, mit dem wir in kausalem Zusammenhang stehen, enthält also nur endlich viele Teilchen. Die äußere Grenze dieses Bereichs wird Horizont genannt. Das ist die entfernteste Fläche des Raums, die Licht, wenn es beim Urknall in unserer Nähe ausgeschickt wurde, jetzt erreicht haben kann. Offensichtlich lassen sich nur jene Bereiche des Universums, zwischen denen Information ausgetauscht werden kann, als Teile eines einzigen Rechensystems sehen; dies ist dann der Bereich innerhalb unseres Horizonts. Man stelle sich vor, jedes Teilchen in diesem Bereich werde von einem gigantischen kosmischen Computer befehligt und verkörpert. Dann hätte selbst diese einschüchternde Maschine nur begrenzte Rechenfähigkeiten, weil sie nur eine endliche Anzahl von Teilchen enthält (etwa 10^{80}). Sie könnte zum Beispiel nicht einmal π

unendlich genau berechnen. Nach Landauer kann man das Universum auch gleich vergessen, wenn es nicht einmal π berechnen kann. Das »bescheidene« π wäre also keine genau definierte Größe, und damit würde auch das Verhältnis zwischen Kreisumfang und Kreisdurchmesser nicht mehr eine genau bestimmte feste Zahl – auch nicht, wenn ideale geometrische Linien vorausgesetzt werden –, sondern der Ungewißheit unterworfen sein.

Noch seltsamer ist die Tatsache, daß es früher innerhalb des Horizonts weniger zugängliche Möglichkeiten gegeben hat als heute, denn der Horizont dehnt sich im Lauf der Zeit aus, da Licht nach außen in den Raum läuft. Die Mathematik ist danach *zeitabhängig*, und das steht Platons Ansicht radikal entgegen, wonach mathematische Wahrheiten zeitlos, transzendent und ewig sind. Ein Horizontvolumen hätte eine Sekunde nach dem Urknall nur einen winzigen Bruchteil der jetzigen Anzahl atomarer Teilchen enthalten, und zur sogenannten Planckzeit (10^{-43}) durchschnittlich nur ein Teilchen. Die Rechenfähigkeit des Universums wäre zur Planckzeit also praktisch Null gewesen. Wenn man die Überlegungen Landauers logisch weiterdenkt, war damals also alle Mathematik sinnlos. Dann aber ist jeder Versuch, mathematische Physik auf das frühe Weltall anzuwenden – insbesondere das ganze Programm der Quantenkosmologie und die in Kapitel 2 beschriebenen kosmischen Ursprünge –, ebenfalls sinnlos.

Warum gerade wir?

> Das einzige Unverständliche am Weltall ist seine Verständlichkeit.
>
> Albert Einstein

Der Erfolg der Naturwissenschaften macht uns oft blind für die erstaunliche Tatsache, daß sich die Naturwissenschaften bewähren. Obwohl die meisten Menschen es für selbstverständlich halten, ist es zugleich ein unglaublicher Glücksfall und ein unglaubliches Geheimnis, daß wir das Wirken der Natur mit

Hilfe der wissenschaftlichen Methode ergründen können. Wie ich schon erklärte, besteht das Wesen der Naturwissenschaften darin, Strukturen und Ordnung in der Natur aufzufinden, indem wir Beobachtungen algorithmisch komprimieren. Aber die Rohdaten der Beobachtung weisen selten ausdrückliche Regelmäßigkeiten auf. Vielmehr ist uns die Ordnung der Natur zunächst verborgen und verschlüsselt. Damit wir in der Naturwissenschaft Fortschritte machen können, müssen wir den kosmischen Code knacken und die jenseits der Rohdaten verborgene Ordnung aufzudecken suchen. Ich vergleiche die Grundlagenwissenschaften gern mit einem Kreuzworträtsel. Experiment und Beobachtung geben uns Hinweise, aber die Hinweise sind rätselhaft, und ihre Lösung erfordert beträchtlichen Einfallsreichtum. Mit jeder neuen Lösung erblicken wir etwas mehr von der Gesamtstruktur der Natur. Wie beim Kreuzworträtsel finden wir auch beim Universum, daß die Lösungen der voneinander unabhängigen Teilaufgaben einander widerspruchsfrei ergänzen und bestätigen und schließlich eine stimmige Einheit bilden, so daß wir die verbleibenden Lücken um so leichter ausfüllen können, je mehr Rätsel wir bereits gelöst haben.

Es ist bemerkenswert, daß Menschen dieses Entschlüsseln tatsächlich ausführen können, der menschliche Verstand also die Ausrüstung hat, mit der wir »die Geheimnisse der Natur erschließen« und mit einiger Aussicht auf Erfolg das »kryptische Kreuzworträtsel« der Natur zu lösen unternehmen können. Es ließe sich leicht eine Welt vorstellen, deren Ordnung offensichtlich und jedem auf den ersten Blick klar wäre. Wir können uns auch eine andere Welt vorstellen, in der es entweder keinerlei Ordnung gibt oder in der sie so gut verborgen und versteckt ist, daß die Entschlüsselung des kosmischen Codes viel mehr Verstand erfordert, als wir Menschen besitzen. Statt dessen aber finden wir eine Lage vor, in der der Schwierigkeitsgrad des kosmischen Codes fast genau auf die menschlichen Fähigkeiten abgestimmt zu sein scheint. Sicher, es fällt uns nicht leicht, die Natur zu dekodieren, aber bis jetzt haben wir ziemlich viel Erfolg gehabt. Die Herausforderung ist gerade groß genug, um für die begabtesten Forscher unter uns reizvoll zu sein, aber nicht so groß, daß sie ihre vereinten Bemühungen zunichte macht und sie zwingt, sich leichteren Aufgaben zuzuwenden.

Geheimnisvoll bleibt bei all diesen Überlegungen, daß die menschliche Geisteskraft vermutlich durch die biologische Evolution bestimmt wurde, also absolut nichts mit der Suche nach Wissen zu tun hat. Unser Gehirn hat sich unter dem Druck der Umwelt so entwickelt, daß wir selbst erfolgreiche Jäger sind und nicht Opfer von Raubtieren werden, fallenden Dingen ausweichen können und so weiter. Was hat das mit der Entdekkung der Gesetze des Elektromagnetismus oder der Struktur des Atoms zu tun? Auch John Barrow ist verblüfft: »Warum sollten *wir* klug genug sein, die Theorie für Alles zu ergründen?« Keiner der zugehörigen enorm raffinierten Gedanken scheint einen selektiven Vorteil zu bieten, der sich während der vorbewußten Periode unserer Evolution ausnutzen ließ ... »Welch ein Zufall, wenn wir (oder jedenfalls einige von uns) mit unserem Verstand in der Lage sein sollten, die Tiefen der Naturgeheimnisse zu ergründen.«[16]

Das Geheimnis unseres unbezweifelbaren wissenschaftlichen Fortschritts wird noch größer, weil der menschlichen Bildung aber auch Grenzen gesetzt sind. Einerseits gibt es eine Grenze dafür, wie rasch wir neue Tatsachen und Begriffe erfassen können, insbesondere solche, die eher abstrakt sind. Ein Student braucht im allgemeinen mindestens fünfzehn Jahre, bis er Mathematik und Naturwissenschaft gut genug beherrscht, um selbst einen wirklichen Beitrag zur Grundlagenforschung machen zu können. Es ist jedoch wohlbekannt, daß die größten Fortschritte besonders in der mathematischen Physik von Menschen gemacht wurden, die zwischen zwanzig und Anfang dreißig waren. Newton zum Beispiel war erst vierundzwanzig, als er das Gravitationsgesetz fand. Dirac war noch nicht promoviert, als er seine relativistische Wellenfunktion formulierte, die zur Entdeckung der Antimaterie führte. Einstein war 26 Jahre alt, als er in wenigen ruhmreichen Monaten schöpferischer Tätigkeit die spezielle Relativitätstheorie aufstellte, die statistische Mechanik begründete und den photoelektrischen Effekt erarbeitete. Obwohl ältere Wissenschaftler solche Hinweise gern bezweifeln, weist doch vieles darauf hin, daß die wahrlich innovative Schöpferkraft bei Naturwissenschaftlern in den mittleren Lebensjahren abnimmt. Die Kombination zunehmender Bildung und abnehmender Kreativität engt den Naturwissenschaftler ein und öffnet ihm ein nur kleines, aber wichtiges »Fenster« für seinen eigenen Beitrag. Aber diese intellektuellen Einschränkungen wurzeln vermutlich in ganz profanen Aspekten der Evolutionsbiologie und haben auch mit der Lebensdauer des Menschen, dem Bau des Gehirns und der Tatsache zu tun, daß wir Menschen Gemeinschaftswesen sind. Um so seltsamer scheint es, daß in diesen Zeiträumen überhaupt schöpferische Wissenschaft zustande kommt.

Wiederum läßt sich leicht eine Welt vorstellen, in der wir reichlich Zeit und Gelegenheit hätten, die zur Erfassung der Grundlagen der Wissenschaft notwendigen Tatsachen und Begriffe zu lernen, oder wieder eine andere, in der es so viele Jahre dauern würde, alles Notwendige zu lernen, daß der Tod es mit großer Wahrscheinlichkeit verhindern würde oder die schöpferischen Jahre schon lange vor Beendigung der Ausbildung vorbei wären. Im Zusammenhang mit dieser unheimlich guten »Abstimmung« zwischen dem menschlichen Verstand und der Natur gibt es nichts Überraschenderes als die Mathematik, jenes Geistesprodukt, das irgendwie mit den Geheimnissen des Universums zu tun hat.

Warum sind die Naturgesetze mathematisch?

Wenige Naturwissenschaftler fragen sich, warum die Grundgesetze des Universums mathematisch sind; sie halten das für selbstverständlich. Aber das – noch dazu so erstaunlich gute – »Funktionieren« der Anwendung der Mathematik auf die Welt braucht eine Erklärung, denn es ist überhaupt nicht klar, ob wir mit irgendeinem absoluten Recht erwarten können, daß sich die Welt mathematisch gut beschreiben lassen sollte. Obwohl die meisten Naturwissenschaftler annehmen, die Welt müsse so sein, warnt uns die Geschichte davor. Vieles wurde einmal für selbstverständlich gehalten und stellte sich dann doch als das

Ergebnis ganz besonderer Bedingungen oder Umstände heraus. Newtons Begriff einer absoluten, universalen Zeit ist ein klassisches Beispiel. Im täglichen Leben ist uns dieses Bild der Zeit nützlich, aber das liegt, wie sich herausstellt, daran, daß wir uns viel langsamer bewegen als das Licht. »Funktioniert« vielleicht auch die Mathematik deshalb so gut, weil besondere Bedingungen herrschen?

Eine Möglichkeit, über dieses Rätsel nachzudenken, besteht darin, die »unvernünftige Effektivität« der Mathematik – um mit Wigner zu reden – als ein rein kulturelles Phänomen zu sehen, als etwas, das sich aus der Art und Weise ergibt, wie Menschen über die Welt nachdenken. Schon Kant warnte uns, nicht überrascht zu sein, eine rosarote Welt zu sehen, wenn wir sie durch eine rosarote Brille sehen. Wir neigen dazu, so behauptete er, unsere verstandesmäßigen Vorbehalte in bezug auf mathematische Begriffe auf die Welt zu übertragen. Wir lesen also mathematische Ordnung in die Natur hinein und nicht aus ihr heraus. Diese Überlegung ist recht überzeugend. Es gibt keinen Zweifel daran, daß Naturwissenschaftler gern Mathematik verwenden, wenn sie die Natur untersuchen und dazu neigen, jene Probleme auszuwählen, die einer mathematischen Behandlung zugänglich sind. Jene Aspekte der Natur, die sich nicht leicht mathematisch fassen lassen (zum Beispiel biologische und soziale Systeme) werden gern unterbewertet. Wir neigen dazu, jene Eigenschaften der Welt »grundlegend« zu nennen, die in diese mathematisierbare Kategorie gehören. Die Frage »Warum sind die Grundgesetze der Natur mathematisch?« fordert dann die triviale Antwort heraus: »Weil wir jene Gesetze Grundgesetze nennen, die mathematisch sind.«

Unsere Weltsicht ist offensichtlich zum Teil durch die Bauweise unseres Gehirns bestimmt. Im Lauf der natürlichen Auslese hat sich unser Gehirn aus Gründen, die wir kaum erahnen können, so entwickelt, daß wir jene Aspekte der Natur erkennen und beachten können, die mathematische Strukturen aufweisen. Wie ich in Kapitel 1 bemerkte, ist es möglich, sich fremde Lebensformen vorzustellen, die eine völlig andere Evolution durchmachten und deren Gehirne dem unseren sehr wenig ähneln. Diese Außerirdischen würden vielleicht nicht in denselben Kategorien denken wie wir und unsere Liebe zur Mathematik nicht teilen, sondern die Welt auf eine uns völlig unbegreifliche Weise sehen.

Ist also der Erfolg der Mathematik in den Naturwissenschaften nur eine Laune der Kultur, ein Zufall unserer Evolution und der Entwicklung unserer Gesellschaft? Einige Wissenschaftler und Philosophen haben sich zu dieser Sichtweise bekannt, ich selbst jedoch halte sie insgesamt aus einer Reihe von Gründen für zu oberflächlich. Erstens wurde ein großer Teil der Mathematik, die sich in der Physik so außerordentlich gut bewährt, von reinen Mathematikern als eine Art abstraktes Gedankenspiel erarbeitet, lange bevor sie auf die wirkliche Welt angewendet wurde. Die ursprüngliche Forschung hatte überhaupt nichts mit ihren Anwendungen zu tun. Diese »unabhängige Welt, geschaffen aus reinem Intellekt«, wie James Jeans sagte, erwies sich später als nützlich zur Beschreibung der Natur. Der britische Mathematiker G. H. Hardy schrieb, er betriebe Mathematik wegen ihrer Schönheit, nicht wegen ihres praktischen Wertes. Er behauptete fast mit Stolz, er könne sich für seine Arbeit keinerlei nützliche Anwendung vorstellen. Und doch entdecken wir oft erst Jahre später, daß die Natur sich an eben die mathematischen Regeln hält, die diese reinen Mathematiker schon formuliert haben. (Das gilt übrigens auch für einen großen Teil von Hardys Werk.) Jeans wies darauf hin, daß die Mathematik nur eines von vielen Gedankengebäuden ist. Es hat Versuche gegeben, Modelle zu bauen, die die Welt zum Beispiel als Lebewesen sehen oder als Maschine. Sie haben wenig Erfolg gehabt. Warum sollte die mathematische Denkweise so fruchtbar sein, wenn sie nicht eine wirkliche Eigenschaft der Natur entdeckt?

Auch Penrose hat sich mit dieser Frage beschäftigt und sich gegen die Kulturgebundenheit der Mathematik ausgesprochen. Unter Bezug auf den erstaunlichen Erfolg solcher Theorien wie der allgemeinen Relativitätstheorie schreibt er:

> Mir fällt es schwer, der manchmal geäußerten Behauptung zuzustimmen, solche GROSSARTIGEN Theorien könnten bloß durch eine zufallsbedingte Selektion von Ideen entstanden sein, die nur

> die guten Ideen als Überlebende zurückgelassen hat. Die guten Ideen sind einfach viel *zu* gut, um die Überlebenden von Ideen zu sein, die auf diese zufällige Art entstanden sind. In der Tat muß die Übereinstimmung zwischen Mathematik und Physik, das heißt zwischen der Platonischen und der physikalischen Welt einen äußerst tiefen Grund haben.[17]

Penrose vertritt also eine Überzeugung, die ich bei den meisten Naturwissenschaftlern gefunden habe, daß große Fortschritte in der mathematischen Physik wirklich Entdeckungen eines echten Aspekts der Wirklichkeit darstellen und nicht nur die Umordnung von Daten in eine Form, die für den menschlichen Geist verdaulicher ist.

Man hat auch behauptet, die Struktur unseres Gehirns habe sich so entwickelt, daß das Gehirn die Eigenschaften der physikalischen Welt und auch ihren mathematischen Gehalt widerspiegelt, so daß es nicht überraschen sollte, wenn wir in der Natur mathematische Strukturen entdecken. Wie schon bemerkt, ist es jedoch sicherlich eine Überraschung und ein tiefes Geheimnis, daß das menschliche Gehirn seine außerordentlichen mathematischen Fähigkeiten entwickelt hat. Es ist sehr schwer zu sehen, wie abstrakte Mathematik irgendeinen Überlebenswert haben kann. Ähnliche Bemerkungen gelten auch für die Musik.

Wir erfahren auf zwei Arten etwas über die Welt, nämlich erstens durch direkte Wahrnehmung, zweitens durch vernünftiges Denken und höhere Geistestätigkeit. Stellen wir uns vor, wir beobachten den Fall eines Steines. Das physikalische Ereignis, das sich in der Außenwelt abspielt, spiegelt sich in unserem Kopf, weil unser Gehirn ein inneres geistiges Weltbild konstruiert, in dem sich eine dem Gegenstand »Stein« entsprechende Größe durch den drei-dimensionalen Raum bewegt: Wir *sehen* den Stein fallen. Andererseits kann man auch auf eine ganz andere und insgesamt tieferliegende Weise eine Erkenntnis über das Fallen eines Steins gewinnen, nämlich aus einer Kenntnis der Newtonschen Bewegungsgesetze und der entsprechenden Mathematik. Dies ist kein geistiges Modell im Sinn der Wahrnehmung; trotzdem ist es ein geistiges Gebilde, noch dazu eines, das

das spezielle Phänomen des fallenden Steins in Beziehung setzt zu umfassenderen physikalischen Vorgängen. Das mathematische Modell, das die Gesetze der Physik verwendet, ist keines, das wir wirklich *sehen*, aber es stellt auf seine eigene abstrakte Weise eine Art Wissen von der Welt dar, und dieses Wissen ist zudem von einer höheren Ordnung.

Die Darwinsche Evolution hat uns, wie mir scheint, die Möglichkeit verschafft, die Welt direkt wahrzunehmen. Das hat klare evolutionäre Vorteile, aber es gibt überhaupt keine offensichtliche Verknüpfung zwischen dem, was wir mit unseren Sinnen wahrnehmen, und dem was wir verstandesmäßig ergründen. Studenten haben oft Schwierigkeiten mit bestimmten Zweigen der Physik, wie etwa der Quantenmechanik und der Relativitätstheorie, weil sie versuchen, sich die sich dort stellenden Probleme zu veranschaulichen. Sie versuchen, den gekrümmten Raum oder die Aktivität eines Elektrons im Atom vor ihrem geistigen Auge zu »sehen«, und versagen dabei vollständig. Dies liegt nicht an ihrer Unerfahrenheit – ich bezweifle, daß Menschen sich überhaupt ein genaues Bild von diesen Dingen machen können. Das ist auch keine Überraschung – die Quantenphysik und die Relativitätstheorie sind für unser tägliches Leben nicht besonders wichtig, und es bringt uns keine Selektionsvorteile, wenn unser Gehirn in der Lage ist, solche Systeme in unser geistiges Weltbild einzubauen. Trotzdem sind Physiker in der Lage, Quantenphysik und Relativitätstheorie mit Hilfe von Mathematik, ausgewählten Experimenten, abstrakten Überlegungen und anderen rationalen Verfahren zu verstehen. Geheimnisvoll ist, warum wir diese duale Fähigkeit zur Welterkenntnis haben. Es gibt keinen Grund zu der Annahme, die zweite Methode sei eine Verfeinerung der ersten. Es sind wirklich zwei unabhängige Wege, wie wir etwas über Dinge erfahren können. Die erste erfüllt ein offensichtliches biologisches Bedürfnis, die zweite hat anscheinend überhaupt keine biologische Bedeutung.

Das Geheimnis wird noch größer, wenn wir an Genies aus dem Bereich der Musik und der Mathematik denken, deren Können auf diesen Gebieten dem anderer Menschen um Größenordnungen überlegen ist. Die erstaunliche Einsicht von

Mathematikern wie Gauß und Riemann wird nicht nur durch ihre bemerkenswerten mathematischen Leistungen belegt (Gauß war ein Wunderkind und hatte ein photographisches Gedächtnis), sondern auch durch ihre Fähigkeit, Sätze ohne Beweis niederzuschreiben, so daß sich spätere Generationen von Mathematikern mit den Beweisen plagen mußten. Wie diese Mathematiker zu ihren »fertigen« Ergebnissen kommen konnten, während die Beweise oft ganze Bände kompliziertester mathematischer Überlegungen erfordern, ist ein großes Rätsel.

Der wohl berühmteste Fall ist der des indischen Mathematikers Srinivasa Ramanujan. Er wurde Ende des letzten Jahrhunderts in Indien als Kind einer armen Familie geboren und hatte keine gute Schulbildung. Er lernte Mathematik mehr oder weniger ohne Lehrer, hatte kaum Kontakt mit dem Universitätsleben und ging sehr ungewöhnliche mathematische Wege. Sehr viele Sätze schrieb er ohne Beweis nieder, einige in einer sehr merkwürdigen Form, die konventionelleren Mathematikern normalerweise nicht eingefallen wäre. Schließlich wurde Hardy auf einige von Ramanujans Ergebnissen aufmerksam gemacht. Er war erstaunt: »Ich habe noch nie etwas auch nur entfernt Ähnliches gesehen«, bemerkte er. »Ein einziger Blick genügt, um zu sehen, daß sie nur von einem erstklassigen Mathematiker stammen können.« Hardy konnte einige der Sätze Ramanujans beweisen, aber auch nur mit größten Schwierigkeiten und indem er alle Register seines eigenen beträchtlichen mathematischen Könnens zog. Andere Ergebnisse waren seinen Beweisverfahren völlig unzugänglich. Trotzdem hatte er das Gefühl, sie müßten zutreffen, denn »niemand hätte die Phantasie, sie zu erfinden«. Hardy lud Ramanujan daraufhin nach Cambridge ein, um mit ihm zusammenzuarbeiten. Leider fühlte sich Ramanujan in der fremden Kultur nicht wohl, hatte große gesundheitliche Probleme und starb im Alter von nur 33 Jahren. Er hinterließ eine ungeheure Menge mathematischer Vermutungen, von denen bis heute niemand weiß, wie er darauf kam. Ein Mathematiker sagte einmal, daß die Ergebnisse einfach mühelos »aus seinem Gehirn zu fließen schienen«. Dies wäre bei jedem Mathematiker erstaunlich genug, aber bei einem, der mit der herkömmlichen Mathematik fast gar nicht vertraut war, ist es wirklich außerordentlich. Die Annahme ist sehr verführerisch, daß Ramanujan eine besondere Fähigkeit hatte, die es ihm erlaubte, die mathematische »Landschaft des Geistes« ganz unmittelbar zu erleben und nach Belieben fertige Ergebnisse abzurufen.

Kaum weniger geheimnisvoll sind die seltsamen Fälle sogenannter Blitzrechner – Menschen, die phantastisch gut fast augenblicklich die schwierigsten Aufgaben im Kopf lösen können, ohne auch nur eine Idee davon zu haben, wie sie die Antwort finden. Schakuntala Devi lebt in Bangalore in Indien, reist aber oft um die Welt und verblüfft ihre Zuhörer mit solcher Zahlenakrobatik. Bei einer denkwürdigen Gelegenheit in Texas fand sie die 23. Wurzel einer Zahl mit 200 Stellen in 50 Sekunden!

Noch seltsamer ist vielleicht der Fall der »idiots savants«, geistig behinderter Menschen, die selbst die einfachsten formalen Rechenoperationen nur unter Schwierigkeiten durchführen und doch unfehlbar die richtigen Antworten auf mathematische Probleme finden, die gewöhnlichen Menschen unlösbar schwer erscheinen. Zwei amerikanische Brüder beispielsweise schlagen einen Computer immer wieder, wenn es um das Auffinden von Primzahlen geht, obwohl sie beide geistig behindert sind. In einem anderen Fall, der im britischen Fernsehen gezeigt wurde, gab ein behinderter Mann richtig und fast sofort den Wochentag an, wenn ihm ein Datum gesagt wurde, auch wenn es aus einem anderen Jahrhundert stammte!

Wir sind natürlich daran gewöhnt, bei allen menschlichen Fähigkeiten, körperlichen wie geistigen, große Schwankungen zu finden. Einige Menschen können zwei Meter hoch springen, während die meisten von uns kaum einen schaffen. Aber man stelle sich vor, es käme jemand daher und spränge 20 Meter hoch oder sogar 200! Der geistige Abstand zwischen mathematischen Genies und uns ist im Vergleich noch viel größer.

Die Wissenschaft ist weit davon entfernt zu verstehen, wie unsere Gene geistige Fähigkeiten kontrollieren. Vielleicht erhalten Menschen nur ganz selten die genetische Ausstattung, die phantastisches mathematisches Können kodiert. Vielleicht ist sie auch gar nicht so selten, nur werden die entscheidenden Gene gewöhnlich nicht aktiviert. Jedenfalls gehören die entsprechenden Gene zum menschlichen Genvorrat, und weil es in jeder Generation mathematische Genies gibt, ist die entsprechende genetische Ausstattung vermutlich auch ein recht stabiler Faktor. Wenn sie sich zufällig entwickelt hat und nicht eine Reaktion auf den Druck der Umwelt ist, wäre es ein wirklich erstaunlicher Zufall, daß die Mathematik sich so gut auf das physikalische Weltall anwenden läßt. Wenn andererseits die Begabung für Mathematik doch einen verborgenen Überlebenswert hat und sich durch natürliche Auslese herausbildete, stehen wir immer noch vor dem Geheimnis, warum die Naturgesetze mathematisch sind. Schließlich erfordert das Überleben »im Dschungel« keine Kenntnis der Natur*gesetze*, sondern nur ihrer Auswirkungen. Wir haben gesehen, wie die Gesetze selbst verschlüsselt sind und überhaupt nicht auf einfache Weise mit den wirklichen physikalischen Erscheinungen zusammenhängen, für die sie gelten. Unser Überleben hängt von unserer Einschätzung der Welt ab, nicht von einer verborgenen zugrundeliegenden Ordnung. Sicherlich kann es nicht von der verborgenen Ordnung in Atomkernen oder in Schwarzen Löchern oder in subatomaren Teilchen abhängen, die auf der Erde nur im Inneren von Teilchenbeschleunigern erzeugt werden.

Man könnte denken, daß wir dann, wenn wir uns ducken, um einem Geschoß aus dem Weg zu gehen, oder uns überlegen, wie schnell wir anlaufen müssen, um einen Bach zu überspringen, unsere Kenntnis der Gesetze der Mechanik nutzen, aber das stimmt nicht. Was wir nutzen, sind frühere Erfahrungen mit ähnlichen Situationen. Unsere Gehirne reagieren angesichts solcher Herausforderungen automatisch; sie integrieren nicht erst die Newtonschen Bewegungsgleichungen, wie es der Physiker macht, wenn er diese Situationen wissenschaftlich untersucht. Um Bewegungen im dreidimensionalen Raum beurteilen zu können, muß das Gehirn über bestimmte besondere Eigenschaften verfügen. Um Mathematik betreiben zu können (etwa die zur Beschreibung dieser Bewegung nötige Infinitesimalrechnung), braucht es ebenfalls besondere Eigenschaften. Ich sehe keinen Beweis für die Behauptung, daß diese anscheinend sehr verschiedenen Mengen von Eigenschaften wirklich gleich sind oder daß die eine ein (möglicherweise zufälliges) Nebenprodukt der anderen ist.

Tatsächlich spricht alles für das Gegenteil. Die meisten Tiere teilen unsere Fähigkeit, Geschosse zu vermeiden und gut zu springen, aber sie zeigen keine wesentliche Begabung für Mathematik. Vögel zum Beispiel nutzen die Gesetze der Mechanik viel besser als Menschen, und ihre Gehirne sind dadurch im Lauf der Evolution sehr raffiniert geworden. Aber Versuche mit Vogeleiern haben gezeigt, daß Vögel nicht einmal bis mehr als etwa drei zählen können. Ein Bewußtsein für die Regelmäßigkeiten der Natur, wie sie sich in der Mechanik zeigen, hat einen guten Überlebenswert und ist auf einer sehr primitiven Ebene im Gehirn von Tieren und Menschen verdrahtet. Im Gegensatz dazu ist die Mathematik als solche eine höhere Geistestätigkeit und anscheinend (was das irdische Leben betrifft) nur Menschen eigen. Sie ist ein Produkt des komplexesten Systems, das wir in der Natur kennen. Und doch findet diese Mathematik ihre erfolgreichste und aufsehenerregendste Anwendung in den Grundprozessen der Natur, Prozessen, die sich auf subatomarem Niveau abspielen. Warum sollte das komplizierteste System auf diese Weise mit den primitivsten Naturvorgängen verknüpft sein?

Man könnte behaupten, das Gehirn müsse das Wesen dieser Prozesse, auch ihren mathematischen Charakter, deshalb widerspiegeln, weil es ein Ergebnis physikalischer Prozesse ist. Aber es gibt eigentlich keine direkte Beziehung zwischen den Naturgesetzen und der Struktur des Gehirns. Was das Gehirn von einem Kilogramm gewöhnlicher Materie unterscheidet, ist seine komplexe Organisation, insbesondere die verwickelten Beziehungen zwischen den Neuronen. Dieses Netz der Verbindungen läßt sich nicht allein durch physikalische Gesetze erklären. Es hängt von vielen anderen Faktoren ab, darunter von vielen Zufallsereignissen, die sich während der Evolution abgespielt haben müssen. Welche Gesetze auch dabei geholfen haben, die Struktur des menschlichen Gehirns (wie etwa die Vererbungsgesetze Mendels) zu gestalten, jedenfalls sind sie nicht auf einfache Weise mit den Naturgesetzen verknüpft.

Wie können wir etwas wissen, ohne alles zu wissen?

Diese Frage, die vor vielen Jahren von dem Mathematiker Hermann Bondi gestellt wurde, ist heute im Licht der Fortschritte der Quantentheorie noch problematischer. Es wird oft gesagt, die Natur sei eine Einheit und die Welt ein zusammenhängendes Ganzes. In gewissem Sinn trifft das zu. Aber wir können auch ein sehr genaues Verständnis der einzelnen Teile der Welt erreichen, ohne alles wissen zu müssen. Naturwissenschaft wäre ja überhaupt nicht möglich, wenn wir nicht in kleinen Schritten vorgehen könnten. So setzte das von Galilei entdeckte Fallgesetz keine Kenntnis der Verteilung der gesamten Materie des Universums voraus, und die Eigenschaften von Elektronen in Atomen lassen sich ohne eine Kenntnis der Gesetze der Kernphysik herausfinden und so weiter. Man kann sich leicht eine Welt vorstellen, in der Phänomene, die sich an einem bestimmten Ort im Universum oder auf einer festen Größen- oder Energieskala abspielen, so eng mit allem anderen verwoben wären, daß eine Auflösung in einfache Gesetze nicht möglich wäre. Im Bild des Kreuzworträtsels müßten nicht getrennte, einzeln identifizierbare Worte gefunden werden, sondern nur eine einzige, außerordentlich komplizierte Antwort. Bei unserem Wissen von der Welt ginge es dann um »Alles oder Nichts«.

Das Geheimnis wird noch größer, weil die Natur nur näherungsweise so in Einzelteile zerlegt gesehen werden kann. Das Universum ist in Wirklichkeit ein zusammenhängendes Ganzes. Der Fall eines Apfels auf die Erde wird von der Stellung des Mondes beeinflußt und reagiert auf sie. Elektronen in Atomen unterliegen den Kernkräften. In beiden Fällen jedoch sind die Wirkungen winzig und lassen sich für die meisten praktischen Zwecke vernachlässigen. Aber nicht alle Systeme sind so. Wie ich erklärt habe, sind einige Systeme chaotisch und reagieren außerordentlich empfindlich auf die winzigsten Störungen. Diese Eigenschaft macht chaotische Systeme unvorhersagbar. Aber obwohl wir in einem Universum leben, das voll ist mit chaotischen Systemen, können wir ungeheuer viele physikalische Prozesse herausfiltern, die vorhersagbar sind und sich mathematisch behandeln lassen.

Der Grund dafür liegt zum Teil in zwei merkwürdigen Eigenschaften, die »Linearität« und »Lokalität« heißen. Ein lineares System gehorcht gewissen sehr speziellen mathematischen Regeln der Addition und Multiplikation, bei dessen graphischer Darstellung alle vorkommenden Kurven Geraden sind, sich also mit dem Lineal ziehen lassen – darauf bezieht sich das Wort linear –, die wir hier nicht zu erörtern brauchen (in *Auf dem Weg zur Weltformel* findet sich eine genauere Beschreibung). Die Gesetze des Elektromagnetismus, die elektrische und magnetische Felder und das Verhalten von Licht und anderen elektromagnetischen Wellen beschreiben, sind beispielsweise nahezu exakt linear. Lineare Systeme können nicht chaotisch sein, und kleine äußere Störungen haben nicht sehr viel Einfluß auf sie.

Kein System ist *genau* linear, und deshalb läuft die Frage, ob sich die Welt in getrennte Aspekte zerlegen läßt, darauf hinaus, warum nichtlineare Wirkungen in der Praxis oft so klein sind. Dies ist gewöhnlich so, weil die betreffenden nichtlinearen Kräfte entweder intrinsisch sehr schwach sind oder nur sehr kurze Reichweite haben oder beides. Wir wissen nicht, warum die Stärken und Reichweiten der Naturkräfte gerade so sind, wie sie sind. Eines Tages können wir sie vielleicht aus einer zugrundeliegenden Theorie berechnen. Sie könnten andererseits auch einfach »Naturkonstanten« sein, die sich nicht aus den Gesetzen selbst herleiten lassen. Eine dritte Möglichkeit wäre, daß diese »Konstanten« überhaupt keine von Gott vorgegebenen festen Zahlen sind, sondern durch den tatsächlichen Zustand des Universums bestimmt sind; sie könnten also eine Beziehung zu den kosmischen Anfangsbedingungen haben.

Die Lokalität hat mit der Tatsache zu tun, daß das Verhalten eines physikalischen Systems in den meisten Fällen völlig durch die Kräfte und Einflüsse bestimmt ist, die in seiner unmittelbaren Nachbarschaft herrschen. Wenn also ein Apfel fällt, hängt seine Beschleunigung an jedem Raumpunkt von dem Schwerefeld in nur diesem Punkt ab. Ähnliche Bemerkungen gelten für die meisten anderen Kräfte und Umstände. Es gibt jedoch Situationen, in denen es nichtlokale Wirkungen gibt. In der Quantenmechanik können zwei subatomare Teilchen lokal wechselwirken und sich dann sehr weit voneinander entfernen. Aber die Regeln der Quantenphysik sind so beschaffen, daß sie selbst dann als unteilbares Ganzes betrachtet werden müssen, wenn sie schließlich an entgegengesetzten Enden des Weltalls sind. Messungen, die an einem der Teilchen vorgenommen werden, hängen also zum Teil vom Zustand des anderen ab. Einstein nannte diese Nichtlokalität eine »gespenstische Fernwirkung« und weigerte sich, an sie zu glauben. Aber neuere Experimente haben unzweifelbar bestätigt, daß es solche nichtlokalen Wirkungen wirklich gibt. Allgemein gesagt muß auf der subatomaren Ebene, wo die Quantenphysik eine Rolle spielt, eine Ansammlung von Teilchen ganzheitlich gesehen werden. Das Verhalten des einen Teilchens ist unausweichlich mit dem der anderen verwickelt, und wenn die Teilchen noch so weit voneinander entfernt sind.

Diese Tatsache hat für den Kosmos insgesamt wichtige Folgen. In jedem beliebigen Quantenzustand sind vermutlich mit einiger Wahrscheinlichkeit alle Teilchen der Welt in einem gigantischen Gewebe miteinander verknüpft. In Kapitel 2 habe ich die neuen Gedanken von Hartle und Hawking zur Quantenbeschreibung des Universums – die Quantenkosmologie – erläutert. Es ist eine der großen Herausforderungen für die Quantenkosmologen, zu erklären, wie die vertraute Welt der Erfahrung aus der Verschwommenheit ihres Quantenursprungs entstanden ist. Zur Quantenmechanik gehört ja, wie man sich erinnern wird, Heisenbergs Unschärfeprinzip, das die Werte aller beobachtbaren Größen auf unvorhersagbare Weise verwischt. Einem Elektron, das ein Atom auf einer Bahn umläuft, kann also nicht in jedem Augenblick ein genauer Ort im Raum zugeschrieben werden. Man sollte es sich nicht wirklich als etwas vorstellen, das den Atomkern auf einer bestimmten Bahn umläuft, sondern vielmehr als etwas, das auf unbestimmte Weise um den Kern herum verwischt ist.

Obwohl dies für Elektronen in Atomen zutrifft, beobachten wir keine solche Verschwommenheit, wenn wir makroskopische Objekte beobachten. Der Planet Mars hat in jedem Augenblick eine ganz bestimmte Position und läuft auf einer festen Bahn um die Sonne. Trotzdem unterliegt auch der Mars den Gesetzen der Quantenmechanik. Man kann nun fragen, wie es Enrico Fermi einmal tat, warum die Bahn, auf der der Mars die Sonne umläuft, nicht genauso verschmiert ist wie die eines Elektron um den Atomkern. Anders gesagt: Wie konnte eine Welt entstehen, die im wesentlichen keine Quantenwirkungen aufweist, wenn doch das Universum in einem Quantenereignis entstand? Als das Universum entstand und sehr klein war, war es von Quantenunschärfe erfüllt. Heute bemerken wir in makroskopischen Körpern keine Reste einer Unschärfe.

Die meisten Wissenschaftler haben stillschweigend angenommen, eine näherungsweise »klassische« Welt (so wird der Gegensatz zur Quantenwelt in der Fachsprache gewöhnlich bezeichnet) müßte sich automatisch aus dem Urknall entwickelt haben, auch wenn in ihm Quanteneffekte vorherrschten. Vor kurzem haben Hartle und Gell-Mann diese Annahme jedoch in Frage gestellt. Sie behaupten, daß die Existenz einer näherungsweise klassischen Welt, in der es an bestimmten Orten im Raum wohldefinierte materielle Objekte und einen wohldefinierten Zeitbegriff gibt, besondere kosmische Anfangsbedingungen voraussetzt. Ihre Rechnungen deuten an, daß sich aus den allermeisten Anfangsbedingungen *keine* vorwiegend klassische Welt ergeben würde. Im diesem Fall wäre die Aufteilung der Welt in unterscheidbare Dinge, die in einer wohlbestimmten Raumzeit bestimmte Raumpunkte einnehmen, nicht möglich. Es gäbe keine Lokalität. Wahrscheinlich würde man in einer solchen verschmierten Welt nichts wissen können, ohne alles zu wissen. Hartle und Gell-Mann behaupten, der herkömmliche Begriff der klassischen Naturgesetze, wie sie etwa die Newtonsche Mechanik darstellt, sollte nicht als grundlegender Aspekt der Wirklichkeit gesehen werden, sondern als *Überbleibsel* des Urknalls und Folge des speziellen Quantenzustands, in dem das Universum entstand.

Wenn es außerdem zutrifft, wie oben kurz bemerkt wurde, daß die Stärken und Reichweiten der Naturkräfte auch vom Quantenzustand des Weltalls abhängen, kommen wir zu einem bemerkenswerten Schluß. Sowohl die Linearität als auch die Lokalität der meisten physikalischen Systeme wären dann gar nicht die Folge aus einem System von Grundgesetzen, sondern sie müßten dem Quantenzustand zugeschrieben werden, in dem das Weltall entstand. Die Verstehbarkeit der Welt, die Tatsache, daß wir immer mehr Gesetze entdecken und unser Verständnis der Natur erweitern können – die Tatsache also, daß die Naturwissenschaft »funktioniert« –, wäre dann kein unvermeidbares und absolutes Recht, sondern ließe sich auf spezielle, vielleicht sogar höchst spezielle kosmische Anfangsbedingungen zurückführen. Die »unvernünftige Wirksamkeit« der Mathematik in ihrer Anwendung auf die Natur wäre dann der unvernünftigen Wirksamkeit der Anfangsbedingungen zuzuschreiben.

7. Warum ist die Welt so, wie sie ist?

Einstein sagte einmal, ihn interessiere eigentlich, ob Gott die Welt hätte anders machen können, ob also die Forderung der logischen Einfachheit überhaupt eine Freiheit läßt. Einstein war nicht im herkömmlichen Sinn religiös, aber er sprach gerne bildlich von Gott, wenn es ihm um tiefe existentielle Fragen ging. Diese Frage hat Generationen von Wissenschaftlern, Philosophen und Theologen gequält. Muß die Welt so sein, wie sie ist, oder könnte sie auch anders sein? Und wie sollen wir uns erklären, daß sie so ist, wie sie ist, wenn sie auch anders hätte sein können?

Als Einstein danach fragte, ob Gott bei der Erschaffung der Welt Freiheit gehabt habe, spielte er auf Benedikt Spinoza an. Spinoza, einer der großen Philosophen des siebzehnten Jahrhunderts, war Pantheist und sah die Gegenstände in der Welt eher als Eigenschaften denn als Schöpfung Gottes an. Spinoza setzte also Gott mit der Natur gleich und lehnte damit die christliche Vorstellung einer transzendenten Gottheit ab, die die Welt aus freiem Willen erschaffen hat. Andererseits war Spinoza kein Atheist; er meinte, logisch beweisen zu können, daß es Gott geben *muß*. Weil er Gott mit dem Weltall gleichsetzte, lief das auf einen Beweis für die Existenz der Welt hinaus. Nach Spinoza hatte Gott überhaupt keine Wahl, denn seiner Meinung nach hätten die Dinge nicht anders oder in anderer Reihenfolge von Gott erschaffen werden können, als sie wirklich erschaffen wurden.

Diese Denkweise – daß die Dinge so sind, wie sie sind, weil eine Art logischer Notwendigkeit oder Unvermeidlichkeit es erzwingt – ist heute unter Wissenschaftlern weitverbreitet. Meistens erwähnen sie Gott jedoch überhaupt nicht. Wenn sie recht haben, bildet die Welt ein geschlossenes und vollständiges Erklärungssystem, in dem alles notwendig ist und kein Geheimnis bleibt. Eigentlich brauchen wir die Welt gar nicht wirklich zu beobachten, wenn wir etwas über ihre Gestalt und ihren Inhalt erfahren wollen, denn wenn alles logisch notwendig ist, müßte sich alles logisch herleiten lassen. »In gewissem Sinne halte ich es deshalb für wahr«, schrieb Einstein, als er mit diesem Gedanken spielte, »daß das reine Denken fähig ist, die Wirklichkeit zu begreifen, so wie man es im Altertum erträumte ... Ich bin überzeugt davon, daß wir mit Hilfe rein mathematischer Konstruktionen die Begriffe und Gesetze entdecken können, die sie miteinander verbinden, was den Schlüssel zu unserem Verständnis der Naturerscheinungen liefern könnte«.[1] Wir werden möglicherweise niemals klug genug sein, um die richtigen Begriffe und Gesetze wirklich allein aus der Mathematik herleiten zu können, aber darauf kommt es nicht an. Wenn ein solches geschlossenes Erklärungsmuster auch nur möglich wäre, würde das unser Denken über das Weltall und unseren Ort darin zutiefst verändern. Sind aber diese Behauptungen der Vollständigkeit und Eindeutigkeit überhaupt begründet, oder sind sie nur eine vage Hoffnung?

Ein verstehbares Universum

All diesen Fragen liegt eine entscheidende Annahme zugrunde, wonach die Welt sowohl rational als auch verstehbar ist. Diese wird oft als »Prinzip vom zureichenden Grund« bezeichnet; danach ist alles in der Welt aus einem bestimmten Grund so, wie es ist. Warum ist der Himmel blau? Warum fallen Äpfel? Warum gibt es neun Planeten im Sonnensystem? Gewöhnlich sind wir mit der Antwort: »Weil es so ist« nicht zufrieden. Wir glauben, es müsse einen Grund geben, warum es so ist. Wenn es Tatsachen über die Welt gibt, die einfach ohne Grund akzeptiert werden müssen (sogenannte schlichte Tatsachen), dann versagt die Vernunft und die Welt ist absurd.

Die meisten Menschen akzeptieren das Prinzip vom zureichenden Grund ohne Bedenken. So gründet zum Beispiel das gesamte wissenschaftliche Denken auf der Rationalität der Natur. Auch die meisten Theologen bekennen sich zu diesem Prinzip, weil sie an einen vernünftigen Gott glauben. Aber können wir absolut sicher sein, daß das Prinzip unfehlbar ist? Sicher, gewöhnlich bewährt es sich ausgezeichnet. Äpfel fallen aufgrund der Schwerkraft, der Himmel ist blau, weil Luftmoleküle kurzwelliges Licht streuen und so weiter. Aber deshalb muß es nicht immer so sein. Natürlich ist weitere Erforschung letzter Fragen sinnlos, wenn das Prinzip falsch ist. Unabhängig davon, ob das Prinzip falsch ist oder nicht, ist es jedoch wert, als Arbeitshypothese akzeptiert zu werden, damit man sieht, wohin es führt.

Wenn wir uns den tiefen Seinsfragen stellen, müssen wir zwei verschiedene Klassen von Dingen als möglich erachten.

Zur ersten Klasse gehören Tatsachen über das Universum, wie etwa die Anzahl der Planeten im Sonnensystem. Es ist eine Tatsache, daß es neun Planeten gibt, aber die Annahme scheint unbegründet, daß es neun sein *müssen*. Sicherlich können wir uns leicht vorstellen, es wären acht oder zehn. Eine typische Erklärung dafür, warum es neun sind, könnte anführen, wie das Sonnensystem aus einer Gaswolke entstand, welche relative Häufigkeit die Elemente im Gas hatten und so weiter. Weil eine Erklärung der Eigenschaften des Sonnensystems von etwas anderem abhängt als von ihm selbst, werden diese Eigenschaften »kontingent« genannt. Etwas ist kontingent, wenn es auch anders hätte sein können, wenn also der Grund dafür, warum es so ist, wie es ist, darin liegt, daß es von etwas anderem abhängt, von etwas, das außerhalb von ihm liegt.

Die zweite Klasse bezieht sich auf Tatsachen oder Dinge oder Ereignisse, die nicht kontingent sind. Solche Dinge werden »notwendig« genannt. Etwas ist notwendig, wenn es von allem anderen völlig unabhängig ist. Notwendiges enthält den Grund für sich in sich selbst, und es wäre völlig unverändert, wenn alles andere anders wäre.

Man kann sich nur schwer davon überzeugen, daß es in der Natur Notwendiges gibt. Sicherlich hängen alle Dinge, mit denen wir in der Welt zu tun haben, und die Ereignisse, die sie durchmachen, irgendwie von der übrigen Welt ab und müssen also kontingent genannt werden. Außerdem muß etwas, wenn es notwendig das ist, was es ist, immer sein, was es ist: Es kann sich nicht verändern. Ein notwendiges Ding kann nicht von der Zeit abhängen. Aber der Zustand der Welt ändert sich fortwährend, also müssen alle Dinge, die an dieser Veränderung teilhaben, kontingent sein.

Wie ist es mit dem Universum, wenn wir in die Definition von »Universum« die Zeit einschließen? Könnte es notwendig sein? Dies ist die Behauptung von Spinoza und seinen Anhängern. Die Richtigkeit dieser Behauptung erschließt sich nicht auf den ersten Blick, denn wir können uns leicht ein anderes Weltall vorstellen als das, was ist. Natürlich ist keineswegs gesagt, daß etwas allein deshalb möglich ist, weil wir es uns vorstellen können. Ich meine jedoch, wie ich binnen kurzem ausführen werde, sehr gute Gründe dafür angeben zu können, warum das Weltall anders hätte sein können.

Wie ist es mit den Naturgesetzen? Sind sie notwendig oder kontingent? Hier ist die Sache weniger klar. Normalerweise werden diese Gesetze für zeitlos und ewig gehalten, deshalb ließe sich wohl behaupten, sie seien notwendig. Andererseits haben sich, wie die Erfahrung zeigt, mit dem Fortschritt der Physik Gesetze, die für voneinander unabhängig gehalten wurden, als miteinander verknüpft herausgestellt. Ein gutes Beispiel ist die neuere Entdeckung, daß die schwache Kernkraft und die elektromagnetische Kraft eigentlich zwei Aspekte einer einzigen elektroschwachen Kraft sind, die von einem einzigen Gleichungssystem beschrieben werden. Die einzelnen Kräfte stellen sich also als kontingent in bezug auf andere Kräfte heraus. Aber gibt es notwendigerweise eine Superkraft oder sogar ein alles vereinheitlichendes Supergesetz? Viele Physiker glauben das. Einige unserer Zeitgenossen, so der Chemiker Peter Atkins aus Oxford, sehen in dieser Konvergenz der Grundlagenphysik einen Hinweis auf ein einheitliches Supergesetz, wenn sie behaupten, die physikalische Welt sei nicht kontingent, sondern notwendig so, wie sie ist. Sie halten die Suche nach einer metaphysikalischen Erklärung für vergeblich. Diese Naturwissenschaftler sehen eine Zeit voraus, in der alle Gesetze der Physik zu einem einzigen mathematischen System verknüpft sein werden, und behaupten, dieses System werde das einzige logisch widerspruchsfreie sein.

Andere Menschen jedoch haben aus genau derselben fortschreitenden Vereinheitlichung den entgegengesetzten Schluß gezogen. So ist zum Beispiel Papst Johannes Paul II. tief beeindruckt von dem aufsehenerregenden Fortschritt, der bei der

Verknüpfung der Elementarteilchen und der vier Grundkräfte der Natur gemacht wurde; er hielt es vor kurzem für angebracht, sich vor einer wissenschaftlichen Versammlung zu den weitreichenden Folgerungen zu äußern:

> Physiker verfügen über eine genaue, wenn auch unvollständige und vorläufige Kenntnis der Elementarteilchen und der Grundkräfte, mittels derer sie bei niedrigen und mittleren Energien wechselwirken. Sie haben jetzt eine annehmbare Theorie für die Vereinheitlichung der elektromagnetischen und schwachen Kernkräfte und auch viel weniger ausgearbeitete, aber doch vielversprechende vereinheitlichte Feldtheorien, die auch die starke Wechselwirkung einzubeziehen suchen. Im Zuge dieser Entwicklung gibt es schon mehrere detaillierte Vorschläge für die Endstufe der Supervereinheitlichung, also der Vereinheitlichung aller vier Grundkräfte, einschließlich der Schwerkraft. Ist nicht für uns die Beobachtung wichtig, daß es in einer Welt, die im einzelnen so weitgehend spezialisiert wie die heutige Physik, diesen Drang zur Konvergenz gibt?[2]

Das Entscheidende an dieser Konvergenz ist die Weise, wie sie die Naturgesetze immer weiter einengt. Jede neu hergestellte Verknüpfung setzt wechselseitige Abhängigkeit und Widerspruchsfreiheit der Gesetze voraus, die die bis jetzt noch unabhängigen Teile bestimmen. Schon die Forderung, alle Theorien müßten zum Beispiel mit der Quantentheorie und der Relativitätstheorie verträglich sein, legt der mathematischen Form, die die Gesetze annehmen können, enge Schranken auf. Man könnte also vermuten, die Konvergenz könnte eines Tages, vielleicht schon bald, vollständig sein; dann hätte man eine völlig einheitliche Darstellung aller Naturgesetze erreicht. Dieses ist der Grundgedanke einer sogenannten Theorie für Alles, die ich in Kapitel 1 kurz erwähnte.

Eine einzige Theorie für Alles?

Ist eine Theorie für alles vorstellbar? Viele Naturwissenschaftler bejahen die Frage. Einige von ihnen glauben sogar, wir hätten schon fast eine solche Theorie. Sie sehen die zur Zeit beliebten Superstringtheorien als ernstzunehmenden Versuch, alle Fundamentalkräfte und -teilchen der Physik zu verschmelzen und auch die Struktur von Raum und Zeit in ein einziges, alles umfassendes mathematisches System zu fassen. Diese Zuversicht ist nicht neu. Die Reihe der Versuche, völlig einheitliche Darstellungen der Welt zu geben, ist lang. In seinem Buch *Theorien für Alles* führt John Barrow die Verlockung einer solchen Theorie auf den leidenschaftlichen Glauben an einen rationalen Kosmos zurück: Danach gibt es hinter der physikalischen Existenz eine greifbare Logik, die sich überzeugend und straff zusammenfassen läßt.

Es stellt sich die Frage, ob die Theorie dann, wenn sie diese totale Vereinheitlichung darstellt, durch die Forderung der mathematischen Widerspruchsfreiheit so sehr eingeengt wird, daß sie eindeutig ist. Wenn das so wäre, könnte es nur ein einheitliches physikalisches System geben, dessen viele Gesetze durch logische Notwendigkeit festgelegt sind. Die Welt, so wird gesagt, wäre dann erklärt: Newtons Gesetze, Maxwells Gleichungen der Elektrodynamik und Einsteins Gleichungen für das Gravitationsfeld würden genau wie alle anderen unausweichlich mit derselben Gewißheit aus der logischen Widerspruchsfreiheit folgen, wie der Satz des Pythagoras aus den Axiomen der euklidischen Geometrie folgt. Wenn diese Überlegung zu Ende gedacht wird, brauchen sich Wissenschaftler also gar nicht mehr mit Beobachtung oder Experiment abzugeben. Die Naturwissenschaft wäre dann keine empirische Wissenschaft mehr, sondern ein Zweig der deduktiven Logik, die Naturgesetze erhielten den Status mathematischer Sätze und die Eigenschaften der Welt ließen sich durch vernünftige Überlegungen herleiten.

Der Gedanke, das Wesen der Dinge ließe sich allein durch Anwendung der reinen Vernunft in Erfahrung bringen, indem man deduktiv aus selbstverständlichen Voraussetzungen logische Schlüsse zieht, hat eine lange Geschichte. Ansätze dazu finden sich schon in den Schriften von Platon und Aristoteles. Der Gedanke wurde dann im siebzehnten Jahrhundert von den Philosophen der Aufklärung wie etwa Descartes wiederbelebt, die ein physikalisches System konstruierten, das vernünftig begründet sein sollte und nicht auf empirischer Beobachtung beruht. Viel später, in den dreißiger Jahren dieses Jahrhunderts, versuchte auch der Physiker E. A. Milne, Gravitationstheorie und Kosmologie deduktiv zu beschreiben. In letzter Zeit ist der Gedanke, eine völlig einheitliche Beschreibung der Physik könne sich deduktiv beweisen lassen, wieder einmal in Mode, und deshalb wählte Stephen Hawking für seine Antrittsvorlesung als Professor auf dem Lehrstuhl, den einst Isaac Newton innegehabt hatte, den provozierenden Titel: »Ist ein Ende der theoretischen Physik in Sicht?«

Welche Beweise sprechen nun für einen solchen Zustand der Dinge? Lassen wir einmal die Frage beiseite, ob die neuere Forschung zu Superstrings und ähnlichem wirklich bald zu einer Vereinheitlichung führen wird; jedenfalls würde meiner Meinung nach eine supervereinheitlichte Theorie sicherlich nicht eindeutig sein. Ich kann dafür eine Reihe von Gründen anführen. Der erste ist, daß theoretische Physiker aus Gründen, die ich in Kapitel 1 anführte, häufig mathematisch widerspruchsfreie »Spielzeugwelten« untersuchen, die sicherlich nicht unserem Weltall entsprechen. Einer solchen Spielzeugwelt sind wir schon begegnet – den zellulären Automaten. Es gibt viele andere. Es genügt nicht, so scheint mir, nur Widerspruchsfreiheit zu fordern, wenn man überhaupt Hoffnung auf Einzigartigkeit haben möchte; außerdem sind viele kontingente Vorgaben nötig, so etwa Konformität mit der Relativitätstheorie oder bestimmte Symmetrien oder die Existenz von drei räumlichen und einer zeitlichen Dimension.

Der zweite Grund betrifft die Frage der Eindeutigkeit in der Logik und in der Mathematik. Mathematik muß sich auf Axiome gründen. Zwar lassen sich die Sätze der Mathematik innerhalb des Axiomensystems herleiten, die Axiome aber lassen sich nicht herleiten. Sie müssen außerhalb des Systems begründet sein. Man kann sich viele verschiedene Axiomensysteme vorstellen, die zu verschiedenen logischen Systemen führen. Und dann gibt es auch das ernsthafte Problem mit Gödels Satz. Man erinnere sich, daß es nach diesem Satz ganz allgemein unmöglich ist, innerhalb des Axiomensystems auch nur die Widerspruchsfreiheit der Axiome zu beweisen. Und selbst wenn die Widerspruchsfreiheit gezeigt werden könnte, wäre das Axiomensystem nicht vollständig, denn es gäbe immer noch wahre mathematische Aussagen, deren Wahrheit sich nicht innerhalb des Systems beweisen ließen. In einem vor kurzem erschienenen Aufsatz erörterte Russell Stannard die Folgerungen, die dieser Sachverhalt für die Vereinheitlichung der Physik hat:

> Eine echte Theorie für Alles müßte nicht nur erklären, wie unser Universum entstand, sondern auch, warum es überhaupt nur dieses Universum geben kann – warum nur ein einziges System physikalischer Gesetze möglich ist.
>
> Dieses Ziel halte ich für illusorisch ... Dieser inhärente, unvermeidliche Mangel an Vollständigkeit muß sich darin widerspiegeln, welches mathematische System als Modell für unser Universum genommen wird. Als Geschöpfe, die zu dieser Welt gehören, sind wir auch Teil des Modells. Es folgt, daß wir niemals in der Lage sein werden, die Wahl der Axiome in dem Modell zu rechtfertigen – folglich auch nicht die physikalischen Gesetze, denen diese Axiome entsprechen. Wir können dann auch nicht alle wahren Aussagen erklären, die man über das Universum machen kann.[3]

Auch John Barrow erkundet die Grenzen, die Gödels Satz einer Theorie für Alles setzt, und schließt, daß eine solche Theorie »weit davon entfernt [sei], die feinen Details eines Universums wie des unseren hinreichend zu erhellen. ... Es gibt keine Weltformeln, die alle Wahrheit, alle Harmonie, alle Einfachheit enthalten. Keine Theorie für Alles kann je vollständige Erkenntnis vermitteln. Denn wenn wir alles durchschauen könnten, gäbe es für uns nichts mehr anzuschauen.«[4]

Die Suche nach einer eindeutigen Theorie für Alles, die alle Zufälligkeit beseitigt und beweist, daß die Welt notwendig so sein muß, wie sie ist, scheint also aus logischen Gründen zum Scheitern verurteilt zu sein. Wir können die Widerspruchsfreiheit und Vollständigkeit eines vernünftig begründeten Systems nicht beweisen. Es bleibt immer etwas offen, geheimnisvoll, ungeklärt. Der Philosoph Thomas Torrance schilt jene, die der Versuchung erliegen anzunehmen, das Universum sei »eine Art perpetuum mobile, eine aus sich selbst existierende, sich selbst stützende, sich selbst erklärende Größe, völlig widerspruchsfrei und vollständig in sich und also in einem sinnlosen Kreislauf unausweichlicher Notwendigkeiten gefangen«. Er warnt, daß es »im Universum keinen intrinsischen Grund gibt, warum es überhaupt existieren sollte, oder warum es das sein sollte, was es wirklich ist. Wir machen uns deshalb etwas vor, wenn wir im Rahmen unserer Naturwissenschaft denken, wir könnten zeigen, daß das Weltall so sein muß, wie es ist.«[5]

Ist es möglich, daß die Gesetze unseres Universums, wenn sie auch nicht logisch eindeutig sind, doch die einzigen möglichen Gesetze sind, die auch zur Komplexität führen können? Vielleicht ist unser Universum das einzige, in dem Biologie möglich ist und in dem also Lebewesen mit Bewußtsein entstehen konnten. Dann wäre es das einzige für uns *erkennbare* Universum. Die Antwort auf Einsteins Frage, ob Gott eine Wahl hatte bei seiner Schöpfung, wäre also Nein, falls er nicht wollte, daß sie unbemerkt blieb. Diese Möglichkeit wird von Stephen Hawking in seinem Buch *Eine kurze Geschichte der Zeit* erwähnt: »Es ist durchaus möglich, daß es nur sehr wenige vollständige einheitliche Theorien gibt – vielleicht sogar nur eine, zum Beispiel die heterotische Stringtheorie, die in sich widerspruchsfrei sind und die Existenz von so komplizierten Gebilden wie Menschen zuläßt, die die Gesetze des Universums erforschen und nach dem Wesen Gottes fragen können.«[6]

Es könnte sein, daß dieser schwächere Vorschlag auf keine logischen Hindernisse stößt; ich weiß es nicht. Aber es gibt, wie ich weiß, absolut keine Hinweise darauf. Man könnte vielleicht zeigen, daß wir im *einfachsten möglichen* erkennbaren Universum leben – die Gesetze der Physik also die *einfachsten* logisch widerspruchsfreien Gesetze sind, die selbstreproduzierende Systeme zulassen. Aber selbst dieses verwässerte Ziel scheint unerreichbar. Wie wir in Kapitel 4 sahen, gibt es Welten zellulärer Automaten, in denen Selbstreproduktion möglich ist, und in Anbetracht der Einfachheit der diese Welten definierenden Regeln kann man sich nur schwer vorstellen, wie die endgültigen vereinheitlichten Naturgesetze noch einfacher sein könnten.

Ich möchte jetzt zu einem ernsthafteren Problem mit dem »eindeutigen« Universum kommen, das oft übergangen wird. Selbst wenn die Gesetze der Physik eindeutig wären, folgt daraus nicht notwendig, daß das physikalische Universum selbst eindeutig ist. Wie in Kapitel 2 erwähnt, müssen die Gesetze der Physik durch kosmische Anfangsbedingungen ergänzt werden. Hartle und Hawking schlugen ein System von Anfangsbedingungen vor, das wir am Ende jenes Kapitels erörterten. Auch wenn diese Wahl natürlich scheint, ist sie nur eine von unendlich vielen Möglichkeiten. Es gibt in einem heute denkbaren »Gesetz der Anfangsbedingungen« nichts, das auch nur entfernt vermuten läßt, man könne allein aus der Widerspruchsfreiheit zu den Naturgesetzen Eindeutigkeit folgern. Im Gegenteil. Hartle selbst hat behauptet, daß es tiefliegende Gründe gibt, warum es keine eindeutigen Gesetze geben kann: »Wir konstruieren unsere Theorien als Teil des Universums, nicht außerhalb davon, und diese Tatsache setzt den von uns konstruierten Theorien unweigerlich Grenzen. Eine Theorie der Anfangsbedingungen zum Beispiel muß einfach genug sein, um innerhalb des Universums gespeichert werden zu können.« Wenn wir Wissenschaft betreiben, setzen wir Materie in Bewegung. Selbst der Denkvorgang bewirkt eine Störung von Elektronen in unserem Gehirn. Diese Störungen wirken sich, auch wenn sie winzig sind, auf andere Elektronen und Atome im Universum aus. Hartle schließt: »In Anbetracht dieser Tatsachen muß es viele Theorien der Anfangsbedingungen geben, die durch die Art, wie wir sie konstruieren, ununterscheidbar werden.«[7]

Ein anderes Haar in der Suppe ist die grundlegende Quantennatur der Welt mit ihrem inhärenten Indeterminismus. Alle in Frage kommenden Theorien für Alles müssen sie berücksichtigen, was bedeutet, daß eine solche Theorie bestenfalls eine Art höchstwahrscheinlicher Welt festlegen könnte. Die wirkliche Welt würde sich im subatomaren Maßstab auf unzählige unvorhersagbare Weisen unterscheiden. Dies könnte selbst im makroskopischen Maßstab große Unterschiede bewirken. Ein einziges subatomares Ereignis kann beispielsweise eine biologische Mutation erzeugen, die den Lauf der Evolution verändern könnte.

Kontingente Ordnung

Das Universum muß also wohl nicht unbedingt so sein, wie es ist: Es hätte auch anders sein können. Letztlich ist ja die Annahme, das Universum sei *sowohl* kontingent *als auch* verstehbar, Grundlage der empirischen Wissenschaften. Denn wäre das Weltall nicht kontingent, könnten wir es im Prinzip allein aufgrund logischer Herleitungen erklären, ohne es je zu beobachten. Und wäre es nicht verstehbar, könnte es keine Naturwissenschaft geben. »Es ist die Kombination von Kontingenz und Verstehbarkeit«, schreibt der Philosoph Ian Barbour, »die uns nach neuen und unerwarteten Formen rationaler Ordnung suchen läßt«.[8] Barbour betont, daß die Kontingenz der Welt vierfach ist. Erstens sind die Naturgesetze anscheinend selbst kontingent. Zweitens könnten die kosmologischen Anfangsbedingungen auch anders gewesen sein. Drittens wissen wir aus der Quantenmechanik, daß »Gott würfelt« – daß es also in der Natur ein grundlegend statistisches Element gibt. Und viertens hat sie mit der Tatsache zu tun, daß das Universum existiert. Die Welt ist ja in keiner Weise dazu verpflichtet, unsere Theorien zu bestätigen, auch wenn sie noch so zutreffend sein sollten. Diesem letzten Punkt hat Stephen Hawking Nachdruck verliehen, wenn er fragt: »Wer bläst den Gleichungen den Odem ein und erschafft ihnen ein Universum, das sie beschreiben können? ... Warum muß sich das Universum all dem Ungemach der Existenz unterziehen?«[9]

Ich glaube, es gibt noch eine fünfte Art der Kontingenz, die sich in den »höheren« Gesetzen findet, die mit der Organisation komplexer Systeme zu tun haben. Ich habe sie in meinem Buch *Prinzip Chaos* vollständig dargestellt und beschränke mich hier auf einige wenige Beispiele. Schon erwähnt wurden Mendels Vererbungsgesetze, die sich nicht allein aus den zugrundeliegenden Naturgesetzen herleiten lassen, obwohl sie mit ihnen völlig verträglich sind. Ähnlich hängen die Gesetze und Regeln für chaotische oder selbstorganisierende Systeme nicht nur von den

Naturgesetzen ab, sondern auch von den betrachteten Systemen selbst. In vielen Fällen wird das Verhalten dieser Systeme von zufälligen mikroskopischen Schwankungen beeinflußt; es muß deshalb von vornherein als unbestimmt betrachtet werden. Diese Gesetze und Regelmäßigkeiten auf höherer Ebene besitzen also wichtige kontingente Eigenschaften, die über die üblichen physikalischen Gesetze hinausgehen.

Das große Geheimnis der Zufälligkeit ist nicht so sehr, daß die Welt auch anders hätte sein können, sondern daß sie kontingent *geordnet* ist. Dies ist am deutlichsten im Bereich der Biologie, wo irdische Lebewesen offensichtlich in ihrer ihnen eigenen Form kontingent sind (sie könnten so leicht auch anders gewesen sein), und wo es doch eine auffällige und alles durchdringende Ordnung der Biosphäre gibt. Wenn Objekte und Ereignisse in der Welt nur zufällig wären und nicht in einer besonders sinnvollen Art geordnet, bliebe doch die *besondere Art* ihrer Anordnung ein Rätsel. Aber die Tatsache, daß die kontingenten Kennzeichen der Welt ebenfalls geordnet oder strukturiert sind, ist sicherlich zutiefst bedeutungsvoll.

Eine andere sehr wichtige Eigenschaft der geordneten Kontingenz der Welt betrifft das Wesen dieser Ordnung, die ja den Kosmos zu einer rationalen Einheit macht. Diese holistische Ordnung ist uns zudem *verstehbar*, und dadurch wird das Geheimnis noch viel, viel größer. Aber unabhängig von der Erklärung beruht alle Wissenschaft darauf. »Es ist diese Kombination von Kontingenz, Rationalität, Freiheit und Stabilität des Universums«, schreibt Torrance, »die ihm seinen bemerkenswerten Charakter gibt und die uns die wissenschaftliche Erkundung des Weltalls nicht nur ermöglicht, sondern sogar auferlegt ... Weil die Naturwissenschaft sich auf das unauflösbare Band zwischen Kontingenz und Ordnung im Universum verlassen kann, ist sie dazu gekommen, den deutlichen Zusammenhang zwischen Versuch und Theorie zu nutzen, der unsere größten Fortschritte in unserem Wissen von der physikalischen Welt gekennzeichnet hat.«[10]

Meiner Meinung nach braucht das Universum also nicht so zu sein, wie es ist. Es könnte anders gewesen sein. In diesem Fall sind wir wieder bei dem Problem, warum es so ist, wie es ist.

Welche Erklärung könnten wir für seine Existenz und seine bemerkenswerte Form finden?

Ich möchte zunächst einen recht trivialen Versuch einer Erklärung zurückweisen. Gelegentlich wurde behauptet, alles lasse sich durch etwas anderes erklären, und das wiederum durch etwas anderes und so weiter, in einer unendlichen Kette. Wie ich in Kapitel 2 erwähnte, haben einige Anhänger der Steady-State-Theorie diese Überlegung vertreten, weil das Universum in dieser Theorie ja keinen zeitlichen Ursprung hat. Es ist jedoch völlig falsch anzunehmen, eine unendliche Kette von Erklärungen sei deshalb befriedigend, weil jedes Glied dieser Kette durch das nächste erklärt wird. Es bleibt immer noch das Geheimnis, warum eine *bestimmte* Kette verwirklicht ist, oder warum es überhaupt eine Kette gibt. Leibniz machte diesen Punkt deutlich, indem er dazu aufforderte, eine unendliche Menge von Büchern zu betrachten, bei denen jedes die Abschrift eines früheren ist. Es ist sicher absurd zu sagen, der Inhalt des Buches sei dadurch erklärt. Wir sind immer noch zu der Frage berechtigt, wer der Verfasser war.

Solange wir auf dem Grundsatz vom zureichenden Grund beharren und eine rationale Erklärung der Natur fordern, haben wir, wie mir scheint, keine andere Wahl, als diese Erklärung in etwas zu suchen, das jenseits oder außerhalb der physikalischen Welt liegt – in etwas Metaphysischem also –, weil, wie wir sahen, ein kontingentes physikalisches Universum in sich keine Erklärung für sich selbst enthalten kann. Welche Art metaphysische Instanz könnte ein Universum erschaffen? Es ist wichtig, sich vor dem naiven Bild eines Schöpfers zu hüten, der zu einem bestimmten Zeitpunkt mit übernatürlichen Mitteln ein Universum erzeugt, wie ein Zauberer ein Kaninchen aus dem Hut hervorzieht. Wie ich ausführte, kann die Schöpfung nicht nur in der Auslösung eines Urknalls bestehen. Wir suchen vielmehr nach einem subtileren, zeitlosen Begriff einer Schöpfung, die, mit Hawkings Worten, den Gleichungen Odem einbläst und so das nur Mögliche zu etwas wirklich Existentem macht. Diese Instanz ist in dem Sinn schöpferisch, als sie irgendwie die Gesetze der Physik zu verantworten hat, die unter anderem bestimmen, wie sich die Raumzeit entwickelt.

Natürlich ist die schöpferische Instanz, die eine Erklärung für das Universum liefert, nach Meinung der Theologen Gott. Aber was für eine Instanz wäre ein solches Wesen? Wenn Gott Geist ist, könnten wir ihn wohl als Person beschreiben. Aber nicht alle Theisten sehen das als notwendig an. Manche stellen sich Gott lieber als das Sich-Selbst-Seiende oder als Schöpferkraft vor und nicht als Geist. Vielleicht sind Geist und Kraft auch nicht die einzigen Instanzen, die Schöpferkraft besitzen. Der Philosoph John Leslie hat behauptet, Gott ließe sich gut als »ethische Notwendigkeit« kennzeichnen, und das ist ein Gedanke, der sich bis auf Platon zurückführen läßt. Das Weltall existiert danach also, weil es gut ist, daß es existiert. »Glaube an Gott«, schreibt Leslie, »wird zum Glauben, daß das Universum existiert, weil es das tun sollte.«[11] Der Gedanke erscheint seltsam. Wie kann »ethische Notwendigkeit« ein Universum erschaffen? Ich wiederhole jedoch, daß wir Schöpfung nicht in dem kausalen mechanischen Sinn verstehen, mit dem wir sagen, ein Architekt baue ein Haus. Wir sprachen davon, daß den Gleichungen, die die physikalischen Gesetze verschlüsseln, Odem eingeblasen und dadurch das nur Mögliche zum Tatsächlichen wird. Welches Wesen kann in diesem Sinn »Odem einblasen«? Sicherlich kein uns vertrautes materielles Ding. Es müßte, wenn sich die Frage überhaupt beantworten läßt, ein ziemlich abstraktes und uns wenig vertrautes Wesen sein. Wir stoßen auf keinen *logischen* Widerspruch, wenn wir ethischen oder ästhetischen Eigenschaften eine Schöpferkraft zuschreiben. Aber es spricht auch keine logische Notwendigkeit dafür. Leslie schlägt jedoch vor, einen schwächeren, nicht logischen Sinn von Notwendigkeit anzunehmen: irgendwie müsse sich »Güte« dazu gezwungen sehen, ein Universum zu erschaffen, weil es gut ist, das zu tun.

Wenn man bereit ist, den Gedanken zu bejahen, daß das Weltall nicht ohne Grund existiert, und wenn wir der Bequemlichkeit halber diesen Grund Gott nennen (ganz gleich, ob man damit eine Person oder eine Schöpferkraft, eine ethische Notwendigkeit oder einen noch nicht formulierten Begriff meint), muß man sich als erstes die Frage stellen: In welchem Sinn könnte man diese Gottheit für die Gesetze der Physik (und andere kontingente Eigenschaften der Welt) verantwortlich machen? Damit dieser Begriff überhaupt einen Sinn hat, muß Gott unsere Welt irgendwie aus vielen Alternativen *ausgewählt* haben. Irgendwie muß es eine Wahl gegeben haben, bei der einige mögliche Welten verworfen wurden. Was für eine Gottheit könnte das getan haben? Nach Voraussetzung wäre sie rational. Es macht keinen Sinn, eine irrationale Gottheit anzunehmen, denn dann könnten wir ebensogut ein irrationales Universum annehmen. Die Gottheit sollte auch allmächtig sein, sonst wäre ihre Macht irgendwie begrenzt. Aber was würde diese Macht begrenzen? Wir würden dann wiederum wissen wollen, woher diese Begrenzung stammt und was die Form der Zwänge bestimmt: was genau Gott tun dürfte und was nicht. (Man beachte, daß selbst ein allmächtiger Gott den Regeln der Logik gehorchen muß. Auch Gott könnte zum Beispiel den Kreis nicht quadrieren.) Aus einer ähnlichen Überlegung heraus müßte die Gottheit vollkommen sein, denn welche Instanz würde irgendwelche Mängel erzeugen? Sie würde auch allwissend sein – also alle logischen Alternativen kennen –, um eine vernünftige Wahl treffen zu können.

Die beste aller möglichen Welten?

Leibniz entwickelte die obige Überlegung im einzelnen als Versuch, aufgrund der Rationalität des Kosmos zu beweisen, daß es eine solche Gottheit gibt. Er schloß aus diesem kosmologischen Argument, ein vernünftiges, allmächtiges, vollkommenes, allwissendes Wesen müsse unweigerlich die beste aller möglichen Welten wählen. Warum? Wenn ein vollkommener Gott wissentlich eine nicht vollkommene Welt auswählte, wäre das unvernünftig. Wir würden dann nach einer Erklärung für diese seltsame Wahl suchen. Aber welche Erklärung könnte es geben?

Der Gedanke, unsere Welt sei die beste aller möglichen Welten, war vielen Menschen gar nicht willkommen. So verhöhnte Voltaire deswegen Leibniz (in der Verkleidung des Dr. Pangloss): »Oh Dr. Pangloss! Wenn dies die beste aller möglichen Welten ist, wie müssen dann die anderen sein?« Der Einwand konzentriert sich gewöhnlich auf das Problem des Bösen. Wir können uns eine Welt vorstellen, in der es zum Beispiel keinen Schmerz und kein Leid gibt. Wäre das nicht eine bessere Welt?

Lassen wir ethische Fragen beiseite; es könnte noch einen physikalischen Sinn geben, nach dem unsere Welt die beste aller möglichen Welten ist. Sicherlich ist der ungeheure Reichtum und die Komplexität der Welt beeindruckend. Manchmal scheint es, als ob die Natur sich die größte Mühe gäbe, ein interessantes und fruchtbares Universum hervorzubringen. Freeman Dyson versuchte, diese Eigenschaft mit seinem Prinzip der maximalen Vielfalt zu erfassen: Die Naturgesetze und die Anfangsbedingungen sind so, daß sie das Universum so interessant wie nur möglich machen. Hier wird das »Beste« als das »Reichhaltigste« gedeutet, also das vielfältigste und komplexeste aller physikalischen Systeme. Es kommt nun darauf an, diese Auffassung irgendwie mathematisch zu präzisieren.

Vor kurzem haben die mathematischen Physiker Lee Smolin und Julian Barbour einfallsreiche Vorschläge dazu gemacht, wie sich dieses erreichen ließe. Sie meinen, es gäbe ein Naturprinzip, das die maximale Vielfältigkeit des Universums bedingt. Die Dinge hätten sich dann also so arrangiert, daß sie in einem noch zu definierenden Sinn die größte Vielfalt erzeugen. Leibniz meinte, die Welt weise die bei einem größten Grad an Ordnung größtmögliche Vielfalt auf. Das klingt eindrucksvoll, bringt uns aber nicht weiter, solange ihm keine klare mathematische Bedeutung zugeschrieben werden kann. Smolin und Barbour versuchen dies, wenn auch auf recht bescheidene Weise. Sie definieren »Vielfalt« für das einfachste vorstellbare System, nämlich für eine Menge von Punkten, die, wie Orte auf einer Streckenkarte, durch ein Netzwerk von Linien verknüpft sind. Mathematiker nennen das einen »Graphen«. Die Punkte und Linien müssen nicht wirklichen Dingen im Raum entsprechen, sondern stellen nur eine Art abstrakte Verknüpfung dar, die sich um ihrer selbst willen untersuchen läßt. Offensichtlich gibt es je nachdem, wie die Verbindungslinien eingezeichnet werden, einfache Graphen und komplizierte Graphen. Es ist möglich, Graphen zu finden, die in einem wohldefinierten Sinn die vielfältigsten sind, wenn sie von allen verschiedenen Orten (Punkten) aus betrachtet werden. Der Trick besteht darin, dies alles mit der wirklichen Welt in Beziehung zu setzen. Wem entsprechen diese Punkte und Linien? Man könnte sie als eine Art abstrakter Darstellung von Teilchen in einem dreidimensionalen Raum sehen; Begriffe wie etwa der Abstand zwischen Teilchen ergeben sich dann ganz natürlich aus den Beziehungen innerhalb des Graphen. In diesem Stadium ist der Gedanke noch ziemlich skizzenhaft, aber er zeigt zumindest, was für Überlegungen Theoretiker anstellen könnten, um dem Wesen der Naturgesetze näherzukommen.

Es lassen sich noch andere Formen der Optimierung vorstellen, andere Möglichkeiten, wie unsere Welt die beste aller möglichen Welten sein könnte. Die Gesetze der Physik lassen sich, wie erwähnt, als kosmischen Code sehen, als eine »Botschaft«, die in unseren Beobachtungsdaten verborgen ist. John Barrow vermutet, die Gesetze unseres Univerums könnten eine Art optimaler Kodierung darstellen. Nun geht fast alles, was Wissenschaftler über Codes und Informationsübermittlung wissen, auf die bahnbrechende Arbeit Claude Shannons zurück, dessen Buch über Informationstheorie zu einem Klassiker wurde. Eines der Probleme, die Shannon beschäftigten, war die Wirkung, die das Rauschen in einem Informationskanal auf eine Botschaft hat. Wir alle wissen, wie ein Geräusch in einer Telefonleitung ein Gespräch erschweren kann; ganz allgemein reduziert Rauschen den Informationsgehalt. Aber das Problem läßt sich vermeiden, wenn die Botschaft mit genügend Redundanz kodiert wird. Dieser Grundsatz liegt einigen der modernen Telekommunikationssystemen zugrunde. Barrow erweitert den Gedanken auf die Naturgesetze. Die Wissenschaft ist schließlich ein Gespräch mit der Natur. Wenn wir Experimente durchführen, fragen wir gewissermaßen die Natur aus. Die Information, die wir dabei erhalten, ist zudem niemals ganz direkt; sie wird durch »Geräusche« gestört, die wir Versuchsfehler nennen und viele Ursachen haben können. Aber wie gesagt, enthält die Natur die Information nicht direkt, sondern verschlüsselt. Barrow meint, dieser »kosmische Code« könne so gemacht sein, daß er in Analogie zu Shannons Theorie eine optimale Informationsübermittlung erlaubt: »Die Botschaft muß in bestimmter Weise kodiert sein, damit die verheißene beliebig große Signaltreue verwirklicht werden kann. ... Auf seltsame Weise scheint die Natur in einer dieser zweckdienlichen Formen ›chiffriert‹ zu sein.«[12] Dies könnte unseren bemerkenswerten Erfolg beim Entschlüsseln der Botschaft und dem Entdecken umfassender Gesetze erklären.

Eine andere Art der Optimierung in bezug auf die mathematische Form der Naturgesetze betrifft deren oft zitierte Einfachheit. Einstein faßte das so zusammen: »Bis jetzt rechtfertigt unsere Erfahrung den Glauben, daß die Natur die Verwirklichung der einfachsten vorstellbaren mathematischen Gedanken ist.«[13] Dies ist sicherlich verblüffend. »Es ist rätselhaft genug, daß die Welt sich mathematisch beschreiben läßt; aber daß es *einfache* Mathematik ist, solche, mit der man sich nach einigen Jahren eifrigen Studiums vertraut fühlt, ist ein Geheimnis innerhalb dieses Rätsels.«[14] Leben wir also in dem Sinn in der besten aller möglichen Welten, daß sie die einfachste mathematische Beschreibung zuläßt? Weiter oben in diesem Kapitel habe ich die Gründe angeführt, warum ich nicht dieser Meinung bin. Wie ist es mit der einfachsten möglichen Welt, die die Existenz biologischer Komplexität zuläßt? Wieder meine ich, wie schon gesagt, die Frage sei zu verneinen, aber dies ist zumindest eine Vermutung, die der wissenschaftlichen Forschung zugänglich ist. Wir können die Gleichungen der Physik aufschreiben und dann mit ihnen herumspielen, um zu sehen, zu welchen Unterschieden das führt. Auf diese Weise können Theoretiker künstliche Weltmodelle konstruieren, um mathematisch zu überprüfen, ob in ihnen Leben möglich ist. Auf die Untersuchung dieser Fragen wurde viel Mühe verwendet. Die meisten Forscher kamen zu dem Schluß, daß komplexe Systeme, besonders solche, die biologisch bemerkenswert sind, empfindlich auf die Form der physikalischen Gesetze reagieren, und in einigen Fällen schon kleinste Veränderungen an den Gesetzen ausreichen, um die Entstehung von Leben, jedenfalls in der uns vertrauten Form, zu vereiteln. Diese Aussage wird als anthropisches Prinzip bezeichnet, weil sie eine Beziehung zwischen unserer Existenz als Beobachter des Universums und den Gesetzen und Bedingungen des Universums herstellt. Ich komme in Kapitel 8 darauf zurück.

Natürlich kann die Forderung, die Naturgesetze sollten Lebewesen mit Bewußtsein zulassen, übermäßig chauvinistisch erscheinen. Die Gesetze könnten auf viele Weisen ausgezeichnet sein; sie könnten etwa im Besitz aller möglichen mathematischen Eigenschaften sein, von denen wir noch gar nichts ahnen. Es gibt viele verborgene Eigenschaften, die durch gerade diese Gesetze maximiert oder minimiert werden könnten. Wir wissen es einfach nicht.

Schönheit als ein Leitfaden zur Wahrheit

Bis jetzt habe ich mich mit der Mathematik auseinandergesetzt. Aber vielleicht zeichnen sich die Gesetze durch andere, verborgenere Eigenschaften aus, etwa durch ihre Schönheit. Viele Naturwissenschaftler halten Schönheit für einen verläßlichen Führer zur Wahrheit, und viele Fortschritte in der theoretischen Physik wurden von Forschern gemacht, die von einer neuen Theorie mathematische Eleganz erwarteten. Manchmal halten sie diese Kriterien dann, wenn die Überprüfung im Labor schwierig ist, für wichtiger als das Versuchsergebnis. Einstein wurde einmal gefragt, was er machen würde, wenn eine experimentelle Überprüfung seiner allgemeinen Relativitätstheorie nicht mit den theoretischen Vorhersagen übereinstimmen würde. Der Gedanke beunruhigte ihn gar nicht: »Da könnt' mir halt der liebe Gott leid tun, die Theorie stimmt doch.« Paul Dirac, der theoretische Physiker, dessen Schönheitssinn ihn eine elegante Gleichung für das Elektron konstruieren ließ, die zur erfolgreichen Vorhersage der Existenz von Antimaterie führte, sprach einen ähnlichen Gedanken aus: »Es ist wichtiger, daß die Gleichungen schön sind, als daß sie zu den Experimenten passen.«

Mathematische Eleganz ist kein Begriff, der sich jenen, die nicht mit der Mathematik vertraut sind, leicht vermitteln läßt, aber er wird von Wissenschaftlern hochgeschätzt. Wie alle Werturteile ist auch dieses jedoch höchst subjektiv. Noch hat niemand einen »Schönheitsmesser« zur Bestimmung des ästhetischen Werts der Dinge erfunden, der sich nicht auf menschliche Kriterien bezieht. Kann man wirklich sagen, daß bestimmte mathematische Formen schöner sind als andere? Vielleicht nicht. Dann ist es sehr seltsam, wenn Schönheit in der Wissenschaft als guter Leitfaden dienen kann. Warum sollten die Gesetze des Universums den Menschen schön erscheinen? Zweifellos spielen auch biologische und psychologische Faktoren eine Rolle, wenn wir etwas als schön empfinden. Es überrascht zum Beispiel nicht, wenn Männer weibliche Formen reizvoll finden, und zweifellos haben die Kurven vieler schöner Skulpturen, Gemälde und Bauten sexuelle Bezüge. Vielleicht schreiben auch Bau und Funktion des Gehirns vor, was Auge oder Ohr gefällt, und Musik spiegelt irgendwie Rhythmen im Gehirn wider. Jedenfalls ist daran etwas Merkwürdiges. Wenn Schönheit ausschließlich biologisch programmiert wird und allein nach ihrem Überlebenswert ausgewählt wird, ist es um so überraschender, wenn sie in der esoterischen Welt der Grundlagenphysik wieder auftaucht, die keinen direkten Bezug zur Biologie hat. Wenn andererseits Schönheit mehr ist als reine Biologie, wenn unser Schönheitssinn von der Berührung mit etwas Begründeterem und Überzeugenderem stammt, dann ist es sicherlich höchst bedeutsam, wenn die Grundgesetze der Welt dieses »Etwas« widerzuspiegeln scheinen.

In Kapitel 6 habe ich erwähnt, wie viele angesehene Wissenschaftler davon gesprochen haben, sie verdankten einer Art geistigem Kontakt mit einem platonischen Reich mathematischer und ästhetischer Formen viele Anregungen. Insbesondere Roger Penrose bekennt offen seine Überzeugung, der schöpferische Geist könne in das platonische Reich »eindringen« und dort mathematische Ideen wahrnehmen, die irgendwie schön sind. Er zählt Schönheit sogar zu den Leitprinzipien eines großen Teils seiner mathematischen Arbeit. Dies überrascht vielleicht jene Leser, für die die Mathematik ein unpersönliches, kaltes, trockenes und strenges Fach ist. Aber, so Penrose: »Strenge Beweisführung ist gewöhnlich erst der *letzte* Schritt. Zuvor muß man viele Vermutungen anstellen, und dabei sind ästhetische ungeheuer wichtig.«[15]

Ist Gott notwendig?

Zwei Augen hat die Seel:
eins schauet in die Zeit,
Das andere richtet sich
hin in die Ewigkeit.

Angelus Silesius

Wenn wir von der Frage aus weiterdenken, ob und in welchem Sinn wir in der besten aller möglichen Welten leben, müssen wir uns einem noch viel tieferliegenden Problem stellen. Einfach gesagt, muß das Weltall, wenn es wirklich eine Erklärung hat und sich nicht selbst erklären kann, durch etwas anderes außerhalb von sich selbst erklärt werden – also zum Beispiel durch Gott. Aber was erklärt dann Gott? Das uralte Rätsel »Was erschuf Gott?« könnte uns in einen Teufelskreis hineinziehen. Der einzige Ausweg ist dann anscheinend die Annahme, Gott könne sich irgendwie »selbst erklären«, was besagen soll, Gott sei ein *notwendiges* Wesen in dem Sinn, den ich zu Beginn dieses Kapitels erläuterte. Genauer folgt, daß Gott, wenn er der zureichende Grund für die Welt sein soll, selbst ein notwendiges Wesen sein muß, denn wenn Gott kontingent wäre, würde die Erklärungskette noch nicht zum Ende gekommen sein, und wir würden wissen wollen, welche Faktoren es jenseits von Gott gäbe, von denen seine Existenz und sein Wesen abhängen. Aber können wir die Vorstellung mit Sinn erfüllen, es gäbe ein notwendiges Wesen, ein Wesen, das den Grund für sein eigenes Sein völlig in sich selbst birgt? Viele Philosophen haben behauptet, der Gedanke sei nicht stimmig oder auch sinnlos. Sicherlich können Menschen ein solches Wesen nicht begreifen. Aber das bedeutet noch nicht, daß die Vorstellung eines notwendigen Wesens sich selbst widerspricht.

Wenn man sich mit dem Begriff eines notwendigen Wesens auseinandersetzen will, kann man sich zunächst fragen, ob es überhaupt irgend etwas gibt, das notwendigerweise der Fall ist. Betrachten wir, um ein Gefühl dafür zu bekommen, die Aussage: »Es gibt mindestens eine wahre Aussage.« Wir nennen diese

Aussage *A*. Ist *A* notwendig wahr? Nehmen wir an, *A* sei falsch, und bezeichnen wir die Aussage »*A* ist falsch« als *B*. Wenn aber *A* falsch ist, dann auch *B*, weil *B* eine Aussage ist, und wenn *A* falsch ist, gibt es keine wahren Aussagen. Also muß *A* wahr sein. Es ist deshalb logisch unmöglich, daß es keine wahren Aussagen gibt.

Wenn es notwendige Aussagen gibt, ist der Begriff eines notwendigen Wesens nicht offensichtlich absurd. Der traditionelle Gott der christlichen Theologie, wie sie vor allem im dreizehnten Jahrhundert von Thomas von Aquin entwickelt wurde, ist ein notwendiges, zeitloses, unveränderliches, vollkommenes Wesen, von dem das Sein des Universums ganz unmittelbar abhängt, das aber im Gegensatz dazu von der Existenz dieses Universums überhaupt nicht berührt wird. Obwohl die Vernunft uns anscheinend zwingend zu einem solchen Bild von Gott als der letzten Erklärung der Welt zu führen scheint, bereitet es doch ernsthafte Schwierigkeiten, diesen Gott mit einem kontingenten veränderlichen Universum in Zusammenhang zu bringen, insbesondere mit einem Universum, das Wesen enthält, die einen freien Willen haben. Der atheistische Philosoph A. J. Ayer sagte in diesem Zusammenhang einmal, aus notwendigen Aussagen könnten eben nur notwendige Aussagen folgen.

Dieser verheerende Widerspruch lauert seit Platon in der Theologie des Abendlandes. Für Platon war, wie wir sahen, der Begriff der »Vernunft« mit der Existenz einer abstrakten Welt der ewigen, unveränderlichen, vollkommenen Ideen verknüpft, die für ihn die einzige wahre Wirklichkeit darstellten, und in diesem unveränderlichen Reich gab es das letzte Objekt des Wissens, das Gute. Die unmittelbar wahrgenommene Welt der materiellen Dinge ist dagegen immer in Bewegung. Die Beziehung zwischen der ewigen Welt der Ideen und der veränderlichen Welt der Materie ist dann höchst problematisch. Wie ich in Kapitel 1 ausführte, behauptete Platon, es gebe den Demiurgen, ein zeitliches Wesen, das, so gut es kann, die Ideen als Bauplan für die Materie verwendet. Aber dieser naive Versuch, das Veränderliche und das Unveränderliche, das Unvollkommene und das Vollkommene zu vereinen, betont nur noch stärker, wie schwierig das begriffliche Paradoxon ist, mit dem alle Erklärungen der Kontingenz behaftet sind.

Dieses Paradoxon, und das ist wesentlich, ist mehr als nur eine Spitzfindigkeit der theologischen Auseinandersetzung; es folgt unvermeidlich aus gewissen vernünftigen Erklärungen. Descartes und seine Anhänger haben versucht, unsere Erfahrung der Welt in intellektueller Gewißheit zu verankern. Wenn wir uns an diese Tradition halten, werden wir auf unserer Suche nach der zuverlässigsten Form der Wissens unweigerlich zu zeitlosen Begriffen wie Mathematik und Logik geführt, weil echte Wahrheit sich nach Definition nicht mit der Zeit verändern kann. Und die Zuverlässigkeit dieses abstrakten Reichs ist gewährleistet, weil seine Elemente durch die Gewißheit der logischen Notwendigkeit miteinander verkettet sind. Aber die Welt der Erfahrungen, die wir zu erklären versuchen, ist selbst zeitabhängig und kontingent.

Die Spannung, die dieses Dilemma erzeugt, durchdringt Naturwissenschaft und Religion gleichermaßen. Wir finden sie in der endlosen Verwirrung, die Versuche stiften, die ewigen Naturgesetze mit der Existenz eines »Zeitpfeils« in der Welt zu verknüpfen. Wir finden sie in heftigen Auseinandersetzungen darüber, wie fortschrittliche biologische Evolution mit richtungsloser Mutation zu vereinbaren sei. Und wir finden sie in dem Zusammenprall der Paradigmen, die mit den neueren Erkenntnissen über selbstorganisierte Systeme einhergehen; wenn sie feindselig aufgenommen werden, lassen sich tiefverwurzelte kulturelle Vorurteile vermuten.

Der einzigartige Beitrag christlichen Denkens zu dieser Spannung ist die Lehre der Schöpfung aus dem Nichts, die ich in Kapitel 2 erläuterte. Sie war ein tapferer Versuch, das Paradoxon durch Einführung eines zeitlosen, notwendigen Wesens zu lösen, das aus freiem Willen durch göttliche Macht ein materielles Universum entstehen läßt (nicht in der Zeit). Wenn Christen behaupteten, die Schöpfung sei etwas anderes als der Schöpfer und etwas, das Gott nicht erschaffen mußte, sondern aus freiem Willen erschuf, vermieden sie die Einschränkungen anderer Erklärungen, wonach das Univerum direkt aus Gottes Wesen stammt und deshalb von seinen notwendigen Eigenschaften geprägt ist. Der entscheidende, hier neu eingeführte Begriff ist der des göttlichen Willens. Nach Definition bedingt der freie Willen Kontingenz, weil wir sagen, eine Wahl sei nur dann frei, wenn sie auch anders hätte sein können. Wenn Gott also mit der Freiheit ausgestattet ist, zwischen möglichen Welten zu wählen, erklärt das die Kontingenz der wirklichen Welt. Und die Forderung der Verstehbarkeit wird bewahrt, indem Gott Vernunft zugeschrieben wird, was eben eine vernünftige Wahl sichert.

Dies scheint ein wirklicher Fortschritt zu sein. Es scheint, als ob eine Schöpfung aus dem Nichts das Rätsel löst, wie eine veränderliche, kontingente Welt durch ein zeitloses notwendiges Wesen erklärt werden kann. Leider bleiben trotz all der Arbeit, mit der Generationen von Philosophen und Theologen sich bemüht haben, diesen Gedanken in ein stimmiges System zu entwickeln, noch größere Unklarheiten. Die wichtigste ist die Frage, warum Gott gerade diese Welt schuf und nicht eine andere. Wenn Menschen frei wählen, wird ihre Wahl durch ihr Wesen bestimmt. Was läßt sich also über Gottes Wesen sagen? Vermutlich, daß es durch seine Notwendigkeit festgelegt ist. Wir wollen uns nicht mit der Möglichkeit abfinden, es könnte viele verschiedene Arten von Gott geben, denn dann wäre nichts damit gewonnen, daß wir uns überhaupt auf Gott berufen. Wir müßten dann das Problem erklären, warum es gerade *diesen* Gott gibt und keinen anderen. Die Idee, daß die Gottheit ein *notwendiges* Wesen ist, soll ja sicherstellen, daß sie einzigartig ist: Sie könnte gar nicht anders gewesen sein. Wenn aber Gottes Wesen durch seine Notwendigkeit festgelegt ist, könnte er dann auch ein anderes Weltall geschaffen haben? Nur wenn die Wahl überhaupt nicht vernünftig war, sondern nur eine Laune, also theistisch gesehen dem Würfeln entspricht. In diesem Fall wäre die Existenz jedoch willkürlich, und wir könnten auch mit einem beliebigen Universum zufrieden sein und es dabei belassen.

Der Philosoph Keith Ward hat den Widerspruch zwischen der Notwendigkeit Gottes und der Kontingenz der Welt im einzelnen untersucht. Er faßt das wesentliche Dilemma wie folgt zusammen:

> Erstens fragen wir, wieso Gott, wenn er wirklich sich selbst genügt, was das Axiom der Verstehbarkeit ja von ihm zu fordern scheint, überhaupt eine Welt erschaffen kann. Das scheint dann willkürlich und sinnlos zu sein. Wenn Gott andererseits wirklich ein notwendiges und unveränderliches Wesen ist, wie kann er eine freie Wahl haben? Sicher ist dann alles, was er tut, aus Notwendigkeit und ohne eine andere Möglichkeit getan worden? Das alte Dilemma – entweder sind Gottes Taten notwendig und deshalb nicht frei (sie könnten nicht anders sein) oder sie sind frei und deshalb beliebig (nichts bestimmt, wie sie sein sollen) – genügte, um die allermeisten christlichen Philosophen Jahrhunderte lang zu quälen.[16]

Das Problem ist, daß man, ganz gleich, wie man es anfängt, immer auf dieselbe grundlegende Schwierigkeit zurückkommt, daß das wahrhaft Kontingente nicht aus dem völlig Notwendigen entstehen kann:

> Wenn Gott der Schöpfer oder der Grund einer kontingenten Welt ist, muß er kontingent und zeitlich sein; wenn Gott jedoch ein notwendiges Wesen ist, dann muß das, was er verursacht, unbedingt notwendig und unveränderlich verursacht sein. Darauf beruhen beide theistischen Deutungen. Die Forderungen der Verstehbarkeit erfordern die Existenz eines notwendigen, unveränderlichen, ewigen Wesens. Die Schöpfung scheint einen kontingenten, zeitlichen Gott zu fordern, der mit der Schöpfung in Wechselwirkung steht und deshalb nicht selbstgenügsam ist. Aber wie kann man beides haben?[17]

An anderer Stelle schreibt Ward:

> Wie kann ein Wesen, das notwendig und unveränderlich ist, die Macht haben, alles zu tun? Da es notwendig ist, kann es nichts anderes tun, als es tut. Da es unveränderlich ist, kann es nichts Neues oder Neuartiges tun ... Selbst wenn die Schöpfung als ein zeitloser göttlicher Akt gesehen werden kann, bleibt die wahre Schwierigkeit, daß sie, da das Sein Gottes notwendig ist, ein notwendiger Akt ist, der in keiner Hinsicht anders hätte sein können. Diese Ansicht reibt sich mit einem zentralen Gedanken der christlichen Tradition: Gott hätte überhaupt kein Universum erschaffen müssen, und er hätte nicht gerade dieses Universum erschaffen müssen. Wie kann ein notwendiges Wesen in irgendeiner Form frei sein?[18]

Schubert Ogden betont denselben Punkt:

> Theologen sagen uns gewöhnlich, Gott habe die Welt frei erschaffen, so, wie die kontingente oder nicht notwendige Welt unserer Erfahrung es uns zeigt ... Gleichzeitig sagen uns die Theologen, weil sie sich den Annahmen der klassischen Metaphysik verbunden fühlen, daß Gottes Schöpfungsakt mit seinem ewigen Wesen übereinstimmt, das in jeder Hinsicht notwendig ist und alle Zufälligkeit ausschließt. Wenn wir also beide Behauptungen wörtlich nehmen und ihnen volles Gewicht geben, finden wir uns sofort in dem hoffnungslosen Widerspruch einer völlig notwendigen Schöpfung und einer völlig zufälligen Welt gefangen.[19]

Theologen und Philosophen haben in dem Versuch, diesem offensichtlichen und andauernden Widerspruch zu entkommen, ganze Bände geschrieben. Aus Platzmangel begrenze ich mich auf die Erörterung eines bestimmten und recht offensichtlichen Fluchtwegs.

Eine dipolare Gottheit und Wheelers Wolke

Wie wir sahen, löste Platon das Paradoxon von Notwendigkeit und Zufälligkeit, indem er zwei Gottheiten annahm, das Gute und den Demiurgen, von denen eine notwendig war und die andere kontingent. Vielleicht läßt sich das mit dem Monotheismus vereinbaren, wenn man behauptet, die beiden Gottheiten seien eigentlich zwei komplementäre Aspekte eines einzigen »dipolaren« Gottes. Diese Behauptung wird von den Vertretern der sogenannten »Prozeßtheologie« vertreten.

Das Prozeßdenken ist ein Versuch, die Welt nicht als eine Menge von Dingen oder auch Ereignissen zu sehen, sondern als deutlich gerichteten *Prozeß*. Der Strom der Zeit spielt also in der Prozeßphilosophie, die dem *Werden* den Vorrang vor dem *Sein* einräumt, eine entscheidende Rolle. Im Gegensatz zur starren mechanistischen Sicht des Universums, wie sie sich aus dem Werk Newtons und seiner Anhänger ergibt, betont die Prozeßphilosophie die Offenheit und Unbestimmtheit der Natur. Die Zukunft ist nicht in der Gegenwart enthalten: Es gibt eine Wahl zwischen Alternativen. Der Natur wird also eine Art Freiheit zugeschrieben, die in der einem Uhrwerk vergleichbaren Welt des Laplace fehlte. Diese Freiheit entsteht durch die Verdammung des Reduktionismus: Die Welt ist mehr als die Summe ihrer Teile. Wir müssen den Gedanken zurückweisen, daß ein physikalisches System wie etwa ein Fels oder eine Wolke oder ein Mensch *nichts anderes* ist als eine Menge von Atomen, und statt dessen die Existenz vieler verschiedener Schichten und Strukturen anerkennen. Ein Mensch ist zum Beispiel sicherlich eine Ansammlung von Atomen, aber es gibt viele höhere Organisationsebenen, die bei dieser mageren Beschreibung unberücksichtigt bleiben, aber wesentlich sind, wenn wir definieren wollen, was wir mit dem Wort »Mensch« meinen. Wenn wir komplexe Systeme als eine Hierarchie von Organisationsebenen sehen, muß die Sicht der Kausalität, die sie von unten nach oben sieht, also letztlich auf die Wechselwirkung zwischen Elementarteilchen zurückführt, durch eine Formulierung ersetzt werden, in der höhere Schichten auch abwärts, von oben her, auf untere Ebenen wirken können. Dies legt eine teleologische Sicht nahe, also den Gesichtspunkt, Verhalten könnte absichtsvoll sein. Prozeßdenken führt von selbst zu einer Sichtweise, die das Universum als einen Organismus oder ein System sieht; das erinnert an die Kosmologie des Aristoteles. Ian Barbour beschreibt diese Sichtweise der Wirklichkeit als die Vorstellung, die Welt sei eine Gemeinschaft von miteinander wechselwirkenden Dingen und nicht nur eine Ansammlung von Rädchen im Getriebe.

Obwohl Prozeßdenken in der Geschichte der Philosophie schon lange einen Platz hat, ist es in der Naturwissenschaft erst in den letzten Jahren in Mode gekommen. Der Aufstieg der Quantenphysik in den dreißiger Jahren machte der Vorstellung ein Ende, das Universum sei eine deterministische Maschine, aber neuere Arbeiten über Chaos, Selbstorganisation und nichtlineare Systeme waren noch einflußreicher. Dadurch wurden die Wissenschaftler gezwungen, immer mehr über *offene* Systeme nachzudenken, die nicht starr durch ihre Komponenten bestimmt sind, weil sie durch ihre Umwelt beeinflußt werden können. Komplexe, offene Systeme können unglaublich empfindlich auf äußere Einflüsse reagieren; ihr Verhalten wird dadurch unvorhersagbar und verschafft ihnen eine Art von Freiheit. Es war dann eine Überraschung, daß *offene Systeme, obwohl sie indeterminiert sind und scheinbar zufälligen äußeren Störungen ausgesetzt, trotzdem geordnetes und gesetzmäßiges Verhalten aufweisen* können. Es scheint allgemeine Organisationsprinzipien zu geben, die anscheinend das Verhalten von komplexen Systemen auf höheren Organisationsebenen organisieren, Prinzipien, die neben den Naturgesetzen existieren (die auf der untersten Ebene der einzelnen Teilchen wirken). Diese Organisationsprinzipien sind mit den Naturgesetzen vereinbar, lassen sich aber nicht auf sie reduzieren oder aus ihnen herleiten. So sind die Wissenschaftler wieder auf den Begriff der *kontingenten Ordnung* gestoßen. Eine genauere Erörterung dieser Themen findet sich in *Prinzip Chaos* und *Auf dem Weg zur Weltformel.*

Das Prozeßdenken wurde von dem Mathematiker und Philosophen Alfred North Whitehead in die Theologie eingeführt, der mit Bertrand Russell zusammen die einmaligen und großartigen *Principia Mathematica* verfaßte. Whitehead behauptete, die physikalische Wirklichkeit sei ein Netzwerk, eine Verknüpfung sogenannter »wirklicher Geschehnisse«, die mehr sind als lediglich Ereignisse, denn sie haben einen Grad von Freiheit und eine Erlebensqualität, die der mechanistischen Weltsicht abgehen. Im Mittelpunkt von Whiteheads Philosophie steht die Auffassung, Gott sei für die Ordnung der Welt verantwortlich, und zwar nicht durch direktes Handeln, sondern indem er die verschiedenen Möglichkeiten zur Verfügung stellt, die das Universum dann frei ist zu verwirklichen. Auf diese Weise stellt Gott die Offenheit und Indeterminiertheit des Universums nicht in Frage, ist aber doch in der Lage, das Streben zum Guten zu fördern. Spuren dieser subtilen und indirekten Einflüsse lassen sich zum Beispiel im Fortschreiten der biologischen Evolution und in der Neigung des Universums finden, sich selbst zu einer reicheren Vielfalt immer komplexerer Formen zu organisieren. Whitehead ersetzt also das Bild von Gott als allmächtigen Schöpfer und Herrscher durch eines, das ihn am Schöpfungsakt teilhaben läßt. Diese Gottheit ist nicht selbstgenügsam und unveränderlich, sondern sie übt Einfluß auf die sich entfaltende Wirklichkeit des Universums aus und wird ihrerseits von ihr beeinflußt. Andererseits wird sie dadurch nicht vollständig in den Strom der Zeit eingeschlossen. Ihr Grundcharakter und ihre Ziele bleiben unverändert und ewig. Auf diese Weise sind Zeitlosigkeit und Zeitlichkeit in einer einzigen Größe verflochten.

Gelegentlich wird behauptet, eine »dipolare« Gottheit könne auch Notwendigkeit und Zufälligkeit verknüpfen. Dann aber muß jede Hoffnung aufgegeben werden, Gott könne in seiner göttlichen Vollkommenheit *einfach* sein, wie Thomas von Aquin es annahm. Keith Ward hat beispielsweise ein komplexes Modell für Gottes Wesen aufgestellt, bei dem einige Teile notwendig sein könnten und andere kontingent. Ein solcher Gott ist zwar notwendig existent, wird aber doch durch seine Schöpfung und durch sein eigenes schöpferisches Handeln, wozu auch Offenheit oder Freiheit gehören, verändert.

Ich bekenne, daß es mir schwerfiel, die philosophischen Windungen zu verstehen, die zur Begründung eines dipolaren Gottes nötig sind. Ich erhielt jedoch Hilfe aus einer unerwarteten Quelle, nämlich der Quantenphysik. Ich rufe zunächst die wesentliche Botschaft der Quantenunbestimmtheit ins Gedächtnis: Ein Teilchen wie etwa ein Elektron kann nicht gleichzeitig einen wohldefinierten Ort und einen exakten definierten Impuls haben. Man kann eine Ortsmessung vornehmen und einen genauen Wert erhalten, dann aber ist der Wert des Impulses völlig ungewiß, und umgekehrt. Bei einem Quantenzustand kann man im allgemeinen unmöglich im voraus sagen, welchen Wert eine Messung ergeben wird: Es lassen sich nur Wahrscheinlichkeiten zuordnen. Wenn man also an einem solchen Zustand eine Ortsmessung vornimmt, sind viele Ergebnisse möglich. Das System ist deshalb indeterminiert – man könnte sagen, es sei frei, unter einer Reihe von Möglichkeiten zu wählen – und das tatsächliche Ergebnis ist zufällig. Andererseits bestimmt der Experimentator, ob er den Ort oder den Impuls messen will, deshalb wird die Klasse der Alternativen (also die Menge der möglichen Ergebnisse der Ortsmessungen und der Impulsmessungen) durch eine äußere Instanz bestimmt. Beim Elektron ist die Art der Alternativen notwendig festgelegt, während die verwirklichte Alternative zufällig ist.

Zur Verdeutlichung möchte ich ein berühmtes Gleichnis erzählen, das wir John Wheeler verdanken. Wheeler wurde eines Tages unwissentlich »Opfer« eines Spiels, bei dem sich die Spieler auf ein Wort einigen, das er als der einzige Unwissende mit weniger als 17 + 4 Fragen zu erraten hatte. Die Antworten durften jeweils nur Ja oder Nein lauten. Wheeler fragte zunächst die üblichen Fragen: Ist es groß? Lebt es? und so weiter. Zunächst kamen die Antworten rasch, dann aber immer langsamer und zögernder. Schließlich versuchte er sein Glück: »Ist es eine Wolke?« Die Antwort war »Ja!«, und dann brach großes Gelächter aus, denn die Spieler hatten verabredet, die Fragen rein zufällig mit Ja oder Nein zu beantworten, aber darauf zu achten, daß die Antworten jeweils mit früheren Antworten übereinstimmten. Trotzdem wurde eine Lösung gefunden. Diese offensichtlich kontingente Antwort war nicht vorherbestimmt, aber sie war auch nicht willkürlich: Sie wurde zum Teil durch die Fragen bestimmt, die Wheeler wählte, und zum Teil rein zufällig. Ganz ähnlich wird die Wirklichkeit, die sich durch eine Quantenmessung ergibt, zum Teil durch die Fragen entschieden, die der Experimentator der Natur stellt (zum Beispiel, ob er eine genaue Angabe des Ortes oder des Impulses will), und zum Teil durch Zufall (also durch die Unschärfe der Werte, die man für diese Größen erhält).

Wir kehren jetzt zur Entsprechung in der Theologie zurück. Diese Mischung aus Zufälligkeit und Notwendigkeit entspräche einer Gottheit, die notwendigerweise bestimmt, welche alternativen Welten der Natur zur Verfügung stehen, die aber die Freiheit läßt, unter den Alternativen zu wählen. In der Prozeßtheologie wird die Annahme gemacht, die Alternativen seien notwendig festgelegt, damit sie zu einem wertvollen Endergebnis führen – sie lenken oder ermutigen also das (sonst nicht eingeschränkte) Universum dazu, sich zu etwas Gutem zu entwickeln, lassen aber innerhalb dieses Rahmens alles offen. Die Welt ist deshalb weder völlig bestimmt noch beliebig, sondern wie Wheelers Wolke eine enge Verbindung von Zufall und Wahl.

Muß es Gott geben?

In diesem Kapitel habe ich bisher Folgerungen aus dem kosmologischen Gottesbeweis nachgespürt. Diese Überlegung versucht nicht, Gottes Existenz als *logisch* notwendig zu beweisen. Man kann sich sicherlich vorstellen, daß es weder Gott noch die Welt gäbe oder daß es die Welt ohne Gott gäbe. Oberflächlich gesehen scheint es in keinem Fall einen logischen Widerspruch zu geben. Selbst wenn man behaupten könnte, der Begriff eines notwendigen Wesens sei sinnvoll, folgt daraus nicht, daß ein solches Wesen existiert, und noch weniger, daß es existieren muß.

In der Geschichte der Theologie hat es jedoch auch Versuche gegeben, die logische Unmöglichkeit der Nichtexistenz Gottes zu beweisen. Diese Überlegung, der sogenannte ontologische Gottesbeweis, geht auf den Scholastiker Anselm von Canterbury zurück und verläuft etwa so: Gott wird als das Größte definiert, das man sich vorstellen kann. Nun ist etwas, das wirklich existiert, offensichtlich größer als die bloße Idee dieses Dings. (Eine wirkliche Person – zum Beispiel der historische Galilei – ist größer als Brechts Dramengestalt in *Das Leben des Galilei.*) Deswegen ist ein wirklich Seiendes größer als ein imaginärer Gott. Da aber Gott das Größte ist, was man sich vorstellen kann, folgt daraus seine Existenz.

Die Tatsache, daß der ontologische Gottesbeweis mit logischen Tricks arbeitet, verbirgt seine philosophische Stärke. Er ist im Lauf der Jahre von vielen Philosophen sehr ernst genommen worden, kurze Zeit sogar von dem Atheisten Bertrand Russell. Trotzdem haben selbst Theologen ihn im allgemeinen nicht verteidigen können. Ein Problem liegt darin, daß »Existenz« behandelt wird, als ob sie wie Masse oder Farbe eine Eigenschaft der Dinge wäre. Man muß hier also eine Vorstellung von einem Gott, den es wirklich gibt, mit einem Gott vergleichen, den es nicht wirklich gibt. Aber die Existenz ist keine Eigenschaft, die sich neben normale physikalische Eigenschaften stellen läßt. Ich kann sinnvoll davon reden, daß ich fünf kleine Münzen und sechs große Münzen in meiner Tasche habe, aber was bedeutet es für mich, wenn ich sage, ich habe fünf existierende Münzen und sechs nichtexistierende?

Ein anderes Problem im Zusammenhang mit dem ontologischen Gottesbeweis ist die Forderung, Gott sollte eine Erklärung für die Welt sein. Es reicht nicht aus, daß es ein logisch notwendiges Wesen gibt, das nichts mit der Welt zu tun hat. Aber es ist schwer zu sehen, wie ein Wesen, das im Reich der reinen Logik existiert, die kontingenten Eigenschaften der Welt erklären kann. Der ontologische Gottesbeweis beruft sich auf sogenannte »analytische Aussagen«. Philosophen nennen eine Aussage analytisch, wenn ihre Wahrheit (oder Unwahrheit) allein aus der Bedeutung der verwendeten Worte folgt. Die Aussage »Alle Junggesellen sind Männer« ist eine analytische Aussage. Aussagen, die nicht analytisch sind, werden »synthetisch« genannt, weil sie Verbindungen zwischen Dingen herstellen, die nicht nur durch ihre Definition verknüpft sind. Nun gehören zu physikalischen Theorien immer synthetische Aussagen, weil sie Aussagen über die Tatsachen der Natur machen, die sich überprüfen lassen. Der Erfolg der Mathematik bei der Beschreibung der Natur, insbesondere der ihr zugrundeliegenden Gesetze, kann den Eindruck vermitteln (der, wie wir sahen, auch seine Vertreter hat), als ob es in der Welt nichts anderes gäbe als Mathematik und als ob diese Mathematik wiederum nichts anderes sei als Definitionen und Tautologien – also analytische Aussagen. Ich halte diese Art Denken für unangebracht. Aus einer analytischen Aussage läßt sich nun einmal keine synthetische herleiten.

Immanuel Kant war ein Gegner des ontologischen Arguments. Er behauptete, wenn es überhaupt sinnvolle metaphysische Aussagen geben solle, müsse es auch Aussagen geben, die nicht nur aufgrund ihrer Definition notwendig wahr sind. In Kapitel 1 habe ich Kants Auffassung erklärt, wonach wir ein Wissen *a priori* besitzen. Er behauptete also, es müsse für jeden Denkprozeß, der mit einer objektiven Welt zu tun hat, wahre synthetische Aussagen *a priori* geben. Diese synthetischen Aussagen müßten unabhängig von den kontingenten Eigenschaften der Welt wahr sein – also in jeder Welt gelten. Leider sind Philosophen aber noch nicht davon überzeugt, daß es überhaupt notwendige synthetische Aussagen *a priori* gibt.

Selbst wenn es keine notwendigen synthetischen Aussagen gibt, könnte es welche geben, gegen die sich nichts einwenden läßt. Solche Aussagen könnten zum Beispiel die kontingenten Eigenschaften der Welt wie etwa die Form der Naturgesetze erklären, und damit wären manche Menschen vielleicht auch schon zufrieden. Der Physiker David Deutsch behauptet, wir sollten »nicht versuchen, ›etwas geschenkt zu bekommen‹, also aus einer analytischen Aussage eine synthetische zu machen«, sondern statt dessen versuchen, in die Physik auf der fundamentalsten Ebene synthetische Aussagen einzuführen, die aus einem außerhalb der Physik liegenden Grund sowieso postuliert werden müssen. Er gibt dafür ein Beispiel:

> Wenn wir nach einer physikalischen Theorie suchen, setzen wir immer *a priori* voraus, daß die physikalischen Vorgänge, die von der Theorie beschrieben werden, nicht selbst durch die Theorie verboten sind. Kein physikalisches Prinzip, von dem wir wissen können, kann selbst verhindern, daß wir es in Erfahrung bringen. Daß jedes physikalische Prinzip diese höchst einschränkende Eigenschaft aufweisen muß, ist eine synthetische *a priori*-Aussage nicht deshalb, weil sie notwendig wahr ist, sondern weil wir nicht umhin können anzunehmen, daß sie wahr ist, wenn wir versuchen, das Prinzip zu ergründen.[20]

Auch John Barrow behauptet, für jede beobachtbare Welt müßten notwendige Wahrheiten gelten. Er führt Überlegungen an, die im Rahmen des anthropischen Prinzips zu beweisen versuchen, daß es bewußte biologische Lebewesen nur in einem Universum geben kann, in dem die Naturgesetze eine bestimmte Form haben: »Diese ... ›anthropischen‹ Bedingungen weisen uns auf bestimmte Eigenschaften hin, die das Weltall *a priori* besitzen muß, die aber nicht trivial genug sind, um synthetisch genannt zu werden. Das synthetische *a priori* ähnelt dann der Forderung, jedes wissenswerte physikalische Prinzip, das einen Teil vom ›Geheimnis des Universums‹ ausmacht, dürfe nicht die Möglichkeit ausschließen, daß wir es kennen.«[21]

Keith Ward behauptet, es ließe sich ein umfassenderer Begriff der logischen Notwendigkeit definieren. Man betrachte zum Beispiel die Aussage: »Nichts kann überall rot und grün sein«. Ist diese Aussage notwendigerweise wahr? Nehmen wir an, ich hielte sie für falsch. Meine Annahme ist nicht offensichtlich im

Widerspruch zu sich selbst. Trotzdem könnte sie in allen möglichen Welten falsch sein: Das ist nicht dasselbe wie die Aussage, sie sei in einem formalen logischen Sinn im Widerspruch mit sich selbst. Die Annahme, die Aussage sei wahr, ist, wie David Deutsch sagt, »etwas, das wir sowieso annehmen würden.« Vielleicht gehört die Aussage »Es gibt Gott nicht« in diese Kategorie. Die Aussage widerspricht möglicherweise den Axiomen eines formalen Systems der Aussagenlogik nicht, aber sie könnte doch in allen möglichen Welten falsch sein.

Schließlich sollte Frank Tiplers Anwendung des ontologischen Gottesbeweises auf das Universum selbst (und nicht nur auf Gott) erwähnt werden. Tipler versucht, den Einwand zu vermeiden, »Existenz« sei keine Eigenschaft, indem er sie auf ungewöhnliche Weise definiert. In Kapitel 5 sahen wir, wie Tipler die Auffassung verteidigt, vom Computer simulierte Welten für die simulierten Wesen seien genauso wirklich wie unsere Welt für uns. Aber er weist darauf hin, daß ein Computerprogramm im wesentlichen nichts anderes ist als eine Abbildung einer Menge von Symbolen auf eine andere. Man könnte annehmen, daß alle möglichen Abbildungen – und damit alle möglichen Computerprogramme – in einem abstrakten platonischen Sinn existieren. Unter diesen Programmen gibt es viele (vermutlich unendlich viele), die simulierte Universen darstellen. Die Frage ist dann, welche unter den vielen möglichen Computersimulationen »physikalisch existierenden« Universen entsprechen. Welchen wurde, um mit Hawking zu sprechen, Odem eingeblasen? Tipler behauptet, daß jene Simulationen »die komplex genug sind, um als Subsimulationen Beobachter zu enthalten – denkende, fühlende Wesen«, die sind, die es physikalisch gibt, zumindest soweit es die simulierten Wesen betrifft. Weiterhin existieren diese Simulationen *notwendigerweise* als eine Folge der logischen Voraussetzungen der an den Abbildungen beteiligten mathematischen Operationen. Deshalb, so schließt Tipler, *muß* es unser Universum (und sehr viele andere) aus logischer Notwendigkeit geben.

Die Optionen

Was schließen wir daraus? Vielleicht sind manche Leser nach diesem kleinen Ausflug in die Philosophie verwirrt; jedenfalls ist es der Verfasser. Der ontologische Gottesbeweis scheint mir ein Versuch zu sein, Gott aus dem Nichts in die Existenz zu definieren; als solcher kann er in einem strengen logischen Sinn keinen Erfolg haben. Man kann aus einer rein deduktiven Überlegung nicht mehr gewinnen, als man in die Voraussetzungen hineinsteckt. Im besten Fall kann die Überlegung beweisen, daß ein notwendiges Wesen dann, wenn es möglich ist, auch existieren muß. Gott könnte höchstens dann nicht existieren, wenn der Begriff eines notwendigen Wesens inkohärent wäre. Das kann ich akzeptieren. Aber der ontologische Gottesbeweis weist nicht die streng formale Unmöglichkeit von Gottes Nichtexistenz nach. Falls er jedoch durch eine oder mehrere weitere Annahmen ergänzt würde, könnte er erfolgreich sein. Was aber, wenn diese zusätzlichen Annahmen (die dann notwendig synthetisch wären) auf Vorbedingungen beschränkt wären, die erfüllt sein müßten, damit es vernünftiges Denken geben kann? Wir könnten dann schließen, daß vernünftiges Denken genüge, um Gottes Existenz allein durch den Verstand zu sichern. Diese Behauptung ist reine Spekulation, aber Keith Ward zum Beispiel ist dafür aufgeschlossen: »Man könnte – der Gedanke ist nicht absurd – bei einer Analyse der Begriffe ›Vollkommenheit‹, ›Sein‹, ›Notwendigkeit‹ und ›Existenz‹ finden, daß eine Vorbedingung für ihre objektive Anwendbarkeit auf die Welt die Existenz eines Objekts einer bestimmten Art ist.«[22]

Und wie steht es nun mit dem kosmologischen Gottesbeweis? Wenn wir die Kontingenz der Welt bejahen, ist eine mögliche Erklärung die Existenz eines transzendenten Gottes. Wir müssen uns dann fragen, ob Gott notwendig oder kontingent ist. Haben wir, wenn Gott kontingent ist, wirklich etwas gewonnen, wenn wir uns auf ihn berufen, weil ja seine eigene Existenz und seine Eigenschaften unerklärt bleiben? Das ist nicht ausgeschlossen. Es könnte sein, daß die Hypothese eines Gottes eine vereinfachende und vereinheitlichende Beschreibung der Wirklichkeit gibt, die es erleichtert, eine Liste von Gesetzen und Anfangsbedingungen als »Paket« anzunehmen. Die Gesetze der Physik können uns vielleicht nur bis zu einem bestimmten Punkt bringen, und danach können wir nach einer tieferliegenden Erklärung suchen. Der Philosoph Richard Swinburne zum Beispiel hat behauptet, es sei einfacher, die Existenz eines unendlichen Geistes zu fordern, als die Existenz dieses kontingenten Universums als schlichte Tatsache hinzunehmen. In diesem Fall ist der Glaube an Gott größtenteils eine Geschmackssache, bei der man danach fragen sollte, wie gut sie als Erklärung taugt, und die man nicht als logisch zwingend annehmen muß. Ich persönlich fühle mich wohler mit einer tieferliegenden Erklärung, als sie die Naturgesetze geben können. Es läßt sich natürlich darüber streiten, ob der Gebrauch des Wortes »Gott« für diese Ebene angemessen ist oder nicht.

Andererseits könnten wir die klassische theistische Einstellung übernehmen und behaupten, Gott sei ein notwendiges Wesen, das aus freiem Willen ein kontingentes Universum erschuf. Gott hat also in bezug auf seine eigene Existenz und Eigenschaften keine Wahl, wohl aber in bezug auf das von ihm geschaffene Universum. Wie wir sahen, ist diese Einstellung mit philosophischen Schwierigkeiten behaftet, für die sich jedoch vielleicht eine Lösung finden läßt. Die meisten Lösungsversuche verlieren sich in einem Morast sprachlicher Spitzfindigkeiten, die die vielen Definitionen von »Notwendigkeit«, »Wahrheit« und so weiter betreffen, und viele versickern schließlich einfach, indem sie von einem Geheimnis sprechen. Wohl am ehesten kann der dipolare Gottesbegriff, in dem zwischen Gottes notwendigem Wesen und seinen kontingenten Handlungen in der Welt unterschieden wird, diese Probleme vermeiden, obwohl er den Nachteil der Komplexität hat.

All diese Analysen zeigen anscheinend klar und deutlich, wie grundlegend unverträglich ein völlig zeitloses, unveränderliches, notwendiges Gottesbild mit der Vorstellung von Kreativität in der Natur mit einem sich verändernden und entwickelnden und Neues ermöglichenden Universum ist, in dem es freien Willen gibt. Man kann nicht wirklich beides haben. Entweder legt Gott alles fest, auch unser eigenes Verhalten, und dann ist ein freier Willen eine Täuschung – »Der Plan der Vorhersehung ist gewiß«

schrieb Thomas von Aquin –, oder es geschehen Dinge, über die Gott keine Kontrolle hat oder auf deren Kontrolle er freiwillig verzichtet.

Bevor wir unsere Überlegungen über das Problem der Kontingenz abschließen, sollte noch etwas über die sogenannte »Viele-Welten-Theorie« gesagt werden. Nach dieser gegenwärtig bei einigen Physikern beliebten Idee gibt es nicht nur ein Universum, sondern unendlich viele. Alle diese Universen existieren irgendwie »nebeneinander«, und jedes unterscheidet sich, wenn auch vielleicht nur geringfügig, von allen anderen. Es könnte sein, daß es in dieser unendlichen Menge jede Art von Universum gibt, die möglich ist. Wenn man ein Universum wünscht, in dem sich, sagen wir, die Schwerkraft mit dem Inversen der dritten Potenz des Abstands verändert statt mit dem des Quadrats, fände man auch das irgendwo. Die meisten dieser Universen sind aber nicht bewohnt, weil die physikalischen Bedingungen in ihnen die Bildung von Lebewesen nicht zulassen. Nur jene Universen, in denen Leben entstehen und gedeihen kann, bis dahin, daß es bewußte Wesen gibt, sind beobachtbar. Die übrigen bleiben ungesehen. Jeder Beobachter beobachtet nur ein bestimmtes Universum; die anderen sind nicht unmittelbar wahrnehmbar. Dieses eine Universum ist dann stark kontingent. Trotzdem ist die Frage »Warum dieses Universum?« nicht länger relevant, weil es alle möglichen Universen gibt. Die Menge aller Universen insgesamt ist nicht kontingent.

Nicht jedem gefällt diese Viele-Welten-Theorie. Wenn man unendlich viele sichtbare und unsichtbare Welten fordern muß, nur um die eine zu erklären, die wir sehen, scheint man sich doch mit unnötig viel überflüssigem Gepäck abschleppen zu müssen. Es ist einfacher, einen einzigen unsichtbaren Gott zu definieren. Zu diesem Schluß kommt auch Swinburne:

> Die Behauptung, es gäbe Gott, ist die Behauptung, es gäbe *eine* Einheit einer einfachen Art. ... Die Forderung, es gäbe unendlich viele Welten, die alle logischen Möglichkeiten erschöpfen ... ist die Forderung nach Komplexität und nicht vorherarrangierter Zufälligkeit von unendlichem Ausmaß, die jenseits aller vernünftigen Überzeugung ist.[23]

Wissenschaftlich gesehen ist die Viele-Welten-Theorie unbefriedigend, weil sie nicht falsifizierbar ist: Welche Entdeckungen würden bei ihren Anhängern zu einer Meinungsänderung führen können? Was ließe sich anführen, wenn man Menschen überzeugen wollte, die die Existenz dieser anderen Welten leugnen? Die Viele-Welten-Theorie könnte zudem, und das ist schlimmer, einfach alles erklären. Wissenschaft wird überflüssig. Die Gesetzmäßigkeit der Natur benötigt dann keine weitere Erforschung, weil sie sich einfach als Selektionswirkung erklären ließe, die sein muß, damit wir leben und beobachten können. Zudem ist etwas philosophisch Unbefriedigendes an all diesen Universen, die nicht beobachtet werden. In einer Abänderung der Worte von Penrose könnte man fragen: Was bedeutet es, wenn man sagt, daß es etwas gibt, das grundsätzlich niemals beobachtet werden kann? Ich werde im nächsten Kapitel mehr darüber sagen.

Ein würfelnder Gott

Zugegeben, die Rationalität der Welt läßt sich nicht beweisen. Sie könnte sicherlich im Grunde absurd sein, und wir müssen die Existenz und die Eigenschaften der Welt als schlichte Tatsachen hinnehmen, die auch anders hätten sein können. Aber der Erfolg der Naturwissenschaften ist zumindest ein deutlicher Beleg zugunsten der Rationalität der Natur. In der Naturwissenschaft verfolgen wir einen erfolgreichen Gedankengang solange, bis er versagt.

Ich persönlich zweifle nicht daran, daß die Argumente zugunsten einer notwendigen Welt viel wackliger sind als jene, die für ein notwendiges Wesen sprechen, deshalb neige ich persönlich dazu, mich für letzteres auszusprechen. Aber ich glaube aus den erörterten Gründen auch, daß es ernsthafte Schwierigkeiten bereitet, dieses zeitlose, notwendige Wesen in Beziehung zu setzen zu der veränderlichen kontingenten Welt der Erfahrung. Ich glaube nicht, daß sich diese Schwierigkeiten von den vielen ungelösten Rätseln trennen lassen, die es sowieso gibt und die das Wesen der Zeit, die Willensfreiheit und den Begriff der persönlichen Identität betreffen. Es ist mir auch nicht klar, ob dieses postulierte Wesen, das die Rationalität der Welt begründet, überhaupt dem personalen Gott der Religionen, insbesondere dem Gott der Bibel oder des Koran, ähnlich ist.

Obwohl ich überhaupt keine Zweifel an der Rationalität der Natur hege, fühle ich mich aus Gründen, die ich in meinem Buch *Prinzip Chaos* dargelegt habe, auch der Vorstellung eines kreativen Kosmos verbunden. Hier begegnen wir unweigerlich dem Paradoxon, Sein und Werden miteinander vereinbaren zu müssen, das Veränderliche und das Ewige. Das läßt sich nur durch einen Kompromiß erreichen. Dieser Kompromiß heißt »Stochastizität«. Ein stochastisches System ist, grob gesagt, eines, das unvorhersagbaren und zufälligen Schwankungen unterliegt. In der modernen Physik spielt die Stochastizität in der Quantenmechanik eine ganz grundlegende Rolle. Sie ist auch ganz unvermeidlich gegenwärtig, wenn wir es mit offenen Systemen zu tun haben, die chaotischen äußeren Störungen unterliegen.

In der modernen Physik spiegelt sich die Rationalität in der Existenz fester mathematischer Gesetze und die Kreativität in der statistischen Form ihrer Gesetze. Um wieder einmal Einsteins oft benutzten Ausspruch zu zitieren, würfelt Gott eben doch mit der Welt. Das intrinsisch statistische Wesen atomarer Ereignisse und die Instabilität vieler physikalischer Systeme gegenüber kleinen Schwankungen sichern, daß die Zukunft offenbleibt und nicht durch die Gegenwart bestimmt wird. Dies ermöglicht das Entstehen neuer Formen und Systeme, so daß das Weltall die Freiheit erhält, wirklich Neues zu erkunden. Ich befinde mich selbst also in enger Übereinstimmung mit dem weiter oben in diesem Kapitel beschriebenen Prozeßdenken.

Es ist mir klar, daß es eine teilweise Aufgabe des Prinzips vom zureichenden Grund bedeutet, wenn die Stochastizität auf einem grundlegenden Niveau als wesentlich für die Natur gesehen wird. Wenn es in der Natur echte Stochastizität gibt, gibt es nichts, was bestimmt, welches Ergebnis ein Würfel zeigt; es gibt also in diesem Fall keinen Grund, warum sich gerade diese Zahl ergeben sollte. Man denke beispielsweise an den Zusammenstoß zwischen einem Elektron und einem Atom. Nach der Quantenmechanik wird, sagen wir, das Elektron mit gleicher Wahrscheinlichkeit nach links abgelenkt wie nach rechts. Wenn die Quantenereignisse wirklich inhärent statistisch sind und wir das Ergebnis nicht nur aufgrund unseres Unwissens nicht kennen, gibt es keinerlei Grund dafür, warum ein nach links abgelenktes Elektron nicht statt dessen nach rechts abgelenkt wurde.

Kommt damit nicht Irrationalität in die Welt? Einstein bejahte das (»Gott würfelt nicht mit der Welt!«). Er konnte deshalb niemals akzeptieren, daß die Quantenmechanik die Wirklichkeit vollständig beschreibt. Aber die Irrationalität des einen ist die Kreativität des anderen. Und es gibt einen Unterschied zwischen Stochastizität und Anarchie. Die Entwicklung neuer Formen und Systeme unterliegt allgemeinen Organisationsprinzipien, die Materie und Energie eher leiten und die Veränderung im Rahmen gewisser vorherbestimmter Wege fördern, als sie dazu zu zwingen. In *Prinzip Chaos* verwende ich in diesem Zusammenhang das Wort »Prädestination«, um diese allgemeinen Tendenzen vom »Determinismus« zu unterscheiden (in diesem Sinn benutzte Thomas von Aquin den Ausdruck). Menschen, die wie die Prozeßtheologen in der kreativen Entwicklung des Universums lieber Gottes leitende Hand sehen als echte Spontaneität, können in der Stochastizität ein wirksames Mittel sehen, wie göttliche Absichten verwirklicht werden können. Und ein solcher Gott braucht nicht direkt mit dem Lauf der Evolution zu interferieren, indem er »den Würfel gewichtet«, ein Vorschlag, den ich in Kapitel 5 nebenbei erwähnte. Die helfende Hand kann auch durch die (zeitlosen) Gesetze der Organisation und des Informationsflusses eingreifen.

Man könnte einwenden, wenn man schon bereit sei, das Prinzip vom hinreichenden Grund irgendwann aufzugeben, könne man es auch überall aufgeben. Könnten nicht, wenn ein bestimmtes Elektron »zufällig« nach links abgelenkt werden kann, auch das Gravitationsgesetz oder die kosmischen Anfangsbedingungen »rein zufällig« so beschaffen sein? Ich meine, die Frage sei zu verneinen. Die Stochastizität, die in der Quantenphysik steckt, ist in dieser Hinsicht etwas grundlegend anderes. Die Bedingung der totalen Unordnung oder Zufälligkeit – der ungewichtete Quantenwürfel – ist selbst ein Gesetz einer relativ beschränkten Art. Obwohl jedes einzelne Quantenereignis wirklich unvorhersagbar sein mag, stimmt eine Menge solcher Ereignisse mit den statistischen Vorhersagen der Quantenmechanik überein. Man könnte sagen, es sei Ordnung in der Unordnung. Der Physiker John Wheeler hat betont, wie gesetzmäßiges Verhalten sich aus der scheinbaren Gesetzlosigkeit von Zufallsereignissen entwickeln kann, weil selbst das Chaos statistische Regelmäßigkeiten aufweisen kann. Der wesentliche Punkt ist hier, daß Quantenereignisse eine beobachtbare Gesamtheit bilden. Im Gegensatz dazu gilt das nicht für die Gesetze der Physik und die Anfangsbedingungen. Es ist eine Sache zu behaupten, daß jedes Ereignis in einer Reihe von chaotischen Prozessen zufällig so ist, wie es ist, und eine ganz andere, wenn man dasselbe für einen geordneten Prozeß wie ein Naturgesetz behauptet.

Bis jetzt habe ich mich bei diesem Ausflug in die Philosophie vor allem mit logischen Schlüssen beschäftigt. Dabei wurde den empirischen Tatsachen über die Welt wenig Aufmerksamkeit geschenkt. Für sich genommen sind der ontologische und der kosmologische Gottesbeweis nur ein Hinweis auf die Existenz eines notwendigen Wesens. Dieses Wesen bleibt schattenhaft und abstrakt. Können wir etwas über ein solches Wesen herausfinden, indem wir das physikalische Universum erforschen? Diese Frage bringt mich zu dem Thema der Zweckmäßigkeit im Universum.

8. Eine zweckmäßige Welt

Immer schon hat die Ordnung der Natur mit ihrer Vielfalt, Majestät und Raffinesse den Menschen großen Eindruck gemacht. Der Lauf der Himmelskörper, die Rhythmen der Jahreszeiten, die Struktur einer Schneeflocke, die Angepaßtheit der Myriaden von Lebewesen an ihre jeweilige Umwelt – all diese Dinge schienen ihnen zu gut geordnet zu sein, als daß sie ein bloßer Zufall sein konnten. Ganz selbstverständlich möchten wir die große Ordnung des Weltalls dem absichtsvollen Wirken einer Gottheit zuschreiben.

Mit der Entwicklung der Naturwissenschaft lernten wir die Wunder der Natur immer besser kennen; heute finden wir Ordnung ebenso in den tiefsten Winkeln des Atoms wie in den entferntesten Galaxien. Die Naturwissenschaft hatte ihre eigenen Gründe für diese Ordnung. Wir brauchen heute Schneeflocken oder Lebewesen nicht mehr theologisch zu erklären, vielmehr sehen wir die Naturgesetze als so beschaffen an, daß Materie und Energie *sich von selbst* zu den uns umgebenden komplexen Formen und Systemen organisieren. Sicherlich wäre die Behauptung übereilt, Wissenschaftler hätten diese Selbstorganisation schon völlig verstanden; andererseits gibt es doch offensichtlich keinen Grund, warum sich nicht alle bekannten Systeme als Produkte gewöhnlicher physikalischer Prozesse erklären lassen sollten, wenn die betreffenden Naturgesetze bekannt sind.

Gelegentlich wird daraus geschlossen, die Naturwissenschaft habe der Welt alles Geheimnisvolle und Absichtsvolle geraubt; die so üppige Ordnung der Natur sei entweder ein geistloser Zufall oder eine unvermeidliche Folge mechanistischer Gesetze. »Je begreiflicher uns das Universum wird, um so sinnloser erscheint es uns auch«, meint der Physiker Steven Weinberg.[1] Der Biologe Jacques Monod äußert einen ähnlichen Gedanken: »Der alte Bund ist zerbrochen; der Mensch weiß endlich, daß er in der teilnahmslosen Unermeßlichkeit des Universums allein ist, aus der er nur zufällig hervortrat. Nicht nur sein Los, auch seine Pflicht steht nirgendwo geschrieben.«[2]

Nicht alle Wissenschaftler jedoch ziehen diesen Schluß. Viele glauben, die Ordnung der Natur durch die Gesetze der Physik erklären zu können, wenn geeignete kosmische Anfangsbedingungen vorgegeben sind, viele der komplexen Strukturen und Systeme im Weltall jedoch hängen wiederum von der Form dieser Gesetze und Anfangsbedingungen ab. In einigen Fällen scheint die Komplexität in der Natur sehr fein ausgewogen zu sein; schon kleine Veränderungen in der Form der Gesetze könnten anscheinend das Entstehen dieser Komplexität verhindern. Wie sorgfältige Untersuchungen zeigen, sind die Naturgesetze ausgezeichnet geeignet, Reichtum und Vielfalt entstehen zu lassen. Die Existenz von Lebewesen hängt anscheinend von einer Reihe glücklicher Zufälle ab, die einige Wissenschaftler und Philosophen als äußerst erstaunlich bezeichnet haben.

Die Einheit des Universums

Die Behauptung, die Welt sei »zu gut, um wahr zu sein«, läßt sich auf mehrfache Weise verstehen. Die erste betrifft die Ordnung des Universums überhaupt. Es hätte ja auch auf unzählig viele Weisen völlig chaotisch sein können, oder es hätte gar keine Gesetze oder nur ein inkohärentes Durcheinander von Gesetzen gegeben haben können, die zu ungeordnetem oder instabilem Verhalten der Materie geführt hätten. Das Universum hätte andererseits auch äußerst einfach sein können, im Grenzfall sogar eigenschaftslos – zum Beispiel ohne Materie oder Bewegung. Man könnte sich auch ein Universum vorstellen, in dem sich die Bedingungen von einem Augenblick zum anderen auf komplizierte oder zufällige Weise verändern oder in dem alles plötzlich aufhört zu sein. Wir können uns solche widerspenstige Welten vorstellen, ohne an logische Grenzen zu stoßen. Aber das Weltall ist nicht so. Es ist höchst geordnet. Es gibt wohldefinierte physikalische Gesetze und feste Zusammenhänge zwischen Ursachen und Wirkungen. Auf diese Gesetze ist Verlaß. Die Natur bleibt sich treu, um mit David Hume zu sprechen. Diese kausale Ordnung folgt nicht aus logischer Notwendigkeit; sie ist eine synthetische Eigenschaft der Welt, für die man mit Recht eine Erklärung verlangen kann.

Die physikalische Welt weist nicht nur Gesetzmäßigkeiten auf, sie ist auch auf ganz bestimmte Weise geordnet. Wie ich in Kapitel 5 ausführte, balanciert das Universum interessanterweise zwischen den beiden Extremen einfacher geregelter Ordnung (wie der eines Kristalls) und zufälliger Komplexität (wie in einem chaotischen Gas). Die Welt ist zweifellos komplex, aber ihre Komplexität ist die einer *organisierten* Vielfalt. Die Zustände des Universums haben »Tiefe«, um den in Kapitel 5 eingeführten Ausdruck zu verwenden. Diese Tiefe war nicht von Anfang an in das Weltall eingebaut. Vielmehr ist es in einer Folge sich selbst organisierender Prozesse aus einem Ur-Chaos entstanden; sie haben das sich entwickelnde Universum immer reicher und komplexer werden lassen. Man kann sich leicht eine Welt vorstellen, die zwar geordnet ist, aber nicht die Kräfte oder Bedingungen aufweist, die für das Entstehen der entscheidenden Tiefe nötig sind.

Auf noch eine Weise ist die Ordnung der Natur ausgezeichnet, nämlich durch ihre allgemeine Kohärenz und Einheit und die Tatsache, daß wir überhaupt sinnvoll von »dem Weltall« als einem allumfassenden Begriff sprechen können. Die Welt enthält einzelne Dinge und Systeme, aber diese sind so strukturiert, daß sie insgesamt ein einheitliches und stimmiges Ganzes bilden. So verknüpfen zum Beispiel die Naturkräfte nicht nur rein zufällig irgendwelche Einflüsse, sondern sie ergänzen sich gegenseitig in einer Weise, die der Natur Stabilität und Harmonie verleiht. Diese lassen sich mathematisch schwer fassen, sind aber für jeden, der die Welt gründlich studiert, offensichtlich. Ich habe durch den Vergleich mit dem Kreuzworträtsel zu vermitteln versucht, was ich mit dieser sich entfaltenden stimmigen Ergänzung meine.

Es ist besonders auffällig, wie Vorgänge, die sich – etwa in der Kernphysik – auf mikroskopischem Maßstab abspielen, äußerst fein darauf abgestimmt zu sein scheinen, interessante und reiche Wirkungen auf viel größerem Maßstab zu bewirken – zum Beispiel in der Astrophysik. Die Schwerkraft ist, so finden wir, in Verbindung mit den thermodynamischen und mechanischen Eigenschaften des Wasserstoffs gerade so beschaffen, daß viele Gaskugeln entstehen können. Diese Kugeln sind groß genug, um

Kernreaktionen auslösen zu können, aber nicht so groß, daß sie rasch zu Schwarzen Löchern zusammenfallen. Auf diese Weise werden stabile Sterne geboren. Viele große Sterne sterben höchst spektakulär als sogenannte Supernovae. Ein Teil der Explosionskraft ist auf die Wirkung eines der flüchtigsten subatomarer Teilchen – das Neutrino – zurückzuführen. Neutrinos haben fast gar keine Eigenschaften: Ein kosmisches Neutrino könnte Blei durchdringen, das viele Lichtjahre dick ist. Aber diese gespenstischen Teilchen können doch unter den extremen Bedingungen, die in der Nähe eines sterbenden massereichen Sterns herrschen, genug Energie aufbringen, einen großen Teil der Sternmaterie in den Raum zu blasen. In diesem Schutt finden sich schwere Elemente wie die, aus denen der Planet Erde besteht. Wir können also die Existenz erdähnlicher Planeten mit ihrer enormen Vielfalt an materiellen Formen und Strukturen auf die Eigenschaften eines subatomaren Teilchens zurückführen, das vielleicht nie entdeckt worden wäre, weil seine Wirkung so gering ist. Der Lebenslauf der Sterne liefert nur ein Beispiel für die geniale und geradezu kunstvolle Weise, in der die Physik durch die enge Verknüpfung im Kleinen und im Großen komplexe Vielfalt erzeugt.

Nicht nur sind die einzelnen Teile der Natur miteinander in dieser stimmigen Weise verflochten, sondern die Natur insgesamt ist seltsam gleichförmig und einheitlich. Die im Labor entdeckten Naturgesetze gelten auch für die Atome einer fernen Galaxie. Die Elektronen, die das Bild auf unseren Fernsehschirmen erzeugen, haben genau dieselben Massen, Ladungen und magnetischen Momente wie jene auf dem Mond oder am Rand des beobachtbaren Weltalls. Zudem bleiben diese Größen ohne erkennbare Veränderung von einem Augenblick zum nächsten gleich. Das magnetische Moment des Elektrons zum Beispiel kann bis auf zehn Stellen genau gemessen werden; selbst bei dieser enormen Meßgenauigkeit hat sich keine Schwankung gezeigt. Es gibt auch gute Hinweise darauf, daß die Grundeigenschaften der Materie sich während der Lebzeiten des Universums nicht stark verändert haben können.

Nicht nur die Naturgesetze weisen Gleichförmigkeit auf, sondern auch die räumliche Anordnung des Weltalls. Im großen

Maßstab sind Materie und Energie außerordentlich gleichmäßig verteilt, und das Universum scheint sich überall und in alle Richtungen gleich auszudehnen. Ein außerirdisches Wesen müßte von einer anderen Galaxie aus im Großen weitgehend dieselbe Anordnung der Dinge sehen wie wir. Kosmographie und kosmische Geschichte sind für alle Galaxien gleich. Wie in Kapitel 2 beschrieben, haben Kosmologen versucht, diese Gleichförmigkeit mit Hilfe des sogenannten inflationären Universums zu erklären. Danach ist das Universum kurz nach seiner Geburt plötzlich sprunghaft größer geworden. Dies hätte die Wirkung, alle anfänglichen Unregelmäßigkeiten auszuglätten. Es ist jedoch wichtig, sich klarzumachen, daß die Besonderheit nicht geringer wird, wenn wir die Gleichförmigkeit physikalisch erklären können, denn wir können immer noch fragen, warum die Naturgesetze gerade so beschaffen sind. Entscheidend ist nicht, wie die Besonderheit entstand, sondern *daß* die besondere Struktur der Welt sie zuließ.

Schließlich sei die oft erörterte Einfachheit der Gesetze erwähnt. Damit meine ich, daß sich die Gesetze als einfache mathematische Funktionen (etwa die Abhängigkeit vom Inversen des Abstandsquadrats im Gravitationsgesetz) ausdrücken lassen. Wieder können wir uns Welten vorstellen, in denen es ebenfalls Gesetzmäßigkeiten gibt, die aber viel komplizierter sind und die eine umständliche Verknüpfung verschiedener mathematischer Faktoren erfordern. Ich habe mich in Kapitel 6 mit dem Vorwurf auseinandergesetzt, wir hätten unsere Mathematik gerade so eingerichtet, daß die Welt einfach aussieht. Ich halte die »unvernünftige Wirksamkeit« der Mathematik bei der Beschreibung der Welt für einen Hinweis auf die Besonderheit der Gesetzmäßigkeiten der Natur.

Das Leben ist so schwierig

Ich habe versucht zu begründen, daß die Existenz eines geordneten, stimmigen Universums, in dem es dauerhafte, organisierte, komplexe Strukturen gibt, ganz besondere Gesetze und Bedingungen voraussetzt. Alles deutet darauf hin, daß unser Weltall nicht irgendein beliebiges ist, sondern eines, das bemerkenswert gut an die Existenz gewisser interessanter und bedeutungsvoller Größen (zum Beispiel stabiler Sterne) angepaßt ist. In Kapitel 7 habe ich erklärt, wie Freeman Dyson und andere diesen Eindruck zu einer Art Prinzip der maximalen Vielfalt formalisierten.

Die Lage wird noch faszinierender, wenn wir die Existenz von Lebewesen berücksichtigen. Die Tatsache, daß biologische Systeme ganz bestimmten Anforderungen genügen, die glücklicherweise von der Natur auch erfüllt werden, ist mindestens seit dem siebzehnten Jahrhundert immer wieder bemerkt worden. Erst im zwanzigsten Jahrhundert jedoch konnten wir aufgrund der Entwicklung von Biochemie, Genetik und Molekularbiologie das ganze Bild erkennen. Schon 1913 schrieb der angesehene amerikanische Biochemiker Lawrence Henderson: »Die Eigenschaften der Materie und der Verlauf der kosmischen Evolution werden jetzt als eng mit der Struktur der Lebewesen und ihren Aktivitäten verknüpft gesehen; ... der Biologe kann das Universum jetzt mit Recht seinem ganzen Wesen nach biozentrisch nennen.«[3] Henderson kam aufgrund seiner Arbeit über die Regulierung des Säurehaushalts der Lebewesen und ihrer Abhängigkeit von recht speziellen Eigenschaften bestimmter chemischer Stoffe zu dieser überraschenden neuen Sichtweise. Er war auch stark davon beeindruckt, wie grundlegend die Eigenschaften des Wassers, das ja in vieler Hinsicht eine Sonderstellung einnimmt, für das Leben sind. Gäbe es diese Stoffe nicht, oder wären die Naturgesetze etwas anders beschaffen, hätten die Stoffe diese Eigenschaften nicht, und Leben (jedenfalls so wie wir es kennen) wäre unmöglich. Nach Henderson ist die »Tauglichkeit der Umgebung« für das Leben zu groß, um zufällig zu sein; er fragte deshalb, welches Gesetz eine solche Übereinstimmung erklären könne.

In den sechziger Jahren fand der Astronom Fred Hoyle heraus, wie sich das Element Kohlenstoff, dessen chemische Eigenschaften für irdisches Leben unentbehrlich sind, im Inneren großer Sterne aus Helium bildet. Kohlenstoff wird bei den im vorigen Abschnitt beschriebenen Supernova-Ausbrüchen freigesetzt. Hoyle untersuchte die Kernreaktionen, die in Sternkernen zur

Bildung von Kohlenstoff führen, und bemerkte dabei, daß die entscheidende Reaktion nur aufgrund eines glücklichen Zufalls so ablaufen kann. Kohlenstoffkerne entstehen bei einem ziemlich verwickelten Prozeß, bei dem drei sehr schnelle Heliumkerne zusammentreffen, die dann aneinanderkleben. Weil solche Begegnungen von drei Kernen selten sind, kann die Reaktion nur bei bestimmten wohldefinierten Energien (sogenannten »Resonanzen«) ablaufen, bei denen die Reaktionsgeschwindigkeit durch Quanteneffekte wesentlich vergrößert wird. Durch einen glücklichen Zufall entspricht eine dieser Resonanzen gerade der Energie von Heliumkernen im Inneren großer Sterne. Hoyle wußte das damals nicht, aber er sagte seltsamerweise vorher, es müsse so sein, weil Kohlenstoff in der Natur so häufig vorkommt. Spätere Experimente gaben ihm recht. Eine genauere Untersuchung zeigte auch andere »Zufälle« am Werk, ohne die Kohlenstoff im Sterninneren nicht erzeugt oder erhalten bleiben würde. Hoyle war von dieser »monströsen Reihe von Zufällen« so beeindruckt, daß er meinte, es habe den Anschein, die Gesetze der Kernphysik seien »absichtlich in Hinblick auf ihre Folgen in den Sternen gemacht.«[4] Später äußerte er die Meinung, das Universum ähnele einem abgekarteten Spiel, als ob jemand mit den Naturgesetzen Unfug getrieben hätte.«[5]

Diese Beispiele sollen nur Kostproben sein. Eine lange Liste weiterer »glücklicher Zufälle« und »Übereinstimmungen« ist seitdem vor allem von den Astrophysikern Brandon Carter, Bernard Carr und Martin Rees erstellt worden. Insgesamt liefern sie eindrucksvolle Belege dafür, daß Leben, wie wir es kennen, sehr empfindlich von der Form der Naturgesetze abhängt und von einigen anscheinend glücklichen Zufällen in den Werten, die die Natur für die Massen von Teilchen, für Kraftstärken und so weiter gewählt hat. Da diese Beispiele an anderer Stelle sorgfältig erörtert werden, will ich sie hier nicht anführen. Wenn wir Gott spielen und die Werte für diese Größen durch Knopfdruck frei wählen könnten, würden wir wohl entdecken, daß fast alle Einstellungen das Universum unbewohnbar machen würden. In einigen Fällen sieht es so aus, als ob die Knöpfe mit enormer Genauigkeit aufeinander abgestimmt sein müssen, wenn im Universum Leben möglich sein soll. In ihrem Buch *Weltall nach*

Maß schließen John Gribbin und Martin Rees: »Die Bedingungen in unserem Weltall scheinen wirklich in einzigartiger Weise für Lebensformen wie uns Menschen geeignet zu sein.«[6]

Es versteht sich von selbst, daß wir nur solche Welten beobachten können, die unsere eigene Existenz zulassen. Wie schon erwähnt, wurde diese Verbindung zwischen menschlichem Beobachten und den Gesetzen und Bedingungen des Universums unter dem nicht ganz glücklichen Namen Anthropisches Prinzip bekannt. In der eben verwendeten trivialen Form behauptet das anthropische Prinzip weder, unsere Existenz *zwinge* irgendwie die Naturgesetze, die Form zu haben, die sie haben, noch muß man schließen, daß die Gesetze absichtlich mit Menschen im Sinn gemacht worden seien. Andererseits kommt der Tatsache, daß schon kleine Veränderungen das Universum unbeobachtbar machen, sicherlich große Bedeutung zu.

Wurde das Universum von einem intelligenten Schöpfer geplant?

Die frühen griechischen Philosophen erkannten, daß die Ordnung und Harmonie des Kosmos erklärungsbedürftig sind, aber die Vorstellung, in diesen Eigenschaften zeige sich der vorgefaßte Plan eines Schöpfers, stammt aus christlicher Zeit. Im dreizehnten Jahrhundert vertrat Thomas von Aquin die Meinung, natürliche Körper verhielten sich, als ob sie ein Ziel oder einen Zweck anstrebten, »um das beste Ergebnis zu erhalten«. Diese Anpassung der Mittel an den Zweck setzt, so argumentierte Thomas von Aquin, eine Absicht voraus. Aber da natürlichen Dingen ein Bewußtsein fehlt, können sie diese Absicht nicht selbst liefern. »Wir müssen also notwendig eine erste Wirk- oder Entstehungsursache annehmen; und diese wird von allen Gott genannt.«[7]

Diese Überlegung ließ sich im siebzehnten Jahrhundert, als die Mechanik eine Wissenschaft wurde, nicht mehr halten. Newtons Gesetze erklärten die Bewegung von materiellen Körpern völlig angemessen durch Trägheit und Kräfte und brauchten sich nicht auf göttliches Lenken zu berufen. Diese rein mechanistische Darstellung der Welt hatte auch keinen Platz für Teleologie (finale oder zielgerichtete Ursachen). Die Erklärung für das Verhalten der Dinge ist danach in unmittelbaren Ursachen zu suchen – also in Kräften, die lokal von anderen Körpern auf sie ausgeübt werden. Trotzdem schloß diese Verschiebung des Blickwinkels den Gedanken nicht völlig aus, daß die Welt zu einem Zweck geschaffen sein muß. Newton selbst glaubte, wie wir sahen, das Sonnensystem sei zu kunstvoll, als daß es allein durch blinde Kräfte hätte entstehen können: »Diese bewundernswürdige Einrichtung von Sonne, Planeten und Kometen hat nur aus dem Ratschlusse und der Herrschaft eines alles einsehenden und allmächtigen Wesens hervorgehen können.«[8]

Selbst im Rahmen einer mechanistischen Weltanschauung ließ sich also darüber rätseln, wie materielle Körper im Universum angeordnet sind. Für viele Wissenschaftler war der Gedanke unannehmbar, die differenzierte und harmonische Organisation der Natur sei ein reines Zufallsprodukt.

Dieser Gesichtspunkt wurde von Robert Boyle vertreten, dessen Name mit dem Gesetz von Boyle-Mariott verknüpft ist:

> Die ausgezeichnete Einrichtung dieses großen Weltsystems und insbesondere der bemerkenswerte Bau der Körper der Tiere und die Leistung ihrer Sinnesorgane und anderer Körperteile sind als Beweggrund dafür gesehen worden, daß in allen Zeitaltern und Nationen Philosophen eine Gottheit als Urheber dieser bewundernswürdigen Strukturen anerkannt haben.[9]

Boyle zog den berühmten Vergleich zwischen dem Universum und einem Uhrwerk, der insbesondere im achtzehnten Jahrhundert durch den Theologen William Paley beredt ausgeführt wurde. Nehmen wir an, so überlegte Paley, man »ginge über ein Heidefeld« und stieße auf eine am Boden liegende Uhr. Beim Betrachten dieser Uhr bemerkt man die verwickelte Organisation ihrer Teile und wie sie alle auf ein gemeinsames Ziel hin zusammenarbeiten. Selbst wer niemals eine Uhr gesehen und keine Idee von ihrer Funktion hätte, würde doch allein durch die Betrachtung auf den Gedanken kommen, sie sei für einen Zweck gebaut worden. Paley behauptete dann weiter, wir könnten diesen Schluß bei der Betrachtung der noch viel stärker vernetzten Natur noch weniger vermeiden.

Hume zeigte die Schwachstelle dieser Überlegung auf, nämlich ihren Analogieschluß. Das mechanistische Universum wird mit einer Uhr verglichen; weil die Uhr von einem Uhrmacher gemacht worden ist, muß das Weltall einen Schöpfer haben. Man könnte auch sagen, das Universum sei wie ein Lebewesen, deshalb müsse es in einem kosmischen Leib aus einem Fötus gewachsen sein! Sicherlich kann jede solche auf Analogie beruhende Überlegung kein Beweis sein. Bestenfalls kann sie eine Hypothese stützen. Wie gut sie das tut, hängt dann von der Überzeugungskraft dieser Analogie ab. John Leslie meint, ein Hume dieser Welt würde doch sicher überzeugt sein, wenn die Welt mit Steinchen übersät wäre, auf denen, ähnlich wie auf einer Uhr ein Herstellervermerk, VON GOTT GEMACHT steht. »Man kann sich fragen, ob sich jeder vorstellbare Teil eines scheinbaren Belegs für göttliche schöpferische Aktivität, einschließlich beispielsweise solcher Botschaften, die in die Strukturen der in der Natur vorkommenden Kettenmoleküle eingeschrieben sind, mit der Bemerkung abtun lasse: ›Daran ist doch nichts unwahrscheinlich!‹«[10] Es könnte in der Natur deutliche Hinweise auf einen Plan geben, die uns jedoch irgendwie verborgen sind. Vielleicht bemerken wir das »Herkunftszeichen« nur, wenn wir auf einem gewissen höheren Niveau über wissenschaftliche Kenntnisse verfügen. Dies ist das Thema des Romans *Contact* des Astronomen Carl Sagan: In den Ziffern von π – diese Zahl ist eng mit dem Bau der Welt verknüpft – steckt eine Botschaft, die nur durch sehr hochentwickelte Computeranalyse zugänglich ist.

Sicherlich leuchten den meisten vernünftigen Menschen auch andere Analogiebeweise über die Welt ein. Ein Beispiel betrifft die reine Existenz der physikalischen Welt. Unsere unmittelbare Erfahrung bezieht sich immer auf unsere Geisteswelt, eine Welt der Sinneseindrücke. Wir stellen uns diese Sinneswelt gewöhnlich als eine einigermaßen getreue Karte oder ein Modell einer »dort draußen« wirklich existierenden physikalischen Welt vor und unterscheiden zwischen Traumbildern und wirklichen Bildern. Aber eine Karte oder ein Modell ist auch nichts anderes als eine Analogie, die wir gewöhnlich zu akzeptieren bereit sind. Wenn wir jedoch schließen, es gebe außerhalb von uns noch andere mit Geist begabte Wesen, müssen wir einen viel größeren Schritt machen. Unsere Erfahrung mit anderen Menschen leitet sich ausschließlich von der Interaktion mit ihren Körpern her: Wir können ihren Geist nicht unmittelbar wahrnehmen. Sicherlich verhalten sich andere Menschen, *als ob* sie unsere eigenen geistigen Erfahrungen teilten, aber das können wir niemals wissen. Die Folgerung, es gebe auch andere mit Geist begabte Wesen als nur uns, beruht ausschließlich auf einer Analogie mit unserem eigenen Verhalten und unseren Erfahrungen.

Der Zweckmäßigkeitsbeweis kann nicht richtig oder falsch genannt werden, sondern nur mehr oder weniger überzeugend. Aber wie überzeugend ist er? Kein Wissenschaftler würde heute mit Newton behaupten, das Sonnensystem sei zu vorteilhaft für uns Menschen, als daß es von selbst entstanden sein könnte. Obwohl wir den Ursprung des Sonnensystems nicht gut verstehen, kennen wir doch Vorgänge, die die Planeten gerade so hätten arrangieren können, wie wir sie vorfinden. Trotzdem hat die gesamte Organisation des Universums manch einem modernen Astronomen den Gedanken an einen Plan nahegelegt. So behauptete James Jeans, das Weltall [sei anscheinend] von einem reinen Mathematiker erdacht worden und ähnele mehr einem großen Gedanken als einer großen Maschine. Er schrieb auch:

> Wir entdecken, daß das Weltall Spuren einer planenden oder kontrollierenden Macht zeigt, die etwas Gemeinsames mit unserem eigenen, individuellem Geist hat – nicht, soweit wir bis jetzt entdeckt haben, Gefühl, Moral oder ästhetisches Vermögen, sondern die Tendenz, auf eine Art zu denken, die wir in Ermangelung eines besseren Wortes mathematisch genannt haben.[11]

Gehen wir einen Augenblick lang über die Astronomie hinaus. Die verblüffendsten Beispiele für ›die Einrichtungen der Natur‹ finden sich in der Biologie, und diesen widmete Paley einen großen Teil seiner Aufmerksamkeit. In der Biologie sind die Beispiele für die Anpassung der Mittel an den Zweck Legion. Man denke zum Beispiel an das Auge. Man kann sich nur schwer vorstellen, daß dieses Organ nicht zum Sehen gemacht sei oder die Flügel eines Vogels nicht für den Zweck des Fluges. Paley und viele andere erkannten in solch diffiziler und erfolgreicher Anpassung die fürsorgliche Hand eines intelligenten Baumeisters. Aber wir alle wissen, wie bald diese Überlegung zu Fall kam. Darwins Evolutionstheorie bewies deutlich, daß komplexe Organisation, die wirksam an die Umwelt angepaßt ist, sich als ein Ergebnis von zufälligen Mutationen und natürlicher Auslese einstellen konnte. Die Entstehung eines Auges oder eines Flügels setzt keinen Planer voraus. Solche Organe sind ein Ergebnis völlig gewöhnlicher natürlicher Prozesse. Triumphalen Ausdruck findet diese Widerlegung in dem Buch *Der blinde Uhrmacher* des Biologen Richard Dawkins aus Oxford.

Die schweren Schläge, die der Zweckmäßigkeitsbeweis durch Hume, Darwin und andere erhielt, führten dazu, daß die Theologen ihn heute mehr oder weniger aufgegeben haben. Das ist um so merkwürdiger, als er in den letzten Jahren von einer Reihe von Naturwissenschaftlern wiederbelebt wurde. In seiner neuen Form richtet sich der Beweis nicht auf die materiellen Objekte des Weltalls als solche, sondern vielmehr auf die zugrundeliegenden Gesetze, wo er vor dem Angriff durch Darwin geschützt ist. Bevor ich das begründe, möchte ich zunächst die Evolutionstheorie kurz zusammenfassen. Im Grund setzt die Darwinsche Theorie die Existenz einer großen Menge ähnlicher Einzelwesen voraus, auf die dann die Auslese wirken kann. Man bedenke zum Beispiel, wie gut sich Eisbären dem Schnee anpassen. Stellen wir uns vor, eine Gruppe brauner Eisbären jage in einem schneereichen Gebiet nach Nahrung. Ihr Opfer kann sie leicht erkennen und sich aus dem Staub machen. Braune Bären haben es schwer. Wird jedoch durch einen genetischen Zufall einmal ein weißer Bär geboren, hat dieser weiße Bär ein leichteres Leben, weil er sich an seine Beute heranschleichen kann, ohne leicht bemerkt zu werden. Er lebt länger als seine braunen Rivalen und kann mehr Nachkommen zeugen. Auch ihnen ergeht es besser, und das führt zu noch mehr weißen Bären. Es dauert nicht lange, und die weißen Bären überwiegen, nehmen sich alle Nahrung und lassen die Braunbären aussterben.

Man kann sich schwerlich vorstellen, die eben erzählte Geschichte komme der Wahrheit nicht nahe. Aber man bemerke, wie entscheidend es ist, daß es zu Beginn viele Bären gibt. Einer dieser Bären wird zufällig weiß geboren und erhält so vor den anderen einen selektiven Vorteil. Weiter ist wichtig, daß die Natur in der Lage ist, aus einer Menge ähnlicher, rivalisierender Einzelwesen auszuwählen. Wenn es um die Naturgesetze und die kosmischen Anfangsbedingungen geht, gibt es jedoch keine Rivalen. Die Naturgesetze und Anfangsbedingungen des Universums sind einmalig. (Ich komme in Kürze auf die Frage zurück, ob es eine Menge von Universen geben könnte, in denen unterschiedliche Gesetze gelten.) Falls die Existenz von Leben erfordert, daß Naturgesetze und Anfangsbedingungen mit großer Genauigkeit aufeinander abgestimmt sind und diese Feinabstimmung tatsächlich erreicht ist, dann scheint es naheliegend, dahinter einen Plan zu vermuten.

Aber bevor wir zu diesem Schluß kommen, sollten wir noch einige Einwände erwägen. Erstens wird manchmal behauptet, daß es uns ja gar nicht geben würde, wenn die Natur nicht die richtigen Bedingungen für das Leben geschaffen hätte, und wir könnten uns dann nicht darüber streiten. Das trifft natürlich zu, läuft aber kaum auf einen Gegenbeweis hinaus. Wir *sind* eben hier, und das dank einer Reihe recht glücklicher Umstände. Unsere Existenz kann diese Umstände nicht erklären. Man könnte die Sache mit der Bemerkung abtun, wir hätten sicherlich großes Glück gehabt, weil das Universum gerade zufällig die notwendigen Bedingungen erfüllt, in denen Leben gedeihen kann, aber das sei eine bedeutungslose Fügung des Schicksals. Wieder ist das eine Sache der persönlichen Entscheidung. Nehmen wir an, es ließe sich zeigen, daß Leben unmöglich wäre, wenn nicht das Verhältnis der Masse des Elektrons zu der des Protons innerhalb von 0,00000000001 Prozent einer von ihnen völlig unabhängigen Zahl läge – etwa dem Hundertfachen von dem Verhältnis der Dichte von Wasser und Quecksilber bei 18 Grad Celsius. Selbst die hartgesottensten Skeptiker wären sicherlich versucht zu schließen, es sei da »etwas dran«.

Wie sollen wir also beurteilen, wie »verdächtig« die Sache ist? Das Problem besteht darin, daß es keine natürliche Möglichkeit gibt, die intrinsische Unwahrscheinlichkeit der bekannten »Zufälle« zu quantifizieren. Aus welchem Bereich könnte etwa der Wert der Stärke der Kernkraft (der zum Beispiel die Lage von Hoyles Resonanzen festlegt) gewählt worden sein? Wenn der

Bereich unendlich ist, könnte man jede endliche Menge von Werten als eine sehen, die mit einer Wahrscheinlichkeit Null ausgewählt wird. Aber dann sollten wir genauso überrascht sein, wie wenig die Anforderungen für Leben diese Werte einschränken. Dies führt die ganze Überlegung ad absurdum. Wir brauchen eine Art Metatheorie – eine Theorie der Theorien –, die für jeden bestimmten Bereich von Parameterwerten eine wohldefinierte Wahrscheinlichkeit angibt. Eine solche Metatheorie steht nicht zur Verfügung und ist meines Wissens noch nicht einmal vorgeschlagen worden. Bis es soweit ist, muß der »Argwohn« völlig subjektiv bleiben. Aber verdächtig bleibt die Sache doch!

Ein anderer gelegentlich erhobener Einwand besagt, Leben entwickele sich so, daß es den vorherrschenden Bedingungen entspricht. Dann ist es keine Überraschung, wenn das Leben so gut an seine Umstände angepaßt ist. Dies mag zutreffen, soweit es die Umwelt im allgemeinen betrifft. Mäßige Klimaveränderungen beispielsweise lassen sich wahrscheinlich auffangen. Es wäre sicherlich unangebracht, auf die Erde zu zeigen und zu sagen: »Schau, wie günstig die Lebensbedingungen sind. Das Klima ist gerade richtig, es gibt reichlich Sauerstoff und Wasser, und die Stärke der Schwerkraft entspricht gerade der Größe der Gliedmaßen usw. usw. Welch eine außerordentliche Reihe von Zufällen!« Die Erde ist nur einer von sehr vielen Planeten, die sich in unserer Galaxis und vermutlich jenseits von ihr finden. Leben kann sich nur auf jenen Planeten bilden, auf denen die Bedingungen dafür geeignet sind. Gehörte die Erde nicht zu ihnen, wäre dieses Buch vielleicht auf einer anderen Galaxie geschrieben worden. Uns geht es hier nicht um etwas so Engbegrenztes wie das irdische Leben. Die Frage ist vielmehr: Unter welchen Bedingungen könnte sich überhaupt irgendwo im Universum Leben entwickeln? Wenn Leben überhaupt entsteht, dann sicherlich unter geeigneten Umständen.

Diese Überlegung über die Besonderheit der Welt bezieht sich nicht auf diese oder jene Nische, sondern auf die grundlegenden Naturgesetze selbst. Wenn diese Gesetze nicht bestimmten Anforderungen genügen, kann kein Leben entstehen. Offenbar kann es dort kein auf Kohlenstoff basierendes Leben geben, wo es keinen Kohlenstoff gibt. Aber wie ist es mit den in der Science-fiction so beliebten alternativen Lebensformen? Wieder können wir nichts sicher wissen. Wenn die Naturgesetze eine etwas andere Form hätten, könnten sich neue Möglichkeiten für das Leben ergeben, die die verlorenen Möglichkeiten des uns bekannten Lebens ersetzen könnten. Dem steht jedoch die verbreitete Ansicht entgegen, biologische Organismen seien recht speziell und könnten nur mit geringer Wahrscheinlichkeit unter zufälligen Bedingungen entstehen. Aber bis wir den Ursprung des Lebens wirklich verstehen oder etwas über Lebensformen anderswo im Weltall wissen, muß die Frage offenbleiben.

Der Einfallsreichtum der Natur

Wir kehren noch einmal zu Einsteins berühmter Äußerung zurück, der Herrgott sei raffiniert, aber nicht bösartig, und entnehmen ihr einen Hinweis auf einen weiteren faszinierenden Aspekt der natürlichen Ordnung. Einstein meinte, man müsse beträchtliches mathematisches Können, physikalische Einsicht und Einfallsreichtum aufbringen, um die Natur zu verstehen, letztlich aber sei das Ziel doch erreichbar. Dieses Thema habe ich in etwas anderer Sprache in Kapitel 6 behandelt, als ich darauf hinwies, daß die mathematische Beschreibung der Welt zwar ganz und gar nicht trivial ist, aber doch im Bereich dessen bleibt, was menschlicher Vernunft zugänglich ist.

Wie ich schon weiter oben bemerkte, läßt sich der Begriff der mathematischen Raffinesse der Natur all jenen nur sehr schwer vermitteln, die nicht mit der mathematischen Physik vertraut sind, Naturwissenschaftler jedoch werden wissen, was ich meine. Es ist vielleicht am auffälligsten in den Bereichen der Teilchenphysik und der Feldtheorie, auf denen mehrere Zweige der höheren Mathematik miteinander verschmolzen werden müssen. Ganz grob gesagt: Man sieht, daß die Anwendung der Mathematik bis zu einem bestimmten Punkt führt, aber dann bleibt man stecken. Entweder treten innere Widersprüche auf, oder die Theorie führt zu Ergebnissen, die überhaupt nicht mit der Wirklichkeit übereinstimmen. Wenn dann aber ein schlauer Mensch einen mathematischen Trick entdeckt – eine in einem

Satz verborgene Lücke vielleicht oder eine elegante Neufassung des ursprünglichen Problems in einer völlig neuen mathematischen Sprache – fügt sich alles wie durch ein Wunder zusammen! Man kann dann kaum dem Drang widerstehen, die Natur für mindestens so schlau zu halten wie die Wissenschaftler, die den Kniff entdeckten und anwandten. Oft verfechten theoretische Physiker in ihrer höchst informellen Sprechweise ihre eigene Theorie damit, sie sei so gescheit oder raffiniert oder elegant, daß die Natur davon einfach Verwendung hätte machen müssen!

Ich möchte ein Beispiel für diese Einstellung skizzieren. In Kapitel 7 erörterte ich die neueren Versuche zur Vereinheitlichung der vier Grundkräfte der Natur. Warum sollte die Natur vier verschiedene Kräfte verwenden? Wäre es nicht einfacher, effizienter und eleganter, wenn es nur drei oder vielleicht auch nur zwei oder sogar nur eine Kraft gäbe, die vier verschiedene Aspekte aufwiese? So kam es jedenfalls den betroffenen Physikern vor, und deshalb suchten sie nach Ähnlichkeiten zwischen den Kräften, um zu sehen, ob irgendwelche mathematischen Verschmelzungen möglich wären. In den sechziger Jahren meinte man, die elektromagnetische Kraft und die schwache Kernkraft sollten sich verbinden lassen. Die elektromagnetische Kraft wirkte, wie man wußte, durch den Austausch sogenannter »Photonen«. Diese Teilchen flitzen zwischen elektrisch geladenen Teilchen, etwa Elektronen, hin und her und erzeugen Kräfte zwischen ihnen. Die von diesen umherwandernden unsichtbaren Photonen ausgeübte Kraft wird spürbar, wenn ein Luftballon an der Decke kleben bleibt oder ein Magnet einen anderen anzieht oder abstößt. Man kann sich diese Photonen als Botschafter vorstellen, die zwischen Materieteilchen die Nachricht von der Kraft vermitteln, auf die sie dann reagieren müssen.

Nun meinten die Theoretiker, etwas Ähnliches spiele sich auch im Kerninneren ab, wenn die schwache Kernkraft wirkt. Man erfand ein hypothetisches Teilchen, geheimnisvoll als *W* bezeichnet, das analog zum Photon eine Botenrolle spielen sollte. Aber während man Photonen schon aus dem Labor kannte, hatte noch niemals jemand ein *W*-Teilchen gesehen, deshalb war die Mathematik der wichtigste Leitfaden dieser Theorie. Ihre Formulierung wurde analog zu der gewählt, die den Elektromagnetismus beschreibt. Man dachte nämlich, man könne zwei mehr oder weniger ähnliche mathematische Systeme zusammenfügen und dann mit einem einzigen System weiterarbeiten. Ein Teil dieses Umordnens setzte die Einführung eines zusätzlichen Botenteilchens voraus, dem sogenannten *Z*, das mehr Ähnlichkeit mit dem Photon hat als *W*. Selbst in diesem neuen verbesserten mathematischen Rahmen aber unterschieden sich die beiden Systeme – der Elektromagnetismus und die Theorie der schwachen Kräfte – immer noch recht grundlegend. Obwohl die Eigenschaften von *Z* und dem Photon sehr ähnlich sind, müssen ihre Massen an entgegengesetzten Enden des Spektrums liegen, denn die Masse des Botenteilchens hängt auf einfache Weise mit der Reichweite der Kraft zusammen: Je massereicher das Botenteilchen, um so kürzer die Reichweite der entsprechenden Kraft. Nun ist der Elektromagnetismus eine Kraft mit unbegrenzter Reichweite und braucht ein Botenteilchen der Masse Null, während die schwache Kraft auf subnukleare Entfernungen beschränkt ist, ihre Botenteilchen also so massereich sind, daß sie mehr wiegen als die meisten Atome.

Ich möchte kurz etwas zur Masselosigkeit des Photons bemerken. Die Masse eines Teilchens hat mit seiner Trägheit zu tun. Je kleiner die Masse ist, um so kleiner ist die Trägheit und um so größer ist die Beschleunigung bei einem Stoß. Wenn ein Körper eine sehr kleine Masse hat, erhält er bei einem Stoß eine sehr große Geschwindigkeit. Wenn die Masse eines Teilchens kleiner wird, nimmt seine Geschwindigkeit bei gleichbleibendem Stoß zu. Ein Teilchen mit der Masse Null sollte sich also unendlich schnell bewegen, aber das ist nicht so. Die Relativitätstheorie verbietet die Überlichtgeschwindigkeit, deshalb bewegen sich auch Teilchen mit der Masse Null nicht schneller als das Licht, dessen Träger ja die Photonen, »Lichtteilchen«, sind. Im Gegensatz dazu wurden für die *W*- und *Z*-Teilchen Massen vom etwa 80 bis 90fachen der Masse des Protons (des schwersten bekannten stabilen Teilchens) vorhergesagt.

Das Problem, vor das sich die Theoretiker in den sechziger Jahren gestellt fanden, bestand nun darin, die zwei eleganten mathematischen Systeme zu kombinieren, die jeweils die elektromagnetischen und schwachen Kräfte beschrieben, wenn sie sich doch in einer wichtigen Einzelheit so deutlich unterschieden. Der Durchbruch kam 1967. Aufbauend auf den von Sheldon Glashow schon früher erarbeiteten mathematischen Grundlagen fanden die theoretischen Physiker Abdus Salam und Steven Weinberg unabhängig voneinander einen Weg. Der Hauptgedanke läßt sich so beschreiben: Nehmen wir an, die Masse der *W*- und *Z*-Teilchen sei nicht vorgegeben, sondern das Ergebnis einer Wechselwirkung mit etwas anderem. Die Teilchen wären dann nicht massereich »geboren« worden, sondern trügen einfach die Masse eines anderen. Der Unterschied scheint gering, ist aber entscheidend. Die Masse wäre dann nicht den Naturgesetzen zuzuordnen, sondern dem *Zustand*, in dem *W*- und *Z*-Teilchen sich gewöhnlich befinden.

Ein Vergleich kann den Punkt verdeutlichen. Wenn man einen Bleistift auf seine Spitze stellt und ihn senkrecht hält, fällt er um, sobald er losgelassen wird. Er fällt dann zum Beispiel nach Nordosten. Das Umfallen des Bleistifts wird durch die Schwerkraft der Erde bewirkt, aber seine Ausrichtung nach Nordosten liegt nicht an der Schwerkraft. Die Schwerkraft zeichnet eine Richtung aus, die wir »oben-unten« nennen könnten, aber keine waagerechte. Die Waagerechten sind für den Bleistift ununterscheidbar. Deshalb ist die Ausrichtung des Bleistifts nach Nordosten nur ein Zufall des Systems Bleistift plus Schwerkraft, das den besonderen *Zustand* widerspiegelt, in dem sich der Bleistift zufällig befindet.

Im Fall von *W* und *Z* wird die Rolle der Schwerkraft von einem hypothetischen neuen Feld gespielt, das nach dem Briten Peter Higgs Higgsfeld heißt. Das Higgsfeld ist in Wechselwirkung mit *W* und *Z* und läßt sie sozusagen »umkippen«. Sie liegen dann nicht in einer bestimmten Richtung, sondern nehmen Masse an – sogar viel. Damit ist jetzt der Weg zur Vereinheitlichung mit der elektromagnetischen Kraft frei, denn *W* und *Z* sind jetzt »eigentlich« ebenso masselos wie das Photon. Die beiden mathematischen Schemen können dann verschmolzen werden und geben eine einheitliche Beschreibung einer einzigen »elektroschwachen« Kraft.

Der Rest ist, wie man sagt, Geschichte. Anfang der achtziger Jahre erzeugten Beschleuniger am CERN bei Genf schließlich zunächst *W*- und dann *Z*-Teilchen, wodurch die Theorie glänzend bestätigt wurde. Zwei Naturkräfte wurden als Facetten einer einzigen Kraft erkannt. Die Natur hat also, und darauf kommt es mir an, offensichtlich die Lücke in der Überlegung entdeckt, wonach man masselose und massereiche Teilchen nicht verbinden kann. Mit Hilfe des Higgsmechanismus geht es doch.

Es gibt einen Nachsatz zu dieser Geschichte. Das Higgsfeld, das die wichtige Arbeit verrichtet, hat ein eigenes zugeordnetes Teilchen, das sogenannte »Higgsboson«. Es ist wahrscheinlich sehr massereich, man braucht also viel Energie zu seiner Herstellung. Noch hat niemand ein Higgsboson entdeckt, aber es steht ganz oben auf der Liste der zu erwartenden Entdeckungen. Seine Erzeugung wäre eines der Hauptziele des gigantischen Beschleunigers gewesen, der in den neunziger Jahren in Texas gebaut werden sollte, aber schließlich doch nicht genehmigt wurde. Man hofft jetzt, daß andere Beschleuniger, etwa die am CERN, Higgsteilchen nachweisen werden. Bis eines gefunden ist, können wir natürlich nicht sicher sein, daß die Natur tatsächlich den Higgsmechanismus verwendet. Vielleicht hat sie einen noch klügeren Weg gefunden. Der Ausgang des Dramas bleibt abzuwarten.

Für alles einen Platz und alles an seinem Platz

Wenn Wissenschaftler sich in bezug auf ihr Forschungsgebiet fragen: »Warum sollte sich die Natur gerade damit abgeben?« oder »Was soll das?«, schreiben sie der Natur offensichtlich Verstand und Vernunft zu. Obwohl solche Fragen gewöhnlich eher leichthin gestellt werden, haben sie doch einen ernsten Hintergrund. Wie die Erfahrung zeigt, teilt die Natur unser Gefühl für Wirtschaftlichkeit, Wirksamkeit, Schönheit und mathematische Raffinesse, und dieser Denkansatz kann sich oft lohnen (etwa bei der Vereinheitlichung der schwachen und elektromagnetischen Kräfte). Die meisten Physiker glauben, der Komplexität ihres Gebiets liege eine elegante und einflußreiche Einheit zugrunde und wir könnten Fortschritte machen, wenn wir die mathematischen »Tricks« herausfinden könnten, mit deren Hilfe die Natur aus dieser Einfachheit ein interessantes, vielfältiges und komplexes Universum schuf.

Unter Physikern herrscht zum Beispiel ein unausgesprochenes, aber mehr oder weniger allgemeines Gefühl, alles, was es in der Natur gibt, müßte einen »Platz« oder eine Aufgabe als Teil eines größeren Systems haben. Die Natur sollte also nicht einer Verschwendungssucht frönen, indem sie nutzlose Größen einführt, und sie sollte nicht willkürlich sein. Jede Facette der physikalischen Wirklichkeit sollte »natürlich« und logisch mit anderen verknüpft sein. So fragte der Physiker Isidor Rabi, als 1937 das Myon entdeckt wurde, erstaunt: »Wer hat denn das bestellt?« Das Myon ist ein Teilchen, das dem Elektron in fast jeder Hinsicht ziemlich ähnlich ist, aber eine um das 206,8fache größere Masse hat. Dieser große Bruder des Elektrons ist instabil und zerfällt nach ein oder zwei Mikrosekunden, deshalb ist er kein dauerhafter Bestandteil der Materie. Trotzdem scheint er ein eigenes Elementarteilchen zu sein und nicht aus anderen zusammengesetzt. Rabis Reaktion war typisch. Wozu ist das Myon gut? Warum braucht die Natur noch ein Elektron, insbesondere eines, das so rasch zerfällt? Was wäre in der Welt anders, wenn es das Myon nicht gäbe?

Das Problem ist seitdem noch größer geworden. Wir wissen jetzt, daß es *zwei* solche schweren Teilchen gibt. Das Geschwister des Myons ist das 1974 entdeckte sogenannte »Tauon«. Schlimmer noch, auch andere Teilchen haben höchst instabile schwere Geschwister. Die sogenannten Quarks – sie sind, wie Protonen und Neutronen, die Bausteine der Kerne – haben ebenfalls jedes zwei schwerere Geschwister. Es gibt auch drei Varianten von Neutrinos. Sie alle sind in Tabelle 1 schematisch erfaßt. Anscheinend lassen sich alle bekannten Materieteilchen in drei »Generationen« anordnen. Zur ersten gehören das Elektron, das Elektron-Neutrino und die beiden »up« und »down« genannten Quarks, die Bausteine von Protonen und Neutronen. Die Teilchen dieser ersten Generation sind alle im wesentlichen stabil; aus ihnen besteht die gewöhnliche Materie des uns sichtbaren Weltalls. Die Atome unseres Körpers und von Sonne und Sternen bestehen aus diesen Teilchen der ersten Generation.

Tabelle 1

	Leptonen	Quarks
Erste Generation	Elektron	down
	Elektron-Neutrino	up
Zweite Generation	Myon	strange
	Myon-Neutrino	charmed
Dritte Generation	Tauon	bottom
	Tauon-Neutrino	top

Die bekannten Materieteilchen bestehen aus zwölf Grundelementen. Sechs von ihnen, die sogenannten »Leptonen«, sind relativ leicht und haben nur eine schwache Wechselwirkung. Die übrigen sechs, die sogenannten »Quarks«, sind relativ schwer und stark wechselwirkend; aus ihnen besteht die Kernmaterie. Die Teilchen lassen sich in drei Generationen mit ähnlichen Eigenschaften anordnen.

Die zweite Generation ist anscheinend im wesentlichen ein Duplikat der ersten. Hier findet sich das Myon, das Rabi so überraschte. Diese Teilchen sind (mit der möglichen Ausnahme des Neutrino) instabil und zerfallen bald in Teilchen der ersten Generation. Dann aber fängt die Natur wieder von vorne an und verdoppelt das Ganze erneut in der dritten Generation. Kommt diese Verdopplung einmal ans Ende? Vielleicht gibt es unendlich viele Generationen; das, was wir beobachten, könnte nur ein Teil eines sich wiederholenden Musters sein. Die meisten Physiker jedoch sind anderer Meinung. 1989 wurde der LEP (Large Electron-Position-Ring), der neue ringförmige Teilchenbeschleuniger bei CERN, der zur Positionsbestimmung von Elektronen dient, zur sorgfältigen Untersuchung des Zerfalls des Z-Teilchens eingesetzt. Wie das Z-Teilchen in Neutrinos zerfällt und die Zerfallsrate davon abhängt, wie viele Neutrinoarten es gibt, läßt sich mit Hilfe einer sorgfältigen Messung der Zerfallsrate die Anzahl der Neutrinos erschließen. Als Antwort ergab sich die Zahl drei, und das legt nahe, daß es genau drei Generationen gibt.

Jetzt stellt sich die Frage, warum es ausgerechnet drei sind. Wenn es nur eine oder unendlich viele Neutrinosorten gäbe, fänden wir das »natürlich«, drei jedoch scheint völlig unsinnig zu sein. Dieses »Generationenrätsel« war der Ansporn zu wichtigen theoretischen Arbeiten. Die befriedigendsten Fortschritte wurden in der Teilchenphysik mit Hilfe eines Zweigs der Mathematik gemacht, der als »Gruppentheorie« bekannt ist. Sie hat viel mit der Symmetrie zu tun, in der sich die Natur »bevorzugt« manifestiert, und erlaubt es, anscheinend verschiedene Teilchen zu einheitlichen Familien zusammenzufassen. Nun gibt es klare mathematische Regeln dafür, wie sich diese Gruppen darstellen und kombinieren lassen und welche Teilchenarten sie beschreiben. Man hofft, eine gruppentheoretische Beschreibung zu erhalten, wie sie aus anderen Gründen erwünscht ist, die aber auch drei Generationen von Teilchen fordern. Die scheinbare Verschwendungssucht der Natur ließe sich dann als notwendige Folge einer tieferliegenden vereinheitlichenden Symmetrie sehen.

Bis diese Vereinheitlichung nachgewiesen ist, liefert das Generationenproblem natürlich ein Beispiel, das gegen die Behauptung spricht, die Natur sei sparsam und nicht willkürlich. Ich jedoch vertraue darauf, daß die Natur unser Gefühl von Wirtschaftlichkeit teilt, und biete gern dem Zufall die Wette an, daß das Generationenproblem im nächsten Jahrzehnt gelöst wird; seine Lösung sollte weitere verblüffende Hinweise liefern, die die Regel bestätigen: »Für alles ein Platz und alles an seinem Platz.«

Es gibt einen interessanten Nachtrag zu diesem Generationenspiel, der meine Auffassung bestätigt. Ich war bei den Einträgen in Tabelle 1 nicht ganz ehrlich. Als ich diese Zeilen schrieb, war das Top-Quark noch nicht nachgewiesen. Bei mehreren Gelegenheiten schon wurde es »entdeckt«, kurz darauf aber schon wieder angezweifelt. Man könnte sich fragen, warum Physiker so sehr auf seine Existenz vertrauten, daß sie einen wesentlichen Teil ihrer knappen Gelder auf die Suche verschwenden. Wenn es nun kein Top-Quark gibt? Nehmen wir an, in der Tabelle wäre eine Lücke (sie ist ja schließlich ein Gebilde aus Menschenhand) und es gäbe gar nicht drei Generationen, sondern nur zwei und drei Viertel? Es fiele wohl schwer, einen Physiker zu finden, der wirklich glaubt, die Natur könne so unsinnig sein. Die Entdeckung des Top-Quarks liefert ein weiteres Beispiel dafür, daß die Natur ihre Aufgabe fein säuberlich erledigt.

Das Generationenproblem ist eigentlich Teil des schon erwähnten größeren Problems der Vereinheitlichung, das von einer kleinen Gruppe von Theoretikern ganz direkt angegangen wird. John Polkinghorne, der ein Teilchenphysiker war, bevor er Priester wurde, schreibt davon, wieviel Vertrauen Physiker in diesen nächsten Schritt des Programms der Vereinheitlichung haben:

> Meine früheren Kollegen arbeiten weiter an der Aufstellung einer noch umfassenderen Theorie. ... Ich finde ihre Bemühungen jetzt etwas künstlich, sogar verzweifelt. Anscheinend fehlt noch eine wichtige Tatsache oder ein wesentlicher Gedanke. Ich zweifle jedoch nicht daran, daß zur richtigen Zeit ein besseres Verständnis erreicht sein wird und wir hinter der physikalischen Wirklichkeit eine tiefere Struktur erkennen werden.[12]

Wie ich schon erwähnte, ist zur Zeit die Superstringtheorie in Mode, aber sicherlich wird es bald wieder etwas anderes geben. Obwohl noch größere Schwierigkeiten vor uns liegen, stimme ich Polkinghorne zu. Ich kann nicht glauben, daß diese Probleme wirklich unlösbar sind und die Teilchenphysik nicht vereinheitlicht werden kann. Alle Hinweise zwingen uns zu der Annahme, daß der Natur trotz all unserer Ratlosigkeit eher Einheit als Willkür zugrunde liegt.

Als letztes möchte ich zur Frage nach der »Notwendigkeit« all dieser Teilchen bemerken, wie seltsam der Gedanke ist, daß Myonen, obwohl sie in der gewöhnlichen Materie nicht vorhanden sind, in der Natur doch eine ziemlich wichtige Rolle spielen. Ein großer Teil der kosmischen Strahlung, die die Erde erreicht, besteht in der Tat aus Myonen. Diese Strahlen bilden einen Teil des natürlichen Strahlungshintergrunds und tragen zu den genetischen Mutationen bei, die evolutionäre Veränderung bewirken. Deshalb hat man in der Biologie jedenfalls bis zu einem gewissen Grad Verwendung für Myonen. Dies ist eine weiteres Beispiel für das glückliche Zusammenwirken zwischen dem Großen und dem Kleinen, das ich weiter oben in diesem Kapitel erwähnte.

Ist ein Baumeister nötig?

Ich hoffe, die vorangegangenen Überlegungen haben meine Leser davon überzeugt, daß die Natur nicht nur irgendein Gebräu von Größen und Kräften ist, sondern ein wunderbar einfallsreiches und einheitliches mathematisches System. Nun beschreiben Worte wie »einfallsreich« oder »gescheit« unleugbar menschliche Eigenschaften, aber man kommt nicht umhin, sie auch der Natur zuzuschreiben. Ist dies nur ein weiteres Beispiel dafür, daß wir der Natur unsere eigenen Denkkategorien auferlegen, oder entsprechen sie wirklich der Eigenart der Welt?

Wir sind von Paleys Uhr ausgegangen und weit gekommen. Die Welt der Teilchenphysik ähnelt, um noch einmal meinen Lieblingsvergleich zu gebrauchen, stärker einem Kreuzworträtsel als einem Uhrwerk. Jede neue Entdeckung gibt einen Hinweis, der zu einer neuen mathematischen Beziehung führen kann. Je mehr Entdeckungen gemacht werden, um so mehr Querverbindungen werden »ausgefüllt« und um so deutlicher treten Strukturen hervor. Zur Zeit sind in dem Kreuzworträtsel noch viele Felder leer, aber wir können seine gelungene Konstruktion und seine Stimmigkeit schon erahnen. Anders als ein Mechanismus, der sich im Lauf der Zeit langsam zu komplexeren oder höher geordneten Formen weiterentwickeln kann, ist das »Kreuzworträtsel« der Teilchenphysik schon fertig. Die Verbindungen unterliegen weder Entwicklung noch Evolution, sondern sind in den Grundgesetzen vorgegeben. Wir müssen sie entweder als wahrlich erstaunliche schlichte Tatsachen einfach hinnehmen oder eine tiefere Erklärung suchen.

Nach der christlichen Überlieferung steckt diese tiefere Erklärung darin, daß Gott die Natur mit beträchtlichem Einfallsreichtum und Geschick entworfen hat und daß die Teilchenphysik einen Teil dieses Plans aufdeckt. Wenn man das voraussetzt, muß man als nächstes fragen: Zu welchem Zweck hat Gott diesen Plan gemacht? Beim Versuch, diese Frage zu beantworten, müssen wir die vielen »Zufälle« berücksichtigen, die ich früher in Verbindung mit dem Anthropischen Prinzip und den Erfordernissen biologischer Organismen erwähnte. Aus der beobachteten »Feinabstimmung« der Naturgesetze, die gegeben sein muß, wenn sich im Universum bewußtes Leben entwickeln soll, folgt dann ganz eindeutig: Das Universum ist so von Gott entworfen, daß es das Entstehen von Leben und Bewußtsein ermöglicht. Unsere eigene Existenz würde danach also einen wesentlichen Teil von Gottes Plan darstellen.

Aber setzt ein Plan unbedingt einen Planer voraus? John Leslie bestreitet das. In seiner Theorie von der Erschaffung der Welt gibt es die Welt aufgrund einer »ethischen Notwendigkeit«. Er schreibt: Ob nun das Bedürfnis nach einem von wohlwollendem Verstand geleiteten Einfluß auf schöpferische Handlungen gegeben ist oder nicht, eine Welt, die das Ergebnis einer ethischen Notwendigkeit ist, kann unabhängig davon in beiden Fällen gleich sein und gleich viele Hinweise auf einen Urheber enthalten.«[13] Ein gutes Universum würde uns also auch dann als geplant erscheinen, wenn es nicht geplant ist.

Wie ich in *Prinzip Chaos* geschrieben habe, entfaltet sich das Universum allem Anschein nach entsprechend einem Plan oder Entwurf. Dieser Gedanke wird (teilweise) schematisch durch Abbildung 12 dargestellt, wo die Naturgesetze die Rolle des Bauplans (oder des kosmischen Computerprogramms, wenn Ihnen das lieber ist) übernehmen; das läßt sich durch einen Fleischwolf veranschaulichen. Die kosmischen Anfangsbedingungen sind die Eingaben und die organisierte Komplexität oder Tiefe die Ausgaben. Eine Variante des Bildes wird in Abbildung 13 gezeigt; dort wird Materie eingegeben, und Geist oder Verstand kommt heraus. Entscheidend ist dabei, daß etwas *Wertvolles* entsteht, weil ein Vorgang nach genialen, vorher festgelegten Regeln abläuft. Diese Regeln sehen so aus, *als ob* sie einem intelligenten Plan entsprechen. Das läßt sich wohl kaum leugnen. Ob man glauben will, daß sie wirklich so geplant waren und falls ja, von wem, bleibt eine Sache des persönlichen Ge-

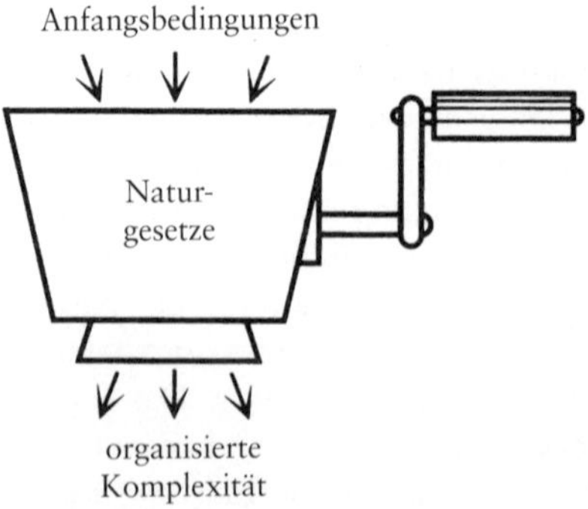

Abbildung 12: Eine symbolische Darstellung der kosmischen Evolution. Das Universum ist zunächst in einem relativ einfachen und eigenschaftslosen Anfangszustand, der dann durch die festen Naturgesetze »verarbeitet« wird, was zu einem Ergebnis führt, das viel organisierte Komplexität aufweist.

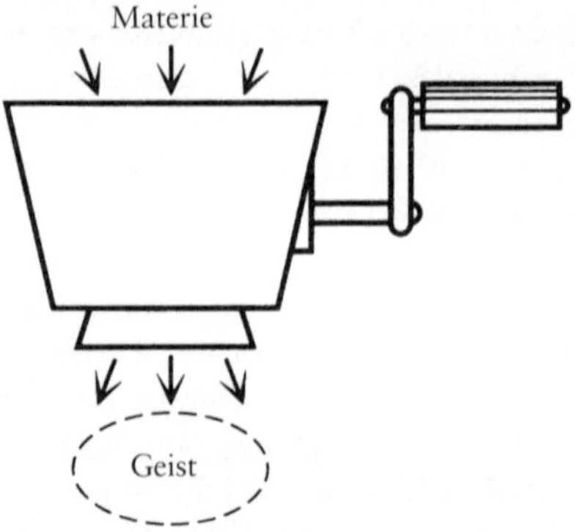

Abbildung 13: Die Evolution der Materie von der Einfachheit zur Komplexität, wie sie in Abbildung 12 dargestellt ist, schließt die Erzeugung bewußter Lebewesen aus anfangs unbelebter Materie ein.

schmacks. Ich selbst neige dazu, solchen Eigenschaften wie Einfallsreichtum, Wirtschaftlichkeit und Schönheit eine echte transzendente Wirklichkeit zuzuschreiben – sie sind nicht nur das Ergebnis menschlicher Erfahrung – und diese Eigenschaften als Spiegelungen der Struktur der natürlichen Welt zu sehen. Ob solche Eigenschaften das Universum selbst entstehen lassen können, weiß ich nicht. Wenn sie das tun, könnte man sich Gott als mythische Personifizierung solcher kreativer Eigenschaften vorstellen und nicht als eine unabhängig davon wirkende Kraft. Dies würde vermutlich niemanden befriedigen, der im Gefühl lebt, eine persönliche Beziehung zu Gott zu haben.

Vielfache Wirklichkeiten

Zweifellos wird der Zweckmäßigkeitsbeweis am stärksten durch die Hypothese in Frage gestellt, daß es viele Welten oder vielfache Wirklichkeiten gibt. Ich habe diese Theorie in Kapitel 7 im Zusammenhang mit dem kosmologischen Gottesbeweis vorgestellt. Diese Hypothese besagt im Grunde, das von uns wahrgenommene Universum sei nur eines von ungeheuer vielen. Damit wird der Zweckmäßigkeitsbeweis angezweifelt, weil dann alle möglichen physikalischen Bedingungen irgendwo verwirklicht sind und unser Weltall nur deshalb so geplant aussieht, weil sich Leben (und damit Bewußtsein) nur in Universen entwickeln kann, die diese anscheinend gekünstelte Form haben. Es sollte uns also nicht überraschen, wenn wir uns in einem Universum befinden, das so genau auf biologische Ansprüche ausgerichtet ist. Es ist »anthropisch ausgewählt«.

Zunächst fragen wir nach Hinweisen auf die Existenz anderer Welten. Der Philosoph George Gale hat eine Liste solcher physikalischen Theorien zusammengestellt, die in der einen oder anderen Weise eine Gesamtheit von Universen fordern.[14] Am häufigsten ist die Theorie der Mehrfach-Welten, die sich aus einer Interpretation der Quantenmechanik ergibt. Um zu sehen, wie Quantenunschärfe zu der Möglichkeit führt, es könne mehr als eine Welt geben, betrachten wir ein einfaches Beispiel und denken an ein einzelnes Elektron in einem Magnetfeld. Das Elektron hat einen Spin, der ihm ein »magnetisches Moment« verleiht. Mit der Wechselwirkung zwischen dem magnetischen

Moment des Elektrons und dem äußeren Magnetfeld ist eine Energie verknüpft, die von dem Winkel zwischen der Richtung des auferlegten Feldes und der Richtung des Magnetfelds des Elektrons selbst abhängt. Bei gleicher Ausrichtung der Felder ist die Energie gering, bei entgegengesetzter hoch, und bei dazwischenliegenden Winkeln nimmt sie einen Mittelwert ein. Durch Messung dieser Energie der magnetischen Wechselwirkung läßt sich also die Orientierung des Elektrons bestimmen. Dabei beobachtet man – und das ist für die Regeln der Quantenmechanik fundamental – immer nur *zwei* Energiewerte, die, grob gesprochen, mit der Ausrichtung des magnetischen Moments des Elektrons übereinstimmen oder ihr entgegengesetzt sind.

Eine interessante Situation entsteht nun, wenn wir das Magnetfeld des Elektrons absichtlich senkrecht zum äußeren Feld ausrichten. Wir überzeugen uns also davon, daß das Elektron in dem äußeren Feld weder nach oben noch nach unten zeigt, sondern quer dazu. Mathematisch gesprochen beschreiben wir das Elektron durch einen Zustand, der eine »Überlagerung« der beiden Möglichkeiten ist. Der Zustand ist – wieder grob gesagt – also ein Zwitter aus zwei sich überlappenden Wirklichkeiten, nämlich einer mit aufwärts und einer mit abwärts gerichtetem Spin. Wenn nun die Energie gemessen wird, zeigt der Spin im Ergebnis immer nach oben oder nach unten. Nie ist es eine Mischung aus beiden. Aber aufgrund der der Quantenmechanik eigenen Unschärfe können wir nicht im voraus wissen, welche dieser beiden Möglichkeiten tatsächlich zutrifft. Die Regeln der Quantenmechanik erlauben es jedoch, den Alternativen *relative Wahrscheinlichkeiten* zuzuschreiben. Im betrachteten Beispiel sind die beiden Zustände gleich wahrscheinlich. Grob gesagt, spaltet sich nach der Viele-Welten-Theorie das Universum in zwei, wenn eine Messung vorgenommen wird; in einer Welt zeigt der Spin nach oben, in der anderen nach unten.

Eine raffiniertere Fassung sieht vor, daß an jedem solchen Experiment immer zwei Universen beteiligt sind, die vor der Messung in jeder Hinsicht gleich sind. Das Experiment erlaubt dann, sie durch die Spinrichtung des Elektrons zu unterscheiden. Wenn die Wahrscheinlichkeiten ungleich sind, kann man sich vorstellen, daß es proportional zu der relativen Wahrscheinlichkeit viele identische Welten gibt. Wenn die Wahrscheinlichkeit für einen aufwärts gerichteten Spin beispielsweise ⅔ betrüge, für einen abwärts gerichteten also ⅓, könnte man sich drei zunächst gleiche Universen vorstellen, von denen zwei gleich bleiben und in denen der Spin nach oben zeigt, und das andere sich von ihnen durch einen nach unten gerichteten Spin unterscheidet. Im allgemeinen brauchte man unendlich viele Universen, um alle Möglichkeiten erfassen zu können.

Man stelle sich jetzt vor, dieser Gedanke würde von einem Elektron auf jedes Quantenteilchen im Universum ausgeweitet. Überall im Kosmos wird dann die Ungewißheit, mit der die Quantenteilchen fortwährend konfrontiert sind, dadurch entschieden, daß sich die Wirklichkeit in immer mehr unabhängig voneinander existierende Welten aufspaltet. Dann passiert also alles, was passieren kann. Alle physikalisch möglichen Zustände (wenn auch nicht alles, was logisch möglich ist) werden irgendwo in dieser unendlichen Menge von Welten verwirklicht.

Diese Universen müssen als in gewisser Weise »parallele« oder nebeneinander bestehende Wirklichkeiten gesehen werden. Jeder Beobachter sieht natürlich nur eine von ihnen, aber wir müssen annehmen, daß die bewußten Zustände des Beobachters ein Teil des Differenzierungsvorgangs sind, so daß jede der vielen alternativen Welten eine Kopie vom Geist des Beobachters enthält. Es gehört zur Theorie, daß sich diese geistige »Spaltung« nicht aufspüren läßt. Jede Kopie von uns ist einzigartig und vollständig. Trotzdem gibt es überwältigend viele Kopien von uns selbst! So bizarr die Theorie auch scheinen mag, sie findet doch in der einen oder anderen Fassung unter Physikern und auch Philosophen Anhänger. Sie bringt vor allem jenen Vorteile, die sich mit der Quantenkosmologie beschäftigen, weil andere Deutungen der Quantenmechanik noch unbefriedigender sind. Es sollte jedoch nicht verschwiegen werden, daß diese Theorie auch ihre Kritiker hat, von denen einige (zum Beispiel Roger Penrose) die Behauptung in Frage stellen, daß wir das Aufspalten nicht bemerken würden.

Dies ist keineswegs die einzige Überlegung, die eine Vielzahl von Welten erfordert. Eine andere, die sich etwas einfacher veranschaulichen läßt, sieht das, was wir »Weltall« nennen, als nur einen kleinen Fleck in einem viel größeren räumlich ausgedehnten System. Wenn wir über die etwa zehn Milliarden Lichtjahre hinausblicken könnten, die unsere Instrumente uns in den Weltraum hinaussehen lassen, würden wir (nach dieser Theorie) Bereiche des Weltalls sehen, die ganz anders sind als der unsere. Der Anzahl der Bereiche, die zu diesem System gehören könnten, sind keine Grenzen gesetzt, da das Universum unendlich groß sein könnte. Wenn wir »Universum« als all das definieren, was es gibt, haben wir es hier eher mit einer Theorie der vielen Bereiche als der vielen Welten zu tun, aber dieser Unterschied ist für unsere Zwecke unerheblich.

Damit stellt sich die Frage, ob die Hinweise auf einen zweckmäßigen Plan auch als Hinweise auf viele Welten betrachtet werden können. In mancher Hinsicht ist die Frage zweifellos zu bejahen. So ist zum Beispiel die räumliche Organisation des Kosmos im großen Maßstab wichtig für das Leben. Wenn das Universum sehr weitgehend regelmäßig wäre, könnte das zu Schwarzen Löchern oder wirbelnden Gasen führen und nicht zu den wohlgeordneten Galaxien mit stabilen Sternen und Planeten, die Leben ermöglichen. Wenn man sich eine grenzenlose Vielfalt von Welten vorstellt, in denen die Materie beliebig verteilt ist, würde im allgemeinen Chaos herrschen. Aber hier und da würde rein zufällig eine Oase der Ordnung entstehen, die die Bildung von Leben ermöglichte. Der russische Physiker Andrei Linde hat eine entsprechende Fassung des inflationären Weltmodells vorgeschlagen und untersucht. Obwohl die stillen Oasen fast unglaublich selten sein würden, überrascht es nicht, daß wir uns selbst in einer solchen befinden, denn wir könnten ja nirgends anders leben. Wir wundern uns ja schließlich auch nicht, daß wir selbst ganz untypisch auf einem Planeten leben, während doch das Universum ganz überwiegend aus fast leerem Raum besteht. Die kosmische Ordnung braucht also nicht der fürsorglichen Anordnung aller Dinge zugeschrieben zu werden; sie ist eher eine Folge des unvermeidlichen Auswahleffekts, der mit unserer eigenen Existenz zu tun hat.

Eine solche Erklärung ließe sich sogar auf einige der »Zufälle« der Teilchenphysik erweitern. Ich beschrieb schon, wie sich mit

Hilfe des Higgsmechanismus eine Erklärung für die Masse der W- und Z-Teilchen geben läßt. In weiter ausgearbeiteten vereinheitlichenden Theorien werden noch mehr Higgsfelder eingeführt, die auch anderen Teilchen Masse zuschreiben und einige Parameter der Theorie festlegen, die die Stärke der Kräfte betreffen. Genau wie der umfallende Bleistift, mit dem ich auf Seite 250 die Symmetriebrechung erläuterte, in den einen oder anderen von sehr vielen Zuständen fallen kann (Nordosten, Südosten, Südsüdwesten usw.), so könnte das Teilchensystem aufgrund dieser verfeinerteren Higgsmechanismen in verschiedene Zustände »kippen«. Welche Zustände angenommen würden, wäre zufällig und hinge von Quantenfluktuationen ab – also von der in die Quantenmechanik eingebauten Unschärfe. In der Viele-Welten-Deutung muß man annehmen, daß jede mögliche Welt irgendwo durch ein Universum verwirklicht wird. Andererseits könnten sich die verschiedenen Möglichkeiten auch in verschiedenen Raumbereichen verwirklichen. Jedenfalls würde man kosmologische Systeme erhalten, in denen Masse und Kräfte unterschiedliche Werte annehmen. Leben, so ließe sich behaupten, könnte sich dann nur dort entwickeln, wo diese Größen die »zufälligen« Werte annehmen, die für das Leben nötig sind.

Obwohl die Viele-Welten-Theorie das, was sonst als auffällige Besonderheit der Natur gelten müßte, so erstaunlich gut erklärt, lassen sich gegen diese Theorie eine Reihe ernstzunehmender Einwände erheben. Den ersten habe ich schon in Kapitel 7 erörtert, nämlich, daß sie geradezu nach Ockhams Rasiermesser schreit, weil sie ungeheuer große (sogar unendliche) Komplexität einführt, um die Gesetzmäßigkeit nur dieses einen Universums zu erklären. Ich halte diesen Versuch, die Besonderheit unseres Universums zu erklären, indem man mit Kanonen auf Spatzen schießt, für wissenschaftlich fragwürdig. Es gibt auch das offensichtliche Problem, daß die Theorie nur jene Aspekte der Natur erklären kann, die für die Existenz bewußten Lebens wichtig sind; sonst gibt es keinerlei Auslesemechanismus. Viele der Beispiele, die ich für die Zweckmäßigkeit angeführt habe, wie etwa die eindrucksvolle Struktur und Einheit der Teilchenphysik, haben keine offensichtlichen Beziehungen zur Biologie.

Es genügt ja meistens nicht, daß die betrachtete Eigenschaft einfach nur wichtig ist für die Biologie, sondern sie muß so wichtig sein, daß sie zum Leben führen kann.

Ein anderer oft übersehener Einwand besteht darin, daß in allen Viele-Welten-Theorien, die sich aus der Physik herleiten (und nicht einfach aus Phantasien über die Existenz anderer Welten), die Gesetze der Physik in allen Welten gleich sind. Die Auswahl ist auf jene Universen beschränkt, die *physikalisch* möglich sind, es kommen also nicht alle denkbaren in Frage. Sicherlich gibt es viele andere Universen, die logisch möglich sind, aber den Gesetzen der Physik widersprechen. Betrachten wir wieder die zum Elektron gehörigen Welten, in denen der Spin entweder nach oben oder nach unten gerichtet sein kann; beide Welten enthalten ein Elektron mit derselben elektrischen Ladung, das denselben Gesetzen für den Elektromagnetismus und anderen Kräften gehorcht. Obwohl also solche Viele-Welten-Theorien eine Wahl zwischen den alternativen *Zuständen* der Welt treffen, haben sie in bezug auf die *Gesetze* keine Wahl. Zugegeben, der Unterschied zwischen den Eigenschaften der Natur, die ihre Existenz einem wirklich zugrundeliegenden Gesetz verdanken, und jenen, die sich einer Wahl des Zustands zuschreiben lassen, ist nicht immer klar. Wie wir sahen, werden gewisse Parameter, etwa einige Teilchenmassen, die in der früheren Theorie als Teil der mutmaßlichen Naturgesetze festgelegt waren, jetzt durch den Higgsmechanismus den Zuständen zugeschrieben. Aber dieser Mechanismus kann sich nur in einer Theorie bewähren, für die eigene Gesetze gelten, und die enthalten dann wieder erklärungsbedürftige Eigenschaften. Darüber hinaus könnten Quantenfluktuationen zwar in verschiedenen Universen einen jeweils anderen Higgsmechanismus erfordern, aber es ist doch überhaupt nicht klar, ob in den zur Zeit erwogenen Theorien alle möglichen Werte der Teilchenmassen, Kraftstärken usw. überhaupt angenommen werden könnten. Meistens erzeugen der Higgsmechanismus und ähnliche sogenannte symmetriebrechende Verfahren eine diskrete – sogar endliche – Menge von Alternativen.

Es ist deshalb nicht möglich, entsprechend dem Vorschlag einiger Physiker die *Gesetzmäßigkeit* der Natur auf diese Weise zu erklären. Wäre es vielleicht möglich, die Gedanken der Viele-Welten-Theorie auch auf Gesetze auszudehnen? Es gibt dagegen weder einen logischen Einwand noch eine wissenschaftliche Rechtfertigung. Aber nehmen wir an, man würde die Existenz einer noch größeren Menge alternativer Wirklichkeiten erwägen, bei denen jeder Begriff von Gesetz, Ordnung oder Regelmäßigkeit fehlt. Hier herrscht völliges Chaos. Das Verhalten dieser Welten ist völlig willkürlich. Und wie Affen, die lange genug mit einer Schreibmaschine herumspielen, schließlich einmal Shakespeares Werke tippen, so wird es irgendwo im ungeheuren Berg der Wirklichkeiten Welten geben, die rein zufällig teilweise geordnet sind. Anthropisches Denken führt uns dann zu dem Schluß, daß jeder Beobachter eine geordnete Welt wahrnehmen wird, so irrsinnig selten eine solche Welt auch im Verhältnis zu ihren chaotischen Rivalen sein mag. Könnte dies unsere Welt erklären?

Ich meine, die Antwort laute entschieden Nein. Ich wiederhole, daß die anthropischen Überlegungen nur für jene Aspekte der Natur gelten, die für das Leben entscheidend sind. Wenn es äußerste Gesetzlosigkeit gibt, wird die überwältigende Anzahl zufällig ausgewählter bewohnter Welten nur gerade so weit geordnet sein, wie es die Erhaltung von Leben erfordert. Es gibt zum Beispiel keinen Grund, warum die Ladung des Elektrons unbedingt immer gleich sein sollte oder warum alle Elektronen genau gleiche Ladung haben. Kleinere Schwankungen im Wert der elektrischen Ladung wären nicht lebensbedrohlich. Aber was sonst hält den Wert konstant – und noch dazu mit solch erstaunlicher Genauigkeit –, wenn nicht ein Naturgesetz? Man könnte sich vielleicht eine Gesamtheit von Universen mit einer Auswahl von Gesetzen vorstellen, so daß jedes Universum einen vollständigen und festgelegten Satz von Gesetzen hat. Wir könnten dann vielleicht mit anthropischen Überlegungen erklären, warum zumindest einige der beobachteten Gesetze so sind, wie sie sind. Aber der Begriff des Gesetzes muß immer vorausgesetzt werden; man kann also fragen, woher diese Gesetze kamen und wie sie sich »auf ewig« mit einem Universum »verknüpfen« konnten.

Ich schließe deshalb, daß die Viele-Welten-Theorie bestenfalls einen begrenzten Bereich von Eigenschaften erklären kann, und auch das nur dann, wenn man einige metaphysikalische Annahmen macht, die nicht weniger extravagant sind als die Zweckmäßigkeitsüberlegung. Schließlich zwingt mich Ockhams Rasiermesser, die Zweckmäßigkeit vorzuziehen, aber wie immer in der Metaphysik ist die Entscheidung eher eine Sache des Geschmacks als des wissenschaftlichen Urteils. Man sollte jedoch beachten, daß man vollkommen widerspruchsfrei sowohl an eine Mehrzahl von Universen als auch an Gott als Planer glauben kann. Wie ich erörtert habe, erfordern auch plausible Theorien für eine Vielfalt von Universen immer noch eine Erklärung, beispielsweise die, warum Universen gesetzmäßig sind und warum es überhaupt viele gibt. Ich sollte auch erwähnen, daß Diskussionen, die mit Beobachtungen von nur einem Universum beginnen und dann etwas über die Unwahrscheinlichkeit dieser oder jener Eigenschaft folgern, tiefe Fragen zur Wahrscheinlichkeitstheorie stellen. Sie werden, so meine ich, in John Leslies Überlegungen hinreichend berücksichtigt, aber manche Kommentatoren behaupten, Versuche, »nach dem Ereignis« zu argumentieren – wobei das Ereignis in diesem Fall unsere eigene Existenz ist –, seien irreführend.

Kosmologischer Darwinismus

Kürzlich schlug Lee Smolin eine interessante Variante der Viele-Welten-Theorie vor, die einige der Einwände gegen die anderen Vorschläge vermeidet, indem sie eine seltsame Verbindung zwischen den Bedürfnissen der Lebewesen und der Vielfalt der Welten herstellt. In Kapitel 2 beschrieb ich, wie sich aus der Quantenkosmologie die von Quantenfluktuationen bewirkte spontane Entstehung von »Babywelten« folgern läßt und daß man sich vorstellen könnte, eine »Mutterwelt« erzeuge auf diese Weise Nachwuchs. Vielleicht entstehen neue Universen, wenn sich ein Schwarzes Loch bildet. Nach der klassischen Gravitationstheorie ist ein Schwarzes Loch eine Singularität, die sich als eine Art Rand der Raumzeit verstehen läßt. In der Quantenfassung ist die Singularität irgendwie verschmiert. Wir wissen nicht, wie, aber es könnte sein, daß die scharfe Grenze der Raumzeit durch eine Art Tunnel oder Nabelschnur ersetzt wird, die unser Universum mit einer neuen Babywelt verbindet. Wie in Kapitel 2 ausgeführt, würden Quanteneffekte das Schwarze Loch schließlich verdunsten lassen, wodurch die Nabelschnur zerschnitten und die Babywelt in ein eigenes Leben entlassen wird.

Smolins Beitrag zu dieser Spekulation besteht in der Erkenntnis, daß die extremen Bedingungen der Fast-Singularität die Wirkung hätten, kleine zufällige Schwankungen in den Naturgesetzen zu bewirken. Insbesondere würden die Werte einiger der Naturkonstanten wie etwa Teilchenmasse, Ladung und so weiter in der Kinderwelt sich von denen in der Elternwelt ein wenig unterscheiden. Die Kinderwelt könnte sich dann anders entwickeln, und nach hinreichend langer Zeit wären die vielen Welten deutlich unterschieden. Wahrscheinlich würden jedoch jene, die sich von unserer eigenen Welt unterscheiden, keine solchen Sterne hervorbringen, wie wir sie kennen (die Bedingungen für die Sternentstehung sind ja ziemlich speziell). Weil sich Schwarze Löcher mit größter Wahrscheinlichkeit aus toten Sternen bilden, würden solche Universen nur wenige Schwarze Löcher erzeugen und deshalb nicht viel Nachwuchs haben. Im Gegensatz dazu würden Universen mit physikalischen Parametern, bei denen sich Sterne leicht bilden können, auch viele Schwarze Löcher und deshalb viele Babywelten mit sehr ähnlichen Werten dieser Parameter hervorbringen. Dieser Unterschied in der kosmischen Fruchtbarkeit hätte eine Art Darwinsche Auslesewirkung. Die Universen wären zwar nicht wirklich im Wettbewerb, aber sie könnten doch »tauglicher« und »weniger tauglich« sein, so daß der Anteil der »tauglichen« Universen – in diesem Fall ist Tauglichkeit mit reichlicher Sternerzeugung gleichzusetzen – in der Gesamtpopulation ziemlich groß wäre. Smolin verweist zudem darauf, daß die Existenz von Sternen auch eine notwendige Vorbedingung für die Entstehung von Leben ist. *Dieselben* Bedingungen, die dem Leben förderlich sind, führen danach also auch zur Geburt anderer dem Leben förderlichen Welten. So gesehen wäre Leben also keine Seltenheit, wie in vielen anderen Viele-Welten-Theorien, sondern die meisten Universen wären bewohnbar.

Smolins Theorie ist zweifellos ansprechend; trotzdem ist nicht klar, ob sie die Besonderheit des Universums besser erklären kann als andere Theorien. Die Verbindung zwischen biologischer und kosmologischer Selektion hat ihren Reiz, aber wir müssen uns doch fragen, warum die Naturgesetze so beschaffen sind, daß es zu dieser Verbindung kommt. Es ist ein glücklicher Zufall, wenn die Bedingungen für die Entstehung des Lebens so gut zu denen der Babywelten passen. Zudem muß die Grundstruktur der Gesetze in all diesen Universen gleich sein, wenn die Theorie sinnvoll sein soll. Es ist höchst bemerkenswert, wenn diese Grundstruktur auch die Entstehung von Leben zuläßt.

9. Das Geheimnis am Ende des Universums

> Ich habe es immer seltsam gefunden, daß die Religion das Denken der Wissenschaftler, die doch behaupten, nichts von ihr zu halten, tatsächlich oft stärker beherrscht als das der Geistlichen.
>
> Fred Hoyle

Dieses Buch sollte nach endgültigen Antworten auf das Geheimnis des Seins suchen und sich dabei so weit wie möglich der Logik der wissenschaftlichen Vernunft bedienen. Der Gedanke, es könnte eine vollständige Erklärung für alles geben – das gesamte physikalische und metaphysikalische Sein würde dann ein geschlossenes Erklärungssystem bilden –, ist verlockend. Aber wie können wir sicher sein, daß das Ziel dieser Suche nicht nur eine Täuschung ist?

Schildkrötenmacht

Stephen Hawking erzählt gleich zu Beginn seines berühmten Buchs *Eine kurze Geschichte der Zeit* von einer Frau, die eine Vorlesung über das Universum unterbricht und behauptet, sie wisse es besser. Die Welt, so erklärt sie, sei eigentlich ein flacher Teller, der auf dem Rücken einer riesigen Schildkröte liegt. Als der Vortragende fragt, worauf denn die Schildkröte stehe, antwortet sie: »Da stehen lauter Schildkröten übereinander.«

Die Geschichte symbolisiert das wesentliche Problem, das sich all denen stellt, die nach letzten Antworten auf das Geheimnis der Existenz suchen. Wir würden die Welt gern durch etwas Grundlegenderes erklären, vielleicht durch eine Reihe von Ursachen, die wiederum auf einigen Gesetzen oder physikalischen Prinzipien beruhen, aber dann suchen wir nach einer Erklärung für diese Grundlagen und so weiter. Wo kann eine solche Kette der Überlegungen aufhören? Man kann sich schwerlich mit einem unendlichen Rückverweis zufriedengeben. »Kein Schildkrötenturm!« behauptet John Wheeler. »Keine Struktur, kein Organisationsplan, kein Rahmenwerk von Gedanken, denen wiederum eine andere Schicht von Gedanken zugrunde liegt, dieser wieder eine und noch eine ad infinitum, bis zu abgründiger Dunkelheit.«[1]

Was ist die Alternative? Gibt es eine »Superschildkröte«, die ganz unten steht und selbst nicht getragen wird? Kann diese Superschildkröte sich irgendwie »selbst tragen«? Diese Einstellung hat eine lange Geschichte. Schon der Philosoph Spinoza behauptete, die Welt könnte gar nicht anders sein und Gott habe keine Wahl gehabt. Spinozas Welt wird von der Superschildkröte der reinen logischen Notwendigkeit getragen. Selbst jene, die an die Kontingenz der Welt glauben, berufen sich oft auf diese Überlegung, wenn sie behaupten, die Welt werde durch Gott erklärt und Gott sei logisch notwendig. In Kapitel 7 habe ich die Probleme erörtert, die mit den Versuchen einhergehen, Kontingenz durch Notwendigkeit zu erklären. Diese Probleme sind auch für jene schwierig, die Gott gern abschaffen möchten und sich für eine Theorie für Alles aussprechen, die das Weltall erklären könnte und aus Gründen der logischen Notwendigkeit eindeutig sein müßte.

Es mag so aussehen, als ob es keine anderen Alternativen gibt als einen unendlichen Schildkrötenturm oder die Existenz einer Superschildkröte, deren Erklärung in sich selbst liegt. Aber es gibt eine dritte Möglichkeit: eine geschlossene Schleife. In dem reizenden Büchlein *Die Scheinwelt des Paradoxons* gibt es ein Bild mit einem Kreis von Menschen (und nicht Schildkröten), die jeweils auf dem Schoß dessen sitzen, der hinter ihnen ist und ihrerseits den vor ihnen tragen.[2] Dieser geschlossene Kreis, in dem sich alle gegenseitig unterstützen, symbolisiert die Auffassung, die John Wheeler vom Universum hat. »Die Physik führt zur Teilnahme des Beobachters, diese wiederum führt zu Information und diese zur Physik.«[3] Diese recht geheimnisvolle Aussage beruht auf der Quantenphysik, in der Beobachter und beobachtete Welt eng verwoben sind und der Beobachter Teilhaber ist. Wheelers Deutung der Quantenmechanik besagt, daß die physikalische Wirklichkeit nur durch Beobachtung aktualisiert wird. Aber eben diese physikalische Welt erzeugt die Beobachter, die für die Konkretisierung ihrer Existenz verantwortlich sind. Weiterhin erstreckt sich diese Konkretisierung sogar auf die Naturgesetze, denn Wheeler lehnt den Begriff ewiger Gesetze vollständig ab: »Es kann die Naturgesetze nicht von Ewigkeit zu Ewigkeit gegeben haben. Sie müssen beim Urknall entstanden sein.«[4] Wheeler bezieht sich also nicht auf zeitlose transzendente Gesetze, die das Weltall ins Sein brachten, sondern er zieht das Bild eines »selbstanregenden Kreislaufs« vor, in dem sich das Universum am eigenen Schopf mit den Gesetzen und allem anderen selbst ins Sein zieht. Wheelers eigenes Symbol für dieses geschlossene Universum ist das in Abbildung 14 ge-

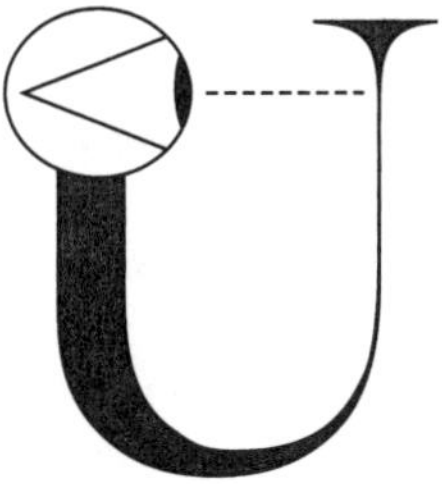

Abbildung 14: Eine symbolische Darstellung von John Wheelers »Teilnehmerwelt«. Das große U steht für »Universum« und das Auge für Beobachter, die in einem Stadium entstehen und dann zum Ursprung zurückschauen.

Auge im U. Solche zeigte »Schleifen«systeme mögen schön sein, aber sie können sicher keine vollständige Erklärung der Dinge geben, denn man kann immer noch fragen: »Warum *diese* Schleife?« oder auch: »Warum gibt es überhaupt eine Schleife?« Selbst eine geschlossene Schleife einander tragender Schildkröten führt zu der Frage: »Warum Schildkröten?«

Diese drei Anordnungen beruhen alle auf der Annahme der menschlichen Rationalität: Danach ist es legitim, »Erklärungen« für Dinge zu suchen, und wir verstehen etwas nur dann, wenn es »erklärt« ist. Aber es ist zuzugeben, daß unser Begriff von einer vernünftigen Erklärung wahrscheinlich aus unseren

Beobachtungen der Welt und unserem evolutionären Erbe stammt. Können wir sicher sein, damit den richtigen Leitfaden zu haben, wenn es um letzte Fragen geht? Könnte nicht der Grund unseres Seins keine Erklärung im üblichen Sinn haben? Deshalb brauchte das Universum noch nicht absurd oder sinnlos zu sein; seine Existenz und seine Eigenschaften ließen sich aber nicht im Rahmen der üblichen menschlichen Denkkategorien erfassen. Wir haben gesehen, wie selbst die Anwendung der menschlichen Vernunft in ihrer raffiniertesten und formalisiertesten Weise – in der Mathematik – doch voller Paradoxa und Ungewißheiten ist. Gödels Satz warnt uns davor, daß die axiomatische Methode der Herleitung logischer Deduktionen aus gegebenen Annahmen im allgemeinen nicht zu einem System führen kann, das nachweislich sowohl vollständig als auch widerspruchsfrei ist. Es wird immer eine Wahrheit geben, die darüber hinausgeht und sich nicht aus einer endlichen Menge von Axiomen erschließen läßt. Die Suche nach einem geschlossenen logischen System, das eine vollständige und widerspruchsfreie Erklärung für alles geben kann, ist zum Scheitern bestimmt. Wie die kabbalistische Zahl von Chaitin kann es ein solches Ding »dort draußen« abstrakt geben – seine Existenz könnte uns sogar bekannt sein, und wir könnten Teile davon kennenlernen – aber wir können nicht seine ganze Form durch vernünftiges Denken erkennen.

Solange wir darauf bestehen, »Verstehen« mit »vernünftiger Erklärung« in der aus der Naturwissenschaft vertrauten Form gleichzusetzen, kommen wir, wie mir scheint, unweigerlich wieder zum Schildkrötenproblem, entweder zu einer endlos weit zurückreichenden Kette oder zu einer geheimnisvollen, sich selbst erklärenden Superschildkröte oder zu einem unerklärten Ring von Schildkröten. Am Ende des Universums bleibt immer ein Geheimnis. Vielleicht aber gibt es andere Formen des Verstehens, die den suchenden Geist befriedigen. Können wir dem Universum einen Sinn geben, ohne uns auf Schildkröten zu berufen? Gibt es einen Weg zum Wissen – sogar zum »letzten Wissen« –, der verschieden ist von rationaler Wissenschaft und logischen Schlußfolgerungen? Manche Menschen meinen, es gäbe ihn, und nennen ihn Mystik.

Mystisches Wissen

Die meisten Naturwissenschaftler mißtrauen der Mystik gründlich. Das überrascht nicht, weil mystisches Denken dem rationalen Denken, der Grundlage der wissenschaftlichen Methode, radikal entgegengesetzt ist. Außerdem wird die Mystik gern mit dem Okkulten, dem Paranormalen und anderen sektiererischen Annahmen verwechselt. Viele der größten Denker der Welt, darunter so berühmte Wissenschaftler wie Einstein, Pauli, Schrödinger, Heisenberg, Eddington und Jeans, haben sich mit Mystik beschäftigt. Meinem eigenen Gefühl nach sollte man die wissenschaftliche Methode so weit beibehalten wie nur möglich. Die Mystik ist kein Ersatz für wissenschaftliche Forschung und logisches Schließen, solange sie widerspruchsfrei angewandt werden können. Erst wenn wir es mit letzten Fragen zu tun haben, können uns Logik und Naturwissenschaft im Stich lassen. Ich sage nicht, daß Naturwissenschaft und Logik mit einiger Wahrscheinlichkeit falsche Antworten liefern werden, aber sie können vielleicht mit solchen Fragen nach dem »Warum?« nicht umgehen, die wir gern fragen möchten (wohl aber mit den Fragen nach dem »Wie?«).

Der Ausdruck »mystische Erfahrung« wird oft von religiösen Menschen verwendet oder von jenen, die meditieren. Diese Erfahrungen, die zweifellos für die Menschen, die sie erfahren, sehr real sind, lassen sich wohl nur schwer mit Worten beschreiben. Mystiker sprechen oft von einem überwältigenden Sinn des Einsseins mit dem All oder mit Gott, von einer ganzheitlichen Sicht der Wirklichkeit oder davon, daß sie sich in der Gegenwart eines mächtigen und liebenden Wesens geborgen fühlen. Vor allem behaupten Mystiker, sie könnten die *letzte Wirklichkeit* in einer einzigen Erfahrung begreifen, ganz im Gegensatz zu den langen und mühsamen deduktiven Herleitungen der logisch-wissenschaftlichen Methode (die schließlich zu dem Schildkrötenproblem führen). Manchmal scheint der Weg der Mystik wenig mehr als ein Gefühl inneren Friedens zu bedeuten – »eine mitfühlende heitere Ruhe, die jenseits der Tätigkeit geschäftiger Geister liegt«, wie ein Physiker es mir einmal beschrieb. Einstein sprach von einem »kosmischen religiösen Gefühl«, das ihn zum

Nachdenken über die Ordnung und Harmonie der Natur anregte. Einige Wissenschaftler, unter anderen die Physiker Brian Josephson und David Bohm, glauben, daß gewöhnliche mystische Einsichten, die durch stille meditative Übungen gewonnen werden, bei der Formulierung wissenschaftlicher Theorien nützliche Hilfestellung leisten können.

In anderen Fällen scheinen mystische Erfahrungen direkter zu sein und einer Offenbarung näherzukommen. Russell Stannard schreibt von dem Gefühl, einer überwältigenden Kraft gegenüberzustehen, »einem Wesen, das Achtung und Ehrfurcht erregt. ... Es gibt ein Gefühl der Dringlichkeit. Die Macht ist vulkanisch gestaut, bereit, losgelassen zu werden.«[5] Der Wissenschaftsjournalist David Peat spricht von »einem bemerkenswerten Gefühl der Intensität, das die ganze uns umgebende Welt mit Sinn zu überfluten scheint ... Wir fühlen, daß wir mit allgemeingültigen und vielleicht ewigen Dingen in Berührung kommen, was diesem bestimmten zeitlichen Augenblick einen numinosen Charakter verleiht; er scheint sich grenzenlos in die Zeit hinein auszudehnen. Wir fühlen, daß alle Grenzen zwischen uns und der äußeren Welt verschwinden, denn was wir erfahren, liegt jenseits aller Kategorien und aller Versuche, sich durch logisches Denken einfangen zu lassen.«[6]

In der zur Beschreibung dieser Erfahrungen benutzten Sprache spiegelt sich gewöhnlich der kulturelle Hintergrund des Sprechers. Westliche Mystiker betonen gern das Erlebnis der personalen Gegenwart eines Wesens, gewöhnlich Gott, der ganz anders ist als sie, mit dem sie sich aber eng verbunden fühlen. Solche religiösen Erfahrungen haben im Christentum und in anderen westlichen Religionen natürlich eine lange Tradition. Östliche Mystiker betonen die Ganzheit der Erfahrung und identifizieren sich gewöhnlich enger mit der Gegenwart. Der Schriftsteller Ken Wilber beschreibt die mystische Erfahrung des Ostens in einer dafür typischen kryptischen Sprache:

> Im mystischen Bewußtsein wird die Wirklichkeit direkt und unmittelbar wahrgenommen, also ohne jede Vermittlung, jede symbolische Darstellung oder Veranschaulichung oder Abstraktion. Subjekt und Objekt der Begriffsbildung verschmelzen in einem

> zeitlosen und raumlosen Akt, jenseits aller Meditation. Mystiker sprechen übereinstimmend davon, daß sie die Wirklichkeit in ihrem »Sosein«, ihrem »Sein«, ihrem »Dasein« ohne jeden Mittler erfahren, jenseits von Worten, Zeichen, Namen, Gedanken, Bildern.[7]

Die mystische Erfahrung kommt dann einer Art von Abkürzung zur Wahrheit gleich und erlaubt einen unmittelbaren und unvermittelten Kontakt mit einer wahrgenommenen letzten Wirklichkeit. Nach Rudy Rucker gilt:

> Die zentrale Lehre des Mystizismus lautet: *Die Realität ist eine Einheit*. Die Praxis des Mystizismus sucht nach Wegen, diese höhere Einheit direkt zu erfahren. Das Eine trägt viele Namen: das Gute, Gott, der Kosmos, der Geist, die Leere oder (was vielleicht am neutralsten ist) das Absolute. Keine Tür im Labyrinth der Wissenschaft führt direkt zum Absoluten. Überblickt man aber den Irrgarten gut genug, so wird es möglich, aus dem System herauszuspringen und das Absolute für sich selber zu erfahren. ... Letztlich aber wird mystisches Wissen entweder ganz oder gar nicht erworben. Es gibt keinen allmählichen Weg ...[8]

In Kapitel 6 habe ich davon berichtet, wie einige Naturwissenschaftler und Mathematiker behaupten, sie hätten plötzliche Offenbarungen erlebt, die solchen mystischen Erfahrungen ähneln. Roger Penrose beschreibt mathematische Einsichten als plötzlichen »Durchbruch in ein platonisches Reich«. Rucker berichtet, daß auch Kurt Gödel von der »anderen Beziehung zur Wirklichkeit« sprach, durch die er mathematische Objekte, etwa die Unendlichkeit, unmittelbar wahrnehmen konnte. Gödel selbst konnte diese Wahrnehmung offenbar mit Hilfe meditativer Übungen machen, also dadurch, daß er die Sinne möglichst ausschloß und sich an einem ruhigen Ort niederlegte. Für andere Naturwissenschaftler kam die Offenbarung spontan, mitten im Alltag. Fred Hoyle erzählt, wie er einmal bei einer Fahrt durch Nordengland eine solche Einsicht hatte. »Etwa so wie Paulus auf dem Weg nach Damaskus eine Offenbarung hatte, so hatte ich meine auf der Straße über Bowes Moor.« Hoyle und sein Mitarbeiter Jayant Narlikar hatten Ende der sechziger Jahre an einer kosmologischen Theorie des Elektromagnetismus gearbeitet, zu der ziemlich abschreckende Mathematik gehörte. Eines Tages, als sie mit einem besonders komplizierten Integral kämpften, beschloß Hoyle, Urlaub zu machen, und fuhr von Cambridge ins Schottische Hochland, wo er mit Kollegen wandern wollte.

> Während die Landschaft an mir vorbeiglitt, beschäftigte ich mich in meinem Kopf mit einem quantenmechanischen Problem, ganz vage, so, wie ich gewöhnlich Mathematik im Kopf betreibe. Normalerweise muß ich die Dinge aufschreiben und dann, so gut ich kann, die Gleichungen und Integrale zu lösen versuchen. Aber irgendwo im Bowes Moor wurde mir plötzlich ein mathematischer Zusammenhang klar, nicht etwas, nicht viel, sondern sonnenklar, als ob plötzlich ein gewaltiges glänzendes Licht aufleuchtete. Wie lange ich brauchte, bis ich davon überzeugt war, das Problem gelöst zu haben? Weniger als fünf Sekunden. Ich mußte nur noch sicherstellen, daß ich in meinem abrufbaren Gedächtnis genügend wesentliche Schritte sicher gespeichert hatte, bevor die Klarheit entschwand. Es ist ein Zeichen für das Maß der Gewißheit, das ich spürte, daß ich mir in den folgenden Tagen nicht einmal die Mühe machte, Notizen zu machen. Als ich etwa zehn Tage später nach Cambridge zurückgekehrt war, konnte ich alles ohne Schwierigkeiten aufschreiben.[9]

Hoyle erzählt auch von einem Gespräch, das er mit Richard Feynman über diese Fragen führte:

> Vor einigen Jahren beschrieb mir Dick Feynman einmal anschaulich, wie sich ein solcher Moment der Eingebung anfühlt und wie ihm ein gewaltiges Hochgefühl folgt, das vielleicht zwei oder drei Tage andauern kann. Ich fragte, wie oft er das schon erlebt habe, und Feynman antwortete »viermal«, woraufhin wir beide darin übereinstimmten, daß zwölf Tage des Hochgefühls kein üppiger Lohn sind für die Arbeit eines ganzen Lebens.[10]

Ich habe hier und nicht in Kapitel 6 von Hoyles Erfahrung berichtet, weil er selbst es als ein wahrhaft religiöses (im Gegensatz zu einem rein platonischen) Erlebnis beschreibt. Hoyle glaubt, der Kosmos werde von einer »Superintelligenz« beherrscht, die seine Evolution mit Hilfe von Quantenprozessen leitet und lenkt, ein Gedanke, den ich in Kapitel 7 kurz erwähnte. Weiterhin ist Hoyles Gott ein teleologischer Gott (er ähnelt dem Gott des Aristoteles oder des Teilhard de Chardin), der die Welt in unendlicher Zukunft zu einem Endstadium führt. Hoyle glaubt, diese Superintelligenz könne, da sie auf der Quantenschicht wirkt, fertige Gedanken aus der Zukunft ins menschliche Gehirn einpflanzen. Dies, so meint er, sei der Ursprung sowohl mathematischer als auch musikalischer Eingebungen.

Das Unendliche

Bei unserer Suche nach den letzten Antworten ist es schwer, nicht in der einen oder anderen Weise zum Unendlichen hingezogen zu werden. Ob es ein unendlicher Schildkrötenturm ist, eine Unendlichkeit paralleler Welten, eine unendliche Menge mathematischer Aussagen oder ein unendlicher Schöpfer, sicherlich läßt sich physikalische Existenz nicht in etwas Endlichem verankern. Die westlichen Religionen haben immer schon Gott mit der Unendlichkeit gleichgesetzt, die Philosophie des Ostens dagegen versucht, die Unterschiede zwischen dem Einen und den Vielen aufzuheben und das Leere und das Unendliche – Null und Unendlichkeit – gleichzusetzen.

Als die frühen christlichen Denker wie etwa Plotin behaupteten, Gott sei unendlich, ging es ihnen vor allem um den Beweis, daß ihm nicht irgendwie Grenzen gesetzt seien. Der mathematische Begriff der Unendlichkeit war damals noch ziemlich vage. Man nahm allgemein an, die Unendlichkeit sei eine Grenze, bis zu der eine Aufzählung gelangen könnte, die aber in Wirklichkeit unerreichbar war. Selbst Thomas von Aquin, der Gott Unendlichkeit zuschrieb, konnte nicht akzeptieren, daß das Unendliche mehr als eine Möglichkeit sei, und meinte, es existiere nicht wirklich. Ein allmächtiger Gott »kann nichts absolut Unbegrenztes machen«, behauptete er.

Der Glaube an die Widernatürlichkeit und Widersprüchlichkeit der Unendlichkeit hielt sich bis ins neunzehnte Jahrhundert. Dann führte der Mathematiker Georg Cantor bei der Beschäftigung mit Problemen der Fourier-Reihen einen strengen logischen Beweis der Widerspruchsfreiheit des aktual Unendlichen. Cantor traf bei seinen Kollegen auf heftigen Widerstand und wurde von einigen berühmten Mathematikern für verrückt erklärt; er war auch wirklich nervenkrank. Aber schließlich wurden die Regeln für den widerspruchsfreien Umgang mit unendlichen Zahlen, obwohl sie oft seltsam sind und dem Gefühl widersprechen, doch akzeptiert. Ein großer Teil der Mathematik des zwanzigsten Jahrhunderts gründet auf dem Begriff des unendlich Großen oder Kleinen.

Die Unendlichkeit läßt sich also mit Hilfe rationaler Denkprozesse erfassen und manipulieren. Öffnet das den Weg zu einem Verständnis der letzten Dinge, ohne daß man sich auf die Mystik berufen muß? Nein. Um das einzusehen, müssen wir den Begriff der Unendlichkeit etwas genauer betrachten.

Eine der Überraschungen, die Cantors Werk brachte, war die, daß es nicht nur eine Unendlichkeit gibt, sondern sehr viele. So sind zum Beispiel die Menge aller ganzen Zahlen und die aller Brüche jeweils unendliche Mengen. Man möchte meinen, es müsse mehr Brüche geben als ganze Zahlen, aber das ist nicht der Fall. Andererseits ist die Menge aller Dezimalbrüche größer als die Menge aller Brüche oder aller ganzen Zahlen. Man kann dann fragen, ob es eine »größte« Unendlichkeit gibt. Wie wäre es, wenn man alle unendlichen Mengen zu einer Supermenge vereinigte? Die Klasse aller möglichen Mengen wurde von Cantor das Absolutum genannt. Dabei ist der Haken, daß diese Größe selbst keine Menge ist, weil sie sonst nach Definition sich selbst enthalten würde. Auf rückbezügliche Mengen trifft aber Russells Paradoxon zu.

Und hier stoßen wir wieder auf Gödels Grenzen für vernünftiges Denken – das Geheimnis am Ende des Weltalls. Wir können weder Cantors noch irgendein anderes Absolutes mit vernünftigen Mitteln erfahren, denn jedes Absolute muß, da es eine Einheit ist und deshalb in sich selbst vollständig, sich selbst enthalten. So bemerkt Rucker, wenn er von der Gedankenwelt spricht – der Klasse der Menge aller Gedanken –: »Wenn die Gedankenwelt eine Einheit ist, ist sie Element von sich selbst und kann also nur durch mystische Einsicht erkannt werden. Kein vernünftiger Gedanke ist ein Element von sich selbst, deshalb kann kein vernünftiger Gedanke die Gedankenwelt zu einer Einheit verbinden.«[11]

Was ist der Mensch?

Ich fühle mich in dieser Welt
nicht als Fremder.

Freeman Dyson

Bedeutet das offene Eingeständnis der Hoffnungslosigkeit, um das es im vorigen Abschnitt ging, daß alles metaphysische Schließen wertlos ist? Sollten wir den Ansatz des pragmatischen Atheisten bejahen, der es zufrieden ist, das Weltall als gegeben hinzunehmen und seine Eigenschaften zu katalogisieren? Zweifellos sind viele Wissenschaftler ihrem Temperament nach Gegner aller metaphysikalischen und erst recht mystischen Argumente. Sie verachten die Auffassung, es könne einen Gott oder auch ein unpersönliches schöpferisches Prinzip oder einen Seinsgrund geben, der der Wirklichkeit zugrunde liegt und der ihre kontingenten Aspekte weniger willkürlich erscheinen läßt. Ich persönlich teile ihre Verachtung nicht. Obwohl viele metaphysische und theistische Theorien gekünstelt oder kindisch erscheinen mögen, sind sie offensichtlich nicht absurder als der Glaube, daß es das Universum gibt und daß diese Form einen Grund hat. Es scheint zumindest den Versuch wert zu sein, eine metaphysische Theorie zu konstruieren, die etwas von der Willkür der Welt behebt. Aber schließlich ist eine vernünftige Erklärung der Welt im Sinn eines geschlossenen und vollständigen Systems logischer Wahrheiten fast sicherlich unmöglich. Wir sind durch eben die Regeln der Vernunft, die uns eine solche Erklärung überhaupt erst suchen ließen, von letztem Wissen, letzten Erklärungen ausgeschlossen. Wenn wir darüber hinausgelangen wollen, müssen wir mit »Verstehen« etwas anderes meinen als eine vernünftige Erklärung. Möglicherweise führt die Mystik zu einem solchen Verständnis. Ich selbst hatte niemals eine mystische Erfahrung, aber ich bin für den Wert solcher Erfahrungen offen. Vielleicht stellen sie den Weg dar, der uns über die

Grenzen hinausführen kann, an die uns Wissenschaft und Philosophie bringen, den einzigen möglichen Weg zum letzten Geheimnis.

In diesem Buch war mein Hauptthema, daß wir Menschen mit Hilfe der Naturwissenschaft zumindest einige der Geheimnisse der Natur erfassen können. Wir haben einen Teil des kosmischen Codes entschlüsselt. Warum dies so ist, warum gerade *Homo sapiens* den Funken der Vernunft tragen sollte, die den Schlüssel zur Welt liefert, ist ein tiefes Rätsel. Wir, die Kinder des Universums – belebter Sternenstaub –, können doch über eben dieses Universum nachdenken und sogar Einblick in die Regeln erhaschen, nach denen es abläuft. Wie wir mit dieser kosmischen Dimension verbunden wurden, ist ein Geheimnis. Aber die Verbindung läßt sich nicht leugnen.

Was bedeutet das? Was ist der Mensch, daß er diese Gunst genießt? Ich kann nicht glauben, daß unsere Existenz in diesem Weltall eine Laune des Schicksals ist, ein historischer Zufall, ein kleines Versehen in dem großen kosmischen Drama. Wir sind zu beteiligt. Die Spezies *Homo* zählt vielleicht nicht, aber die Existenz von Geist und Verstand in einem Lebewesen auf einem Planeten im Weltall ist sicherlich eine höchst bedeutungsvolle Tatsache. Durch bewußte Wesen wurde im Universum Bewußtsein erzeugt. Dies kann keine triviale Einzelheit sein, kein unwichtiges Nebenprodukt sinnloser, zielloser Kräfte. Wir sind dazu da, hier zu sein.

Anmerkungen

Kapitel 1

1 »The Rediscovery of Time« von Ilya Prigogine in *Science and Complexity* (Hg. Sara Nash, Science Reviews Ltd, London 1985), S. 23.
2 *God and Timelessness* von Nelson Pike (Routledge & Kegan Paul, London, 1970), S. 3.
3 *Trinity and Temporality* von John O'Donnell (Oxford University Press, Oxford 1983), S. 46.

Kapitel 2

1 »The History of Science and the Idea of an Oscillating Universe« von Stanley Jaki, in: *Cosmology, History, and Theology* (Hg. W. Yourgou & A. D. Breck, Plenum, New York und London 1977), S. 239.
2 Aurelius Augustinus, *Bekenntnisse*, Üb. Wilhelm Thimme, München 1983, Buch 12, Kapitel 7.
3 *Gegen die Heretiker* von Irenäus, Buch III, X, 3.
4 »Making Sense of God's Time« von Russell Stannard, *The Times* (London), 22. August 1987.
5 *Eine kurze Geschichte der Zeit* von Stephen W. Hawking, Üb. Hainer Kober (Rowohlt, Reinbek 1988), S. 173.
6 Ibid. S. 179.
7 »Creation as a Quantum process« von Chris Isham, in: *Physics, Philosophy, and Theology: A Common Quest for Unterstanding* (Hg. Robert John Russell, William R. Stoeger und George V. Coyne, Sternwarte des Vatikan, Vatikanstaat 1988) S. 405.
8 »Beyond the Limitations of the Big Bang Theory: Cosmology and Theological Reflection« von Wim Drees, *Bulletin of the Center for Theology and the Natural Sciences* (Berkeley) 8, Nr. 1 (1988).

Kapitel 3

1 *Theorien für Alles: Die philosophischen Ansätze der modernen Physik* von John Barrow (Spektrum Akademischer Verlag, Heidelberg 1992), S. 19.
2 *Die Natur der Natur. Wissen an den Grenzen von Raum und Zeit* von John Barrow (Spektrum Akademischer Verlag, Heidelberg 1993), S. 108.
3 »Discourse on metaphysics« von G. W. Leibniz, in: *Philosophical Writings* (Hg. G. H. R. Parkinson, Dent, London 1984).

4 *Theorien für Alles* von Barrow, S. 447/448.
5 *The Grand Titration: Science and Society in East and West* von Joseph Needham (Allen & Unwin, London 1969).
6 *Die Natur der Natur* von Barrow, S. 73.
7 *The Cosmic Code* von Heinz Pagels (Bantam, New York 1983), S. 156.
8 »Plato's Timaeus and Contemporary Cosmology: A Critical Analysis« by F. Walter Mayerstein, in: *Foundations of Big Bang Cosmology*, Hg. F. W. Mayerstein, World Scientific, Singapur 1989), S. 193.
9 Speziali, Pierre, Hg.: *Albert Einstein – Michele Besso, Correspondance 1903-1955*, Paris 1972.
10 »Rationality and Irrationality in Science: From Plato to Chaitin« von F. Walter Mayerstein, Universität Barcelona, Bericht 1989.
11 *Cosmic Code* von Pagels, S. 157.
12 »Excess Baggage« von James Hartle, in: *Particle Physics and the Universe: Essays in Honour of Gell-Mann* (Hg. J. Schwarz, Cambridge University Press, Cambridge 1991).
13 »Singularities and Time-Asymmetry« von Roger Penrose in: *General Relativity: An Einstein Centenary Survey* (Hg. S. W. Hawking und W. Israel, Cambridge University Press 1979) S. 631.
14 »Excess Baggage« von Hartle, in: *Particle Physics and the Universe* (im Druck).

Kapitel 4

1 *Mathematische Prinzipien der Naturlehre*, Üb. J. Ph. Wolfers, (Darmstadt 1963), S. 25.
2 Douglas Hofstadter, *Metamagicum*, Üb. Thomas Niehaus (Klett-Cotta, Stuttgart 1991) S. 523.
3 »Quantum Theory, the Church-Turing Principle and the Universal Quantum Computer« von David Deutsch, *Proceedings of the Royal Society London A* 400 (1985), S. 97.
4 »The Unreasonable Effectiveness of Mathematics« von R. W. Hamming, *American Mathematics Monthly* 87 (1980), S. 81.
5 *The Recursive Universe* von William Poundstone (Oxford University Press, Oxford 1985); vgl. auch Eigen und Winkler, *Das Spiel*, sowie *Einstein, Gödel und Co.*
6 »Artificial Life: A Conversation with Chris Langton and Doyne Farmer«, *Edge* (Hg. John Brockman, New York), September 1990, S. 5.
7 *Recursive Universe* von Poundstone, S. 226.
8 Zitiert in *Recursive Universe* von Poundstone.

Kapitel 5

1 »Software für Mathematik und Naturwissenschaften«, von Stephen Wolfram, *Spektrum der Wissenschaft* (November 1984) S. 176.

2 »Undecidability and Intractibility in Theoretical Physics«, von Stephen Wolfram, *Physical Review Letters* 54 (1985), S. 735.

3 »Software für Mathematik und Naturwissenschaften«, von Wolfram, *Spektrum der Wissenschaft*, S. 175.

4 »Physics and Computation« von Tommaso Toffoli, *International Journal of Theoretical Physics* 21 (1982), S. 165.

5 »Simulating Physics with Computers« von Richard Feynman, *International Journal of Theoretical Physics* 21 (1982), S. 469.

6 »The Omega Point as *Eschaton*: Answers to Pannenberg's Questions for Scientists« von Frank Tipler, *Zygon* 24 (1989), S. 241-242. Vgl. auch F. Tipler, *Die Physik der Unsterblichkeit* (Piper, München 1994).

7 *The Anthropic Cosmological Principle* von John D. Barrow und Frank J. Tipler (Oxford University Press, Oxford 1986), S. 155.

8 »On Random and Hard-to-Describe Numbers« von Charles Bennett, IBM Report 32272, nachgedruckt in »Mathematische Spielereien«, *Spektrum der Wissenschaft* (Januar 1980), S. 9.

9 Ibid.

10 *Theorien für Alles* von John D. Barrow (Spektrum Akademischer Verlag, Heidelberg 1992) S. 25 f.

11 »Dissipation, Information, Computational Complexity, and the Definition of Organization« von Charles Bennett, in: *Emerging Syntheses in Science* (ed. D. Pines, Addison-Wesley, Boston 1987) S. 297.

Kapitel 6

1 »The Unreasonable Effectiveness of Mathematics in the Natural Sciences« von Eugene Wigner, *Communications in Pure and Applied Mathematics* 13 (1960), S. 1.

2 *Mathematics and Science* (Hg. Ronald E. Mickens, World Scientific Press, Singapur 1990).

3 *Computerdenken* von Roger Penrose, Üb. Michael Springer (Spektrum Akademischer Verlag, Heidelberg 1991) S. 108.

4 Ibid. S. 95.

5 Ibid. S. 93.

6 Martin Gardner, Vorwort zu ibid., S. xiv.

7 Ibid., S. 94

8 *Die Ufer der Unendlichkeit* von Rudy Rucker, Üb. Klaus Volkert (Krüger, Frankfurt 1989) S. 57.

9 *Computerdenken* von Penrose, S. 418.
10 Brief an Olbers vom 3.9. 1805 in: *Carl Friedrich Gauß*, Hg. Kurt-R. Biermann (Beck, München 1990).
11 Zitiert in *The Psychology of Invention in the Mathematical Field* von Jaques Hadamard (Princeton University Press, Princeton 1949), S. 12.
12 *Computerdenken* von Penrose, S. 410.
13 Zitiert in *Mathematics* von M. Kline (Oxford University Press, Oxford 1980), S. 338.
14 Zitiert in *Superstrings* von P. C. W. Davies und J. R. Brown (Birkhäuser, Basel 1989).
15 »Computation and Physics: Wheeler's Meaning Circuit?« von Rolf Landauer, *Foundations of Physics* 16 (1986), S. 551.
16 *Theorien für Alles* von John D. Barrow (Spektrum Akademischer Verlag, Heidelberg 1992), S. 221.
17 *Computerdenken* von Penrose, S. 420.

Kapitel 7

1 *Die Natur der Natur* von John D. Barrow (Spektrum Akademischer Verlag, Heidelberg 1993), S. 526.
2 Botschaft Seiner Heiligkeit Papst Johannes Paul II. in: *Physics, Philosophy, and Theology. A Common Quest for Understanding* (Hg. Robert John Russell, William R. Stoeger und George V. Coyne, Observatorium des Vatikans, Vatikan 1988, S. M1.
3 »No Faith in the Grand Theory« von Russell Stannard, *The Times* (London) 13. November 1989.
4 *Theorien für Alles* von John Barrow (Spektrum Akademischer Verlag, Heidelberg 1992) S.267/268.
5 *Divine and Contingent Order* von Thomas Torrance (Oxford University Press, Oxford 1981) S. 36.
6 *Eine kurze Geschichte der Zeit* von Stephen W. Hawking (Rowohlt, Reinbek 1988 S. 216/217.
7 »Excess Baggage« von James Hartle, in: *Particle Physics and the Universe: Essays in Honour of Gell-Mann* (Hg. J. Schwarz, Cambridge University Press, Cambridge 1991).
8 »Ways of Relating Science and Theology« von Ian Barbour, in: *Physics, Philosophy, and Theology.* (Hg. Robert John Russell et al.), S. 34.
9 *Eine kurze Geschichte* von Hawking, S. 217.
10 *Divine and Contingent Order* von Torrance, S. 21, 26.
11 *Science and Value* von John Leslie (Basil Blackwell, Oxford 1989) S. 1.
12 *Natur in der Natur* von Barrow S. 444.

13 Ibid.,S. 526.
14 *Theorien für Alles* von Barrow S. 2.
15 *Computerdenken* von Roger Penrose (Spektrum Akademischer Verlag, Heidelberg 1991) S. 411.
16 *Rational Theology and the Creativity of God* von Keith Ward (Pilgrim Press, New York 1982), S. 73.
17 Ibid., S. 3.
18 Ibid, S. 216-17.
19 *The Reality of God* von Schubert M. Ogden (SCM Press, London 1967), S. 17.
20 »On Wheeler's Notion of ›Law Without Law‹ in Physics« von David Deutsch, in: *Between Quantum and Cosmos: Studies and Essays in Honor of John Archibald Wheeler*, Hg. Alwyn van der Merve et al., (Princeton University Press, Princeton 1988), S. 588.
21 *Theorien für Alles* von Barrow, S. 258.
22 *Rational Theology* von Ward, S. 25.
23 »Argument from the Fine-Tuning of the Universe« von Richard Swinburne, in: *Physical Cosmology and Philosophy*, Hg. J. Leslie, (Macmillan, London 1990), S. 172.

Kapitel 8

1 *Die ersten drei Minuten* von Steven Weinberg, Üb. Friedrich Griese, (Piper, München 1977) S. 212.
2 *Zufall und Notwendigkeit* von Jacques Monod, Üb. Friedrich Griese, (Piper, München 1971) S. 219.
3 *The Fitness of the Environment* von L. J. Henderson (Nachdruck bei Peter Smith, Gloucester, Mass. 1970), S. 312.
4 Zitiert in *Religion and the Scientists*, Hg. Mervyn Stockwood, (SCM, London 1959) S. 82.
5 *Das intelligente Universum* von Fred Hoyle, Üb. Ingeborg Hartmann (Umschau-Verlag, Frankfurt 1984).
6 *Ein Universum nach Maß* von John Gribbin und Martin Rees, (Birkhäuser, Basel 1991), S. 233.
7 *Summa Theologiae* von Thomas von Aquin, Pt 1. ques. II, art. 3.
8 *Philosophia Naturalis Principia Mathematica* von Isaac Newton (1687), bk. III, Scholium.
9 »A Disquisition About the Final Causes of Natural Things«, in: *Works* von Robert Boyle (London 1744), Band 4, S. 522.
10 *Universes* von John Leslie (Routledge, London und New York 1989) S. 160.

11 *Der Weltenraum und seine Rätsel* von James Jeans, Üb. Rudolf Nutt (DVA, Stuttgart 1931) S. 210.
12 »The Faith of a Physicist« von John Polkinghorne, *Physics Education* 22 (1987), S. 12.
13 *Value and Existence* von John Leslie (Basil Blackwell, Oxford 1979), S. 24.
14 »Cosmological Fecundity: Theories of Multiple Universes« von George Hale, in: *Physical Cosmology and Philosophy*, Hg. J. Leslie (Macmillan, London 1990), S. 189.

Kapitel 9

1 »Information, Physics, Quantum: The Search for Links« von John Wheeler in: *Complexity, Entropy, and the Physics of Information*, Hg. Wojciech H. Zurek (Addison-Wesley, Redwood City, California 1990), S. 8. Siehe auch Fußnote 21 in Kapitel 7.
2 *Die Scheinwelt des Paradoxons* von Patrick Hughes und George Brecht, Üb. Eberhard Bubser (Vieweg, Braunschweig 1978), Tafel 15.
3 *Information* von Wheeler, S. 8.
4 Ibid. S. 9.
5 *Grounds for Reasonable Belief* von Russell Stannard (Scottish Academic Press, Edinburgh 1989), S. 169.
6 *The Philosopher's Stone: The Sciences of Synchronicity and Creativity* von F. David Peat (Bantam Doubleday, New York 1991).
7 *Quantum Questions* (Hg. Ken Wilber, New Science Library, Shambhala, Boulder, und London 1984), S. 7.
8 *Die Ufer der Unendlichkeit* von Rudy Rucker, Üb. Klaus Volkert (Krüger, Frankfurt 1989), S. 71/72, 222.
9 »The Universe: Past and Present Reflections« von Fred Hoyle, University of Cardiff Report 70 (1981), S. 43.
10 Ibid., S. 42.
11 *Infinity* von Rucker, S. 73.

Ausgewählte Bibliographie

Barbour, Ian G. *Religion in an Age of Science*, London, SCM Press 1990.

Barrow, John D. *Die Natur der Natur. Wissen an den Grenzen von Raum und Zeit*, Üb. Anita Ehlers, Heidelberg, Spektrum, Akademischer Verlag 1993.

Barrow, John D. *Theorien für Alles. Die philosophischen Ansätze der modernen Physik*, Üb. Anita Ehlers, Heidelberg, Spektrum, Akademischer Verlag 1992.

Birch, Charles. *On Purpose*, Kensington, New South Wales University Press 1990.

Bohm, David. *Wholeness and the Implicate Order*, London, Routledge & Kegan Paul 1980.

Coveney, Peter, und Highfield, Roger. *Anti-Chaos. Der Pfeil der Zeit in der Selbstorganisation des Lebens*, Üb. Klaus Henning, Reinbek, Rowohlt, 1992.

Craig, William Lane. *The Cosmological Argument from Plato to Leibniz*, London, Macmillan 1980.

Drees, Wim B. *Beyond the Big Bang: Quantum Cosmologies and God*, La Salle, Illinois, Open Court 1990

Dyson, Freeman.*Disturbing the Universe*, New York, Harper & Row 1979.

Ferris, Timothy. *Kinder der Milchstraße. Die Entwicklung des modernen Weltbildes* Üb. Anita Ehlers, Basel, Birkhäuser 1989.

French, A. P., Hg. *Albert Einstein – Wirkung und Nachwirkung* Üb. Sylvia Oeser, Braunschweig, Vieweg 1985.

Gleick, James. *Chaos – die Ordnung des Universums*, Üb. Peter Prange, München, Droemer-Knaur 1990.

Harrison, Edward R. *Cosmology*, Cambridge, Cambridge University Press 1981.

Hawking, Stephen W. *Eine kurze Geschichte der Zeit*, Üb. Hainer Kober, Reinbek, Rowohlt 1992.

Langton, Christopher G., Hg. *Artificial Life*, Reading, Mass., Addison-Wesley 1989.

Leslie, John. *Value and Existence*, Oxford, Basil Blackwell 1979.

Leslie, John. *Universes*, London und New York, Routledge 1989.

Leslie, John. *Physical Cosmology and Philosophy*, London, Macmillan 1990.

Lovell, Bernard. *Man's Relation to the Universe*, New York, Freeman 1975.

MacKay, Donald M. *The Clockwork Image*, London, Inter-Varsity Press 1974.

McPherson, Thomas. *The Argument from Design*, London, Macmillan 1972.

Mickens, Ronald E., Hg. *Mathematics and Science*, Singapur, World Scientific Press 1990.

Monod, Jacques. *Zufall und Notwendigkeit*, Üb. Friedrich Griese, München, Piper 1971.

Morris, Richard. *Time's Arrows*, New York, Simon and Schuster 1988.

Morris, Richard. *The Edges of Science*, New York, Simon and Schuster 1984.

Pagels, Heinz. *The Dreams of Reason*, New York, Simon and Schuster 1988.

Pais, Abraham. *Raffiniert ist der Herrgott ...*, Üb. R.U. Sexl, H. Kühnelt und E. Streeruwitz, Braunschweig Vieweg 1986.

Peacocke, A. R., Hg. *The Sciences and Theology in the Twentieth Century*, Stocksfield, England, Oriel 1981.

Penrose, Roger. *Computerdenken* Üb. Michael Springer, Heidelberg, Spektrum-Akademischer Verlag, 1991.

Pike, Nelson. *God and Timelessness*, London, Routledge & Kegan Paul 1970.

Poundstone, William. *The Recursive Universe*, Oxford, Oxford University Press 1985.

Prigogine, Ilya, und Stengers, Isabelle. *Order out of Chaos*, London, Heinemann 1984; dt: *Dialog mit der Natur* Üb. Friedrich Griese, München, Piper 1986.

Rowe, William. *The Cosmological Argument*, Princeton, Princeton University Press 1975.

Rucker Rudy. *Infinity and the Mind*, Boston, Birkhäuser 1982; dt: *Die Ufer der Unendlichkeit*, Üb. K. Volkert, Frankfurt, Krüger 1989.

Russell, Robert John, Stoeger, William R. und Coyne, George V., Hg. Physics, *Philosophy, and Theology: A Common Quest for Understanding*, Vatican City State, Vatican Observatory 1988.

Silk, Joseph. *The Big Bang*, New York, Freeman 1975; dt: *Der Urknall*, Üb. Hilmar Duerbeck, Basel, Birkhäuser 1990.

Stannard, Russell. *Grounds for Reasonable Belief*, Edinburgh, Scottish Academic Press 1989.

Swinburne, Richard. *The Coherence of Theism*, Oxford, Clarendon Press 1977.

Torrance, Thomas. *Divine and Contingent Order*, Oxford, Oxford University Press 1981.

Trusted, Jennifer. *Physics and Metaphysics: Facts and Faith*, London, Routledge 1991.

Ward, Keith. *Rational Theology and the Creativity of God*, New York, Pilgrim Press, 1982.

Ward, Keith. *The Turn of the Tide*, London, BBC Publications 1986.

Weinberg, Steven. *Die ersten drei Minuten*, Üb. Friedrich Griese, München, Piper 1977.

Wilber, Ken, Hg. *Quantum Questions*, New Science Library, Shambhala, Boulder und London 1984.

Zurek, Wojciech H. H., Complexity, *Entropy, and the Physics of Information*, Redwood City, California, Addison-Wesley 1990.

Register

Zu dieser Ausgabe

insel taschenbuch 1934
Paul Davies
Der Plan Gottes

Der Text folgt der Ausgabe: Paul Davies, *Der Plan Gottes. Die Rätsel unserer Existenz und die Wissenschaft,* Insel Verlag Frankfurt am Main und Leipzig 1995. Die englische Originalausgabe erschien 1992 unter dem Titel *The Mind of God. The Scientific Basis for a Rational World* bei Simon & Schuster, New York. Die deutsche Übersetzung besorgte Anita Ehlers.